U0927622

高等学校计算机基础教育规划教材

ASP.NET网络程序设计案例教程

朱 宏 编著

清华大学出版社
北京

内容简介

本书以 Visual Studio 2008 为开发平台，以 C# 为开发语言，系统论述了使用 ASP. NET 进行网络程序设计等内容。

全书分为 12 章。第 0 章介绍网站建设的前导知识，第 1 章介绍 ASP. NET 的概念，第 2 章介绍 C# 程序设计基础，第 3 章介绍服务器控件，第 4 章介绍 ADO. NET 内部对象的应用，第 5 章介绍数据库基础知识，第 6 章介绍数据库的数据访问技术，第 7 章介绍母版和主题等网站统一设计技术，第 8 章以一个实际案例对前面的内容进行总结和综合应用，第 9 章介绍多层架构，第 10 章介绍 LINQ，第 11 章介绍网站的发布并部署网站。附录介绍 HTML 常用标记。书中还提供了相关的知识链接，对教学内容进行扩展和深入介绍。

所有示例程序在 Microsoft Visual Studio 2008 平台能够编译运行。读者可以登录 http://www.wenyuamcom.cn 下载书中的案例源代码。

本书体系结构新颖、教学内容求实、教学资源丰富。在编写过程中注重降低理论难度，增强实训环节，以小型案例实训带动理论教学的创新。

本书可作为普通高校本科计算机技术和网络专业网络程序设计课程的教材，也适合网络程序设计人员自学使用。

本书封面贴有清华大学出版社防伪标签，无标签者不得销售。
版权所有，侵权必究。 举报：010-62782989， beiqinquan@tup.tsinghua.edu.cn。

图书在版编目（CIP）数据

ASP. NET 网络程序设计案例教程/朱宏编著. —北京：清华大学出版社，2013.8（2021.7重印）
高等学校计算机基础教育规划教材
ISBN 978-7-302-32352-5

Ⅰ. ①A… Ⅱ. ①朱… Ⅲ. ①网页制作工具－程序设计－高等学校－教材 Ⅳ. ①TP393.092

中国版本图书馆 CIP 数据核字（2013）第 092892 号

责任编辑：袁勤勇 张 玥
封面设计：傅瑞学
责任校对：焦丽丽
责任印制：丛怀宇

出版发行：清华大学出版社
网 址：http://www.tup.com.cn，http://www.wqbook.com
地 址：北京清华大学学研大厦 A 座 邮 编：100084
社 总 机：010-62770175 邮 购：010-83470235
投稿与读者服务：010-62776969，c-service@tup.tsinghua.edu.cn
质量反馈：010-62772015，zhiliang@tup.tsinghua.edu.cn
课件下载：http://www.tup.com.cn，010-83470236
印 装 者：北京嘉实印刷有限公司
经 销：全国新华书店
开 本：185mm×260mm **印 张**：20.5 **字 数**：471 千字
版 次：2013 年 8 月第 1 版 **印 次**：2021 年 7 月第 8 次印刷
定 价：59.00 元

产品编号：046004-04

前言

ASP. NET 是现今应用最广泛的网络程序设计语言之一，也是计算机技术和网络专业学生应掌握的一项技能。

作者长期从事 ASP. NET 网络程序设计的教学和研究工作，对教学的难点和重点十分明确，对学生学习的误区和瓶颈也有一定了解，所以希望撰写一本从入门到精通、注重实际能力训练、帮助学生破解瓶颈困难的教材。本书力求符合学生学习心理和学习习惯，注重降低理论难度，增强实训环节，采用以小型案例实训带动理论教学的创新写作模式。

本书以 Visual Studio 2008 为开发平台，以 C# 为开发语言，系统讲述使用 ASP. NET 进行网络程序设计的知识。

本书包括 12 章和附录，第 0 章和附录对网站的相关知识、IIS 的配置、HTML 的基本标记进行了介绍。如果本课程的前导课程没有这些内容可以在此稍作了解。没有网站基本知识的读者可以在这里进行基础学习。

第 1～第 11 章分为四个部分，内容如下。

第一部分为基础知识。

包括第 1～第 2 章，第 1 章为 ASP. NET 概述，第 2 章为 C# 的语法介绍，第 3 章为服务器控件，讲述了开发网站的基本知识、面向对象的程序设计。这一部分与许多面向对象程序设计语言有相似之处，可以简单介绍。

第二部分为网站开发基础。

包括第 4～第 5 章。第 4 章为 ADO. NET 内部对象的应用，第 5 章为数据库基础知识，讲述了开发动态网站的基本知识。其中第 4 章很重要，教师可以结合学生在 Internet 上的见闻，如在同一网站中保持同一用户名、聊天室等实例带动学生学习，激发学生的学习兴趣。

第三部分为数据库的访问。

包括第 6～第 8 章。第 6 章为数据库的访问技术，要求学生反复阅读程序，在例题的基础上反复练习，第 7 章为用户界面设计技术。第 8 章以一个实际案例对前面的内容进行了总结和综合应用，是重点内容。

第四部分是网站整体规划、发布与部署。

包括第 9～第 11 章。第 9 章为多层架构，第 10 章为 LINQ 数据查询技术，第 11 章为网站的发布与部署。

本书还提供了相关的知识链接，对教学内容进行了扩展和深入介绍。

本书由朱宏编著，任向民老师进行了规划和主审。满娜老师编写了数据库部分，赵振军老师进行了细心校对，在此一并表示感谢。

本书以 Visual Studio 2008 为开发平台，以 C# 为开发语言，全书例题均在 Windows XP 和 Visual Studio 2008 平台环境下调试通过。

本书可以作为高等学校计算机和网络专业的学生学习动态网站开发的教材，也可以供计算机应用和软件开发的各类人员使用。

由于水平有限，加上时间仓促，书中难免会有疏漏和不足之处，恳请读者批评指正。

编　者

2013 年 4 月

目录

第0章

绪　论

本章要点：

- Web技术基础
- 动态网页原理
- 常见的动态网页程序设计语言
- IIS的安装与配置
- 应用程序

0.1 WWW与Web网站

0.1.1 WWW与Web

WWW(World Wide Web)又称3W或Web,中文译名是万维网、环球信息网,是Internet上最受欢迎、最流行的多媒体信息查询服务系统。1989年,WWW项目在欧洲粒子研究所(CERN)由蒂姆·本尼斯·李研制出来,1991年正式发布。它基于HTTP协议,采用超文本、超媒体的网页方式进行信息的存储与传递,把文字、图形、声音、动画、资料库以及各种软件等信息资源有机地结合起来,通过超文本链接将位于各个计算机上的信息资源连接在一起,具有图文并茂的多媒体信息集成能力。它建立在客户机/服务器的模型之上,允许用户在一台计算机上通过Internet访问另一台计算机上的信息,同时还能进行FTP、Telnet、E-mail等网络服务。虽然它的出现不过二十余年,但它迅速成为访问Internet的最主要方式,至今已经成为Internet的代名词。

Internet上分布着大量计算机,角色大体分为两种：服务器和客户机。客户机就是通常使用的计算机;服务器是一种高性能的计算机,作为网络的节点,存储处理网络上的大量数据、信息等。根据提供的服务不同,服务器又分为Web服务器、邮件服务器、文件传输服务器、DNS服务器等。其中,Web服务器将本地信息用超文本方式组织起来,方便用户通过Internet进行检索和浏览。位于不同Web服务器的信息组成了WWW的信息点,Web应用可以看成Internet应用的一个子集。

0.1.2 Web技术基础

Web架构的技术包括统一资源定位技术、超文本传输技术、超文本标记语言、浏览器及开发模式等，其中前3项是核心技术部分。

1. 统一资源定位符

统一资源定位符(Uniform Resource Locator,URL)即通常所说的网站地址。它通过定义资源位置的绝对地址定位网络资源，是用于完整地描述Internet上的网页和其他资源地址的一种标识方法。URL的基本格式如下：

协议://主机名[:端口号]/路径/文件名[:参数][?查询][#信息片段]

各部分的含义如下：

- 协议(protocol)：所使用的协议名称，常使用的协议有HTTP、FTP、FILE等。
- 主机名(hostname)：存放资源的服务器的域名系统主机名或IP地址。
- 端口号(port)：是一个整数。省略时，使用默认端口，各种传输协议都有默认的端口号，如HTTP的默认端口号为80，为可选项。
- 路径(path)：表示资源位于主机默认网站根目录下的子目录名。
- 文件名(filename)：表示资源的完整文件名，包括文件名和扩展名。如果资源所在的网站设置了默认文档，指定了默认的访问文件，则URL可省略文件名。
- 参数(parameters)：用于指定特殊参数，为可选项。
- 查询(query)：用于给动态网页传递参数，若有多个参数，则用&符号隔开，每个参数的名称和值用=隔开，为可选项(第4章将重点介绍这个问题)。
- 信息片段(fragment)：为网络资源中的片段，为信息片段或字符串。

例如http://www.hrbu.edu.cn/jwglxt/news/index.aspx?tid=sjzh这个网址。其中http为协议名，表示超文本传输协议；www.hrbu.edu.cn是域名系统的主机名；jwglxt/news/index.aspx表示要访问的资源位于主机jwglxt/news/文件夹下的index.aspx文件，?tid=sjzh表示要传递给这个网页一个名为tid的变量，变量值为sjzh。

一般来讲，大部分网页使用的都是超文本传输协议，并不要求用户输入“http://”部分，端口号“80”也是超文本传输协议的常用端口号，也不用写出。如果资源所在的网站设置了默认文档，也可以不用指明文件名，如访问哈尔滨学院，只输入哈尔滨学院的域名http://www.hrbu.edu.cn即可，回车后地址栏中的URL变为http://www.hrbu.edu.cn/index_xw.jsp，index_xw.jsp即为默认文档。

2. 超文本传输协议

超文本传输协议(HyperText Transfer Protocol,HTTP)是负责在Internet传输网页的协议，是基于请求/响应方式的，采用客户机/服务器结构。访问Internet时，客户机向服务器发出一个请求，HTTP规则定义了如何正确解析请求；服务器接到这个请求后，给予相应的响应信息，将被请求的网页发送到客户机，而 HTTP 规则也定义了如何正确地解析应答信息。HTTP 协议保证正确、快速地在网络上传输超文本文档，但它并不定义网络如何建立连接、管理及信息如何在网络上发送等。HTTP 协议具有通信简单、速度快、无连接协议、无状态协议等特点。

3. 超文本标记语言

超文本标记语言（HyperText Markup Language，HTML）是一种描述文本结构的标记语言，它是整个 Web 技术的基础，主要功能是在 Web 上发布信息。任何工具开发的 Web 页，最终由服务器发送给客户机时都转换为 HTML 语言，再由客户机的浏览器呈现。

HTML 语言是一种 ASCII 码语言，它主要使用标记来定义网页上的文字、图片、声音、动画、视频等多媒体信息的呈现方式。而我们要学习的网络程序设计语言也大多嵌在 HTML 语句中，所以了解并掌握 HTML 语法对精通网络程序设计至关重要。

4. 浏览器

服务器接受请求发回由 HTML 标记组成的 Web 页，浏览器是按照 Web 页的标记呈现网页中的文字、图片、声音、视频、动画等信息的软件。目前常用的浏览器有 Microsoft 的 IE 浏览器、Firefox、Safari、Opera、360 安全浏览器等。

5. 超链接

超链接是 WWW 技术的核心之一。它是指从一个网页指向一个目标（可以是一个网页，还可以是一个文件，也可以是网页中的某个位置）的连接关系，本质上属于一个网页的一部分，是一种能同其他网页或站点之间进行连接的元素。它由两部分组成，一部分出现在页面上，表现为带有下划线的文字或图片等页面元素；另一部分是它指向的目标，可以是另一个网页，也可以是相同网页上的不同位置，还可以是一个图片、一个电子邮件地址、一个文件，甚至是一个应用程序。当网页浏览者单击带有超链接的页面元素时，浏览器就会跳转到指向目标，并根据目标类型是否是浏览器可以处理的类型打开文件呈现或打开下载页面并提示下载。

带有超链接的文本称为超文本，这样的文本文件称为超文本文件，也就是 Web 页（网页）。存放在一个服务器上具有逻辑关系的各个网页通过超链接链接在一起，才能真正构成一个网站。存放在不同服务器上的网站通过超链接构建出一个信息检索系统，这就是万维网。

6. Web 开发模式

从最早的单机模式发展到客户机/服务器（Client/Server，C/S）模式，再到流行的浏览器/服务器（Browser/Server，B/S）模式，Web 应用技术与应用程序的开发技术日益发展。

客户机是用来提交请求，获取数据的一方；而服务器是提供服务，根据客户机的要求响应操作，发送回数据的一方。如访问百度网站使用的计算机就是客户端，而百度网站的计算机叫服务器。如果访问自己计算机上的网站，那么自己的机器既是服务器又是客户机。一般客户机只安装浏览器即可，主要数据处理的操作是在服务器端完成的。

目前，基于 Web 的 B/S 模式已经成为主流的 Web 应用解决方案，即 B/S 三层体系结构，它将应用功能分为表示层、应用层和数据层。表示层就是展现给用户的界面，即用户使用一个系统时实现所见即所得；应用层是针对具体问题的操作，也就是对数据层的操作和对数据业务逻辑的处理；数据层直接操作数据库，针对数据完成增加、删除、修改、查找等操作。通常情况下，表示层配置在客户机中，应用层和数据层分别置于不同的服务器中，称之为 Web 服务器和数据服务器。这种模式灵活性高，能够适应负荷的变化。

在 B/S 架构下，工作界面通过 IE 等浏览器实现，即用户通过浏览器获取信息或提交查询等请求，主要业务逻辑都在服务器端实现。因此 B/S 架构的系统不需要客户端软件，而系统升级和维护时，只需要更新服务器端软件即可，从而简化了客户端载荷（通常称为“瘦”客户端），减轻了系统维护和升级的成本和工作量。

目前，国内外一些大型知名网站采用了更先进的结构模式，即多层 B/S 动态模式，Web 服务器和数据库服务器之间增加了一些应用服务器，将复杂的企业逻辑及数据库的连接服务等封装到该中间层，以减轻 Web 服务器的负担，并兼具负载平衡与容错功能。

0.2 HTML 超文本标记语言

超文本标记语言（HyperText Markup Language，HTML）是一种描述文本结构的标记语言，是万维网文档发布和浏览的基本格式。

1. HTML 的特点

它具有独立于平台、超文本、结构化文档等特点，是一种简单易用的格式化语言，具有通用性。不仅能使用多样的文本、图形，也支持动画、声音以及交互式应用。

2. 标记

标记是 HTML 语言最基本的元素，是区分文本各个组成部分的分界符，用来把 HTML 文档分成不同的逻辑部分（或结构），如段落、标题、表格等。

3. 标记的特点

HTML 文本的标记，形式上都是相应的英文嵌在“＜＞”内，而且大多成对出现，前后呼应，只是后面标识符的相应英文前面多了一个“/”。如＜p＞段落＜/p＞就是一对标记，它定义了一个段落。在 HTML 中定义的一个段落在页面上的上下文之间各有一个空行。

还有一些标记是单标记。如＜br＞标记就是换行标记，它可以使文字在网页页面上换行显示。

4. HTML 文档的基本结构

超文本文档，也就是我们所说的 Web 页、网页，它一般由 HTML 标记和页面内容组成。超文本文档的基本结构如下。

```
<HTML>
<HEAD>
<TITLE>标题</TITLE>
</HEAD>
<BODY>
</BODY>
</HTML>
```

说明：

- 整个文档位于<HTML>与</HTML>之间，它是一个完整的 HTML 文件标志。
- 文档头位于<HEAD>与</HEAD>之间，标志文件的主题信息。
- 文档标题位于<TITLE>与</TITLE>之间，是文档的标题。
- 文档正文位于<BODY>与</BODY>之间。
- 标识符可以大写或小写。

这里仅说明了 HTML 文档的结构。进行网络应用程序设计时，一些需要掌握的 HTML 标记已在附录中给出，请注意参考。

0.3 动态网页

0.3.1 静态网页

静态页面是 Web 程序最早的表现形式，是存储于服务器的文件，内容可包括文字、图像、声音、视频动画等多媒体元素。页面之间通过超级链接关联，但所有的页面内容上传服务器后不会改变，一个静态页面只对应一个内容，即一对一的关系。用户进行的任何访问操作都仅限于让服务器传送数据给请求者，并不做脚本运算及读取后台数据库的工作。数据库、后台系统与前台是分开的，一般静态的页面以 . htm 或. html 为后缀。

静态页面的优势是访问速度快，安全隐患低。它是 ASCII 文件，因此可以跨平台、跨服务器。其缺点是请求信息资源的用户不能和页面进行交互，页面内容也不会因用户的操作而改变。若更新页面，只能重新制作页面文件，上传到服务器，因此具有较大的局限性，已经不能满足 Internet 上多元化的信息检索服务需要。图 0-1 所示为 Web 服务器和客户端工作原理示意图。图 0-2 所示为静态网页服务器端工作原理。

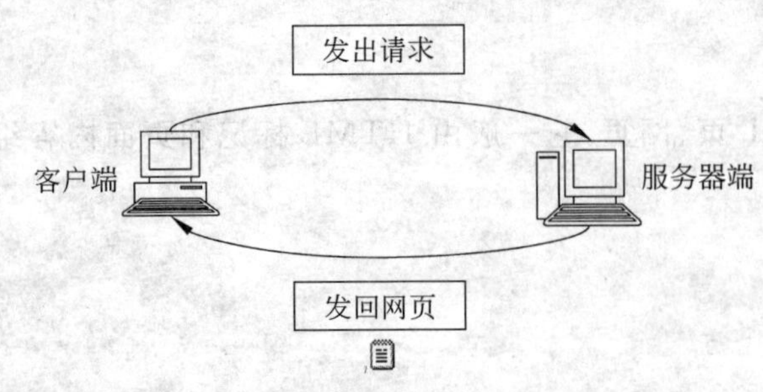

图 0-1　Web 服务器和客户端工作原理示意图

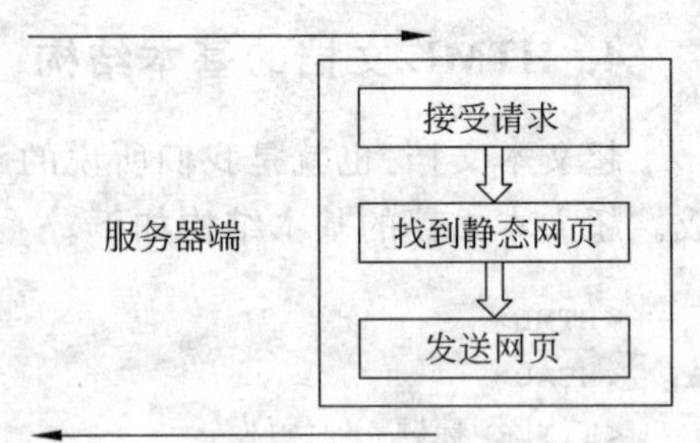

图 0-2　静态网页服务器端工作原理

0.3.2　动态网页

从网站浏览者的角度看，无论是动态网页还是静态网页，都可以展示基本的文字和图片信息，但从网站开发、管理、维护的角度看，就有很大的差别。

动态网页中，动态的含义是指交互性，即网页能根据访问者的不同请求或不同时间而显示不同内容，弥补了 HTML 静态网页难以适应信息频繁更新以及缺乏交互性等不足。

在浏览器中输入一个动态网页的网址回车后，就向服务器提出一个浏览网页的请求，服务器接到请求后，首先找到要浏览的动态网页文件，然后执行网页文件中的程序代码，将含有程序代码的动态网页转化为静态网页，在静态页面上呈现程序代码的执行结果，然后将静态网页发送给浏览器，由浏览器进行解释，呈现出来。

图 0-3 所示为动态网页服务器端工作原理。

所以，无论通过浏览器查看的是静态页面还是动态页面，在客户端看到的都是静态页面。客户端除了安装浏览器，不需要再安装其他客户端软件。

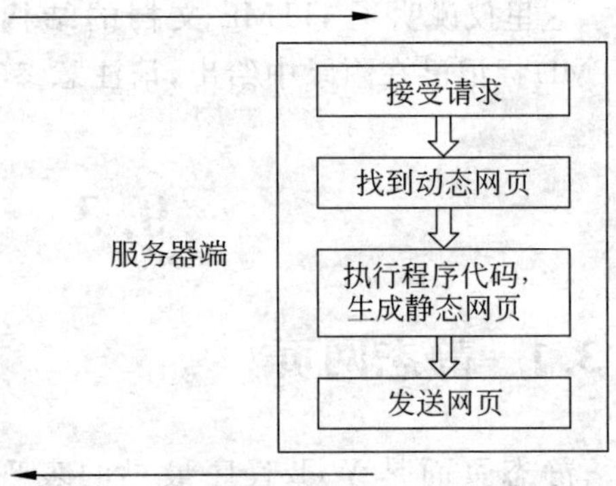

图 0-3　动态网页服务器端工作原理

这里请思考两个问题。

(1) 用网络程序设计语言设计的动态页面是在哪里工作的，服务器端还是客户端？

看了图 0-3，应该了解到动态网页里的程序是运行在服务器端的。

(2) 设计的动态网页代码运行的结果是什么？像其他高级语言一样，运行结果是一个数还是一个界面？

从图 0-3 也可以看出，动态网页中代码的运行结果是一个静态页面，也就是一个 HTML 语言写成的静态页面。

例如，经常会用 Response. Write("<a href='http://www.baidu.com'>百度</a>")的方式，在生成的 HTML 语句中加入一个链接，以便将"百度"这个链接在页面上显示出来。

动态网页的一般特点有如下。

(1) 动态网页以数据库技术为基础,能够大大降低网站维护的工作量。

(2) 采用动态网页技术的网站可以实现许多功能,如用户注册、用户登录、用户管理、订单管理、论坛发帖、网站内容动态管理等。

(3) 动态网页实际并不是独立存在服务器上的网页文件,只有当用户请求服务器时才返回一个静态页面。

(4) 动态网页的优点是效率高、更新快、移植性强,能够快速达到所见即所得的效果。但由于通过与数据库的不断通信才能实现较高的效率,因而频繁地读取数据库,导致服务器花大量时间来计算,当访问量达到一定数量后,效率会成倍下降。如果有人恶意攻击程序,激活了隐藏的 Bug,将会构成一定的安全隐患,甚至导致整个网站瘫痪。

0.4 常见的网络程序设计语言

目前,常见的动态网络程序设计语言有 ASP、PHP、JSP 和 ASP. NET 等,这些程序设计语言的发展如图 0-4 所示。

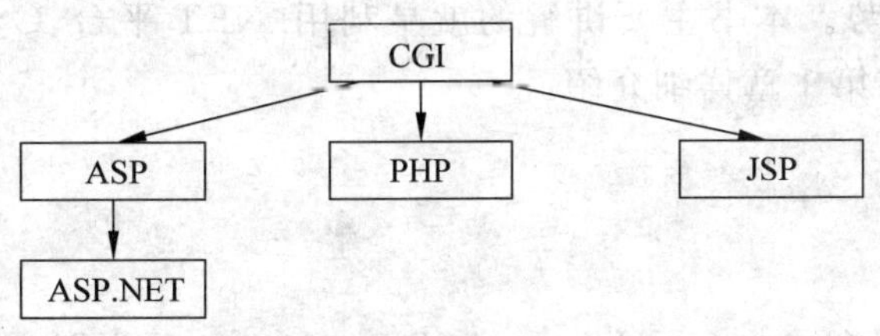

图 0-4 网络程序设计语言发展

0.4.1 CGI

通用网关接口(Common Gateway Interface,CGI)在物理上是一段程序,运行在服务器上,提供同客户端 HTML 页面的接口。绝大多数 CGI 程序用来解释处理来自表单的输入信息,并在服务器产生相应的处理,或将相应的信息反馈给浏览器。CGI 程序使网页具有交互功能。

0.4.2 ASP

ASP(Active Server Pages)是微软公司推出取代 CGI 的动态服务器网页技术。它主要运行在微软公司推出的 Windows 系列操作系统上,如 Windows NT、Windows 2000、Windows XP,在 Windows 98 上装上个人 Web 服务器 PWS4. 0 后也可以运行。它对客户端没有任何特殊要求,只要安装普通的浏览器即可。而在服务器端需安装 IIS,Windows 98 安装 PWS 即可。

ASP 文件就是在普通的 HTML 文件中嵌入 VB Script 或 JavaScript 脚本语言，当客户端请求一个 ASP 文件时，服务器端就会运行 ASP 文件中的脚本代码，并转化为标准的 HTML 文件，然后发送到客户端。ASP 提供了几个非常有用的内部对象和内部组件，利用它们可以轻松地实现表单上传、存取数据库等功能。此外，还可以使用第三方提供的专用组件实现发送 E-mail、文件上传等功能。

ASP 的优点是简单易学，又有微软公司强大的支持；缺点是不能跨平台，一般只能在 Windows 系列的操作平台上运行，而且 ASP 的脚本是与 HTML 代码放在一起，程序不清晰，可读性差。

0.4.3 ASP.NET

ASP.NET 并不是 ASP 的简单升级，而是微软公司推出的.NET 框架的一部分，是一种以.NET 框架为基础开发的网络应用程序的全新模式。它继承了 ASP 的优点，融入了 Java、VB 等特性，本质上更像一种框架，在这个框架上可以采用 VB.NET、C# 等语言开发。

ASP.NET 从 1.x 到 2.0，再到如今的 3.5，发展非常迅速，应用也非常广泛，在开发动态网站方面极具优势。本书主要讲解的就是利用.NET 平台、C# 语言进行网络程序设计，ASP.NET 将在第 1 章详细介绍。

0.4.4 PHP

超文本预处理器（Personal Hypertext Preprocessor，PHP）是 Rasmus Lerdorf 于 1994 年提出的。它开始是一个用 Perl 语言编写的简单程序，用来与访问主页的人保持联系。当时它作为一个个人工具，仅提供留言本、计数器等简单功能，后来 Rasmus 重写了整个解析器，并命名为 PHP v1.0，功能还不是十分完善。此后，其他程序员开始参与了 PHP 源代码的编写，1997 年，Zeev Suraski 和 Andi Gutamns 又重新写了解析器，功能基本完善，形成了 PHP3 的雏形。

PHP 程序可以运行在 UNIX、Linux 或 Windows 操作系统下，客户端也仅是需要普通浏览器，但它的运行环境安装比较复杂。PHP、MySQL 数据库和 Apache Web 服务器是一个较好的组合。

PHP 也是将脚本嵌入到 HTML 文档中，它大量采用了 C、Java 和 Perl 语言的语法，并加入了 PHP 自己的特征。它也是在服务器端执行的，转化为标准的 HTML 文件发送到客户端。

PHP 的优点是免费和开放源代码，效率高、容易掌握、面向对象，这对许多要考虑运行成本的商业网站来说尤为重要；缺点是缺乏大公司的支持，前途不如 ASP 和 JSP 等辉煌，运行环境配置起来也稍显复杂。

0.4.5 JSP

JSP(Java Server Pages)是由太阳微系统公司 Sun 提出,由多家公司合作建立的一种动态网页技术。该技术的目的是为了整合已经存在的 Java 编程环境(例如 Java Servlet 等),结果产生了一个全新的足以和 ASP 抗衡的网络程序语言。

JSP 几乎可以运行在所有的服务器系统上,包括 Windows NT、Windows 2000、Windows XP、UNIX、Linux,但是必须安装 JSP 服务器引擎软件。Sun 公司提供了免费的 JDK、JSDK 和 JSWDK,供 Windows 和 Linux 系统使用。JSP 也是在服务器端运行的,对客户端浏览器的要求很低。

JSP 是将 Java 程序片段(Scriptlet)和 JSP 标记嵌入普通的 HTML 文档中。客户端访问一个 JSP 网页时,将执行其中的程序片段,然后返给客户端标准的 HTML 文档。和 ASP 的区别是,在 ASP 中,每次访问一个 ASP 文件,服务器都要将该文件解释一遍,然后将标准的 HTML 文档发送到客户端。但在 JSP 下,当第一次请求 JSP 文件时,该文件将被编译成 Servlet,并由 Java 虚拟机执行,以后就不用再编译了。

JSP 的优点是跨平台、开放的结构,几乎可以在所有的操作系统上运行,而且它采用编译后运行方式,能够提高执行效率;缺点是学习起来比较困难,运行环境的配置稍显复杂。

0.5 IIS 的安装与设置

要正确运行 ASP.NET,服务器端必须安装 IIS 和相关的.NET 框架及组件。进行程序设计和开发时,需要安装 IIS 来观察运行结果、调试程序。如果已经安装 Visual Studio,则已经拥有了 IIS 和相关的.NET 框架及组件,如果没有安装,就必须安装 IIS 和相关文件。

0.5.1 IIS

Internet 信息服务(Internet Information Server,IIS)是 Windows 的组件之一,如果是 Windows 2000 Server 或 Windows 2000 Advance Server 版本,一般就已经默认安装了 IIS;如果是 Windows XP 或 Windows 2000 Professional 版本,则需要自己安装 IIS。安装了 IIS,计算机就可以作为 Web 服务器,为 WWW 的访问提供服务。调试 ASP.NET 程序时,就可以用客户端访问服务器的方式完成。

1. IIS 的安装

依次选择“开始”→“设置”→“控制面板”→“添加/删除程序”命令,在弹出的“添加或删除程序”对话框中选择“添加/删除 Windows 组件”选项,如图 0-5 所示,弹出“Windows 组件向导”对话框,如图 0-6 所示。选择“Internet 信息服务(IIS)”选项,然后单击“下一步”按钮,随后根据提示一步步安装即可。

图 0-5　在“添加或删除程序”对话框中选择“添加/删除 Windows 组件”

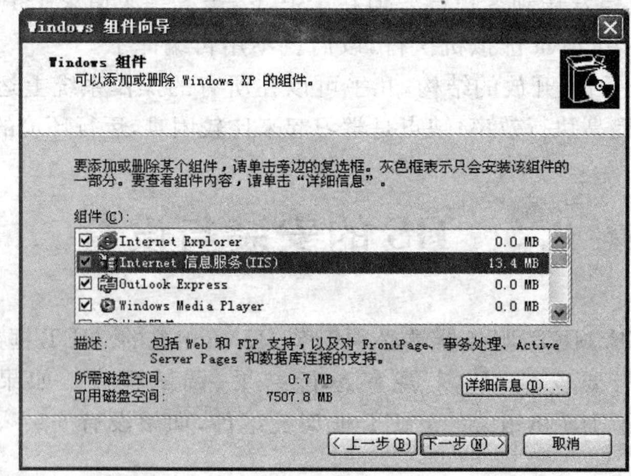

图 0-6　在“Windows 组件向导”中选择“Internet 信息服务(IIS)”选项

安装完毕后，C 盘根目录下会出现名为 inetpub 的文件夹，该文件夹下会出现 wwwroot 文件夹，就是默认服务器的主目录。一般情况下，发布的网站文件就可以存放在这个文件夹。

0.5.2　Internet 服务管理器

1. Internet 服务管理器简介

安装成功后，选择“开始”→“程序”→“管理工具”→“Internet 服务管理器”命令，弹出“Internet 信息服务”对话框，如图 0-7 所示。

2. 浏览 ASP.NET 文件的方法

调试 ASP.NET 文件时，必须以客户端访问服务器的方法。将要访问的文件放在服

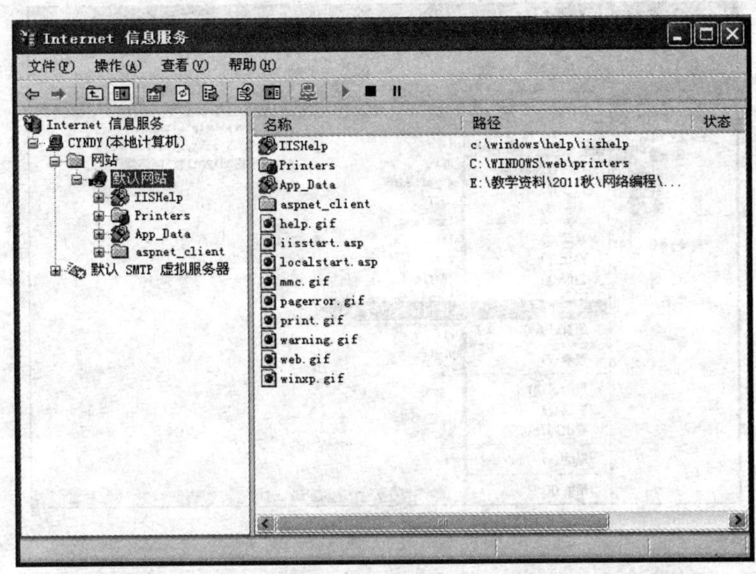

图 0-7 "Internet 信息服务"对话框

务器的目录中,然后通过浏览器访问它们。

如果一个 ASP.NET 文件 0-1.aspx 保存在 C:\inetpub\wwwroot 中,浏览它的方法如下。

(1) http://localhost/0-1.aspx。

(2) http://127.0.0.1/0-1.aspx。

(3) http://计算机的名字/0-1.aspx。

(4) http://计算机的 IP 地址/0-1.aspx。

注意:前 3 种方法一般指的是在自己的计算机上访问自己 Web 站点中的 ASP.NET 文件;第 4 种方法指的是别人通过 Internet 访问自己 Web 站点中的文件,前提是自己的计算机必须连入 Internet 且别人知道自己 Web 站点的 IP 地址。

3. 应用程序

添加了虚拟目录的文件夹(单独的网站)就称为应用程序。

假如要建立两个网站:单位网站和个人网站,就可以在 C:\inetpub\wwwroot 下建立两个文件夹 A(单位网站)、B(个人网站),这两个网站看起来相对独立,但事实上并没有独立。进行网站整体配置时会相互影响,因此可以分别给 A 和 B 添加虚拟目录。

4. 添加虚拟目录

在硬盘相应位置建立一个文件夹,作为网站的存放文件夹。

选择"开始"→"程序"→"管理工具"→"Internet 服务管理器"命令,打开如图 0-7 所示的"Internet 信息服务"对话框。

右击"默认 Web 站点",选择"新建"→"虚拟目录"命令,添加别名,并选择刚才建立的文件夹,如图 0-8、图 0-9 和图 0-10 所示。

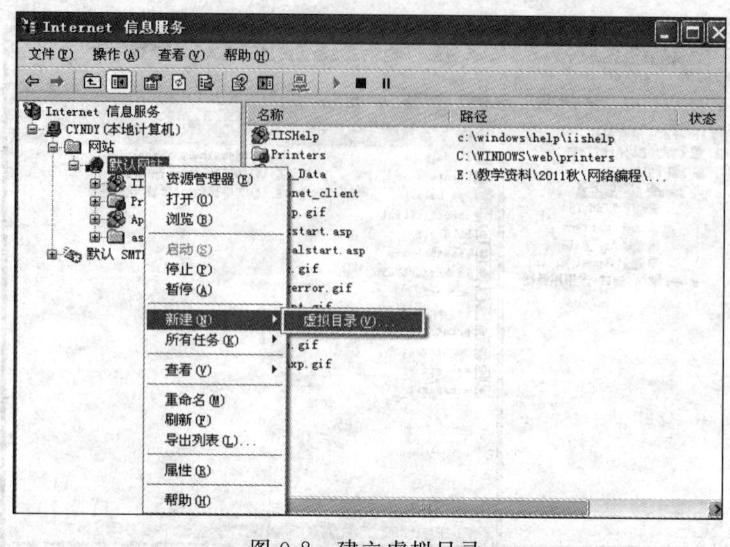

图 0-8 建立虚拟目录

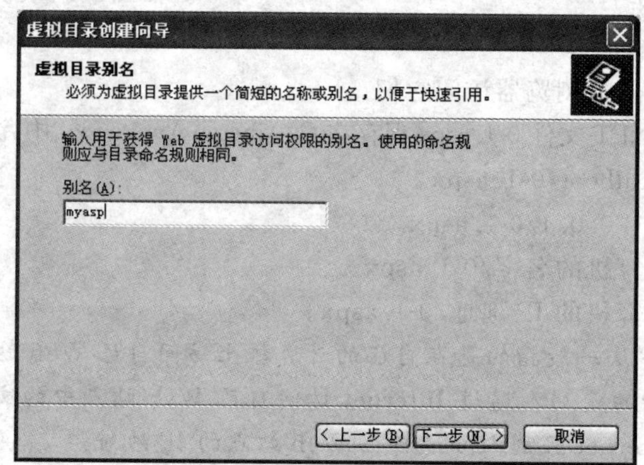

图 0-9 建立虚拟目录过程中指定“别名”

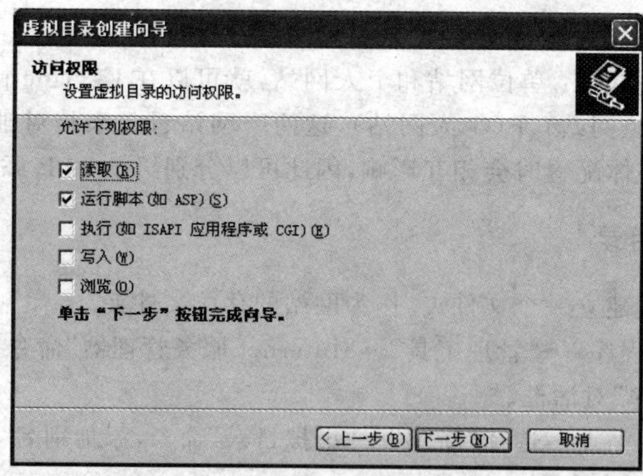

图 0-10 建立虚拟目录中设置虚拟目录的访问权限

例如，在D盘新建一个文件夹ASPX，在里面新建一个文件0-2.aspx，在"Internet服务管理器"中建立虚拟目录，添加别名为"myasp"，然后选择"D:\asp"。这样就在服务器的主目录下建立了一个虚拟子目录，目录名为"myasp"，但其实它指向的是"D:\asp"下文件。

可以使用以下方法访问0-2.aspx文件。

(1) http://localhost/myasp /0-2.aspx。

(2) http://127.0.0.1/myasp /0-2.aspx。

(3) http://计算机的名字/myasp /0-2.aspx。

(4) http://计算机的IP地址/myasp /0-2.aspx。

5. 设置默认文档

默认文档是应用程序的默认首页。在IIS中打开虚拟目录的属性对话框，添加index.aspx、default.aspx等默认文档，调整顺序后确定即可。这样访问虚拟目录时，如果只是写出路径，没有指定文件，也可以按照默认文档的顺序来访问相应的文件，如图0-11所示。

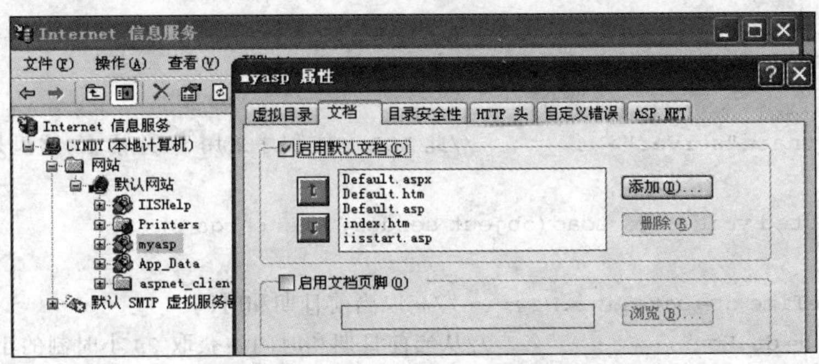

图0-11 设置虚拟目录的默认文档

0.5.3 示例文件

使用浏览器，采用客户端访问服务器的方式访问0-1.aspx文件，可以看到根据不同的系统时间，页面上会分别显示"上午好"和"下午好"，如图0-12所示。在页面右击，查看

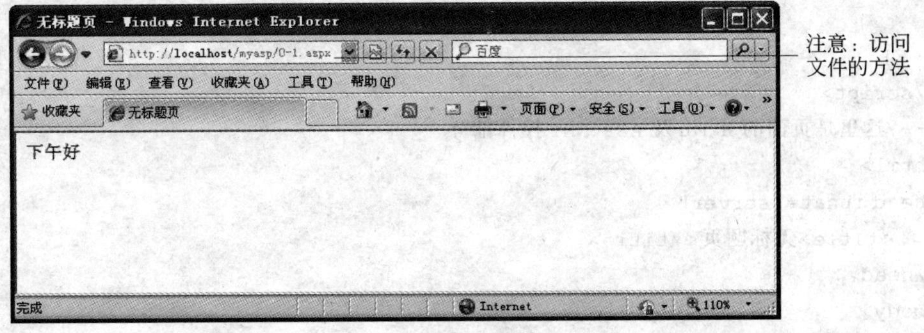

图0-12 通过客户端访问服务器方式来访问此文件

"源文件",可以看到传到客户端的页面是静态页面,如图 0-13 所示。

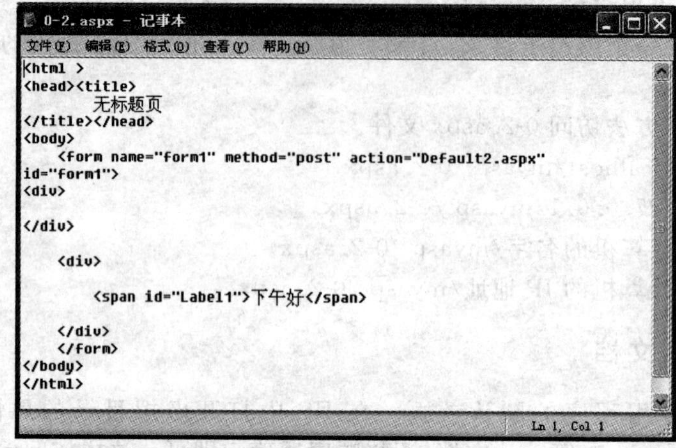

图 0-13　查看源文件

程序 0-2.aspx 的代码清单如下。

```
<%@Page Language="C#" %>

<script runat="server">              //此 ASP.NET 程序采用了 C#语言,这里是程序代码部分

    protected void Page_Load(object sender, EventArgs e)
    {
      DateTime dt=DateTime.Now;    //获取当前日期和时间
      int h=dt.Hour;               //从当前日期和时间中获取 24 小时制的小时,送入变量 h
      if (h<=12)
      {
        Label1.Text="上午好";
                    //如果 h 值小于等于 12,则在页面上的 label1 控件中显示"上午好"
      }
      else {
          Label1.Text="下午好";
                    //如果 h 值大于 12,则在页面上的 label1 控件中显示"下午好"
      }
    }
</script>
!--/这里是页面的 HTML 及 ASP.NET 控件部分
<html>
<head runat="server">
    <title>无标题页</title>
</head>
<body>
    <form id="form1" runat="server">
```

```
    <div>

        <asp:Label ID="Label1" runat="server" Text="Label"></asp:Label>
!--在页面放置了一个 ASP.NET 控件,类型为 label 标签,主要用来显示文字

    </div>
    </form>
</body>
</html>
```

习 题 0

0.1 名词解释

1. 动态网页　2. 应用程序　3. 虚拟目录　4. 默认文档
5. HTML　6. URL　7. 超级链接

0.2 思考题

1. 小王通过浏览器访问百度网站,请问谁是服务器,谁是客户端?小李通过浏览器访问自己机器上的网站,谁是服务器,谁是客户端?

2. 请比较一下静态网站和动态网站的工作原理。

3. 简述 URL 的基本格式。

4. 某学生开发了一个显示来访的 IP 的 ASP. NET 文件,存放在 D:\ASP 目录下,然后在资源管理器中双击此文件,却无法正常显示,请问原因是什么。

5. 简述 Web 的开发模式。

6. 请分析现在常用的网络程序设计语言的优缺点。

7. 简述一个网页的 HTML 语言基本结构。

8. 某学生在浏览器中浏览网页,通过查看源代码,发现全部是静态页面,他认为他访问的不是动态网页,他说得对吗?

9. 直接修改一个 HTML 文件的扩展名,改为一个 ASPX 文件行不行?

10. 简述一下访问 ASP. NET 文件的方法。外地的朋友访问你计算机上的 ASP. NET 文件,应该采用什么方法?

0.3 上机练习题

1. 用记事本编写一个简单的 HTML 文件,并通过浏览器查看。

2. 安装 IIS,并查看主目录里的 iisstart. asp 文件。

3. 为 D 盘的 ASPX 文件夹设置虚拟目录,设置默认文档 index. htm。

第1章

ASP.NET概述

主要内容：

- .NET技术与ASP.NET概述
- ASP.NET应用开发环境及其使用
- ASP.NET应用程序组成
- ASP.NET应用程序的建立和Web窗体的建立和编辑

1.1 ASP.NET简介

ASP.NET又称为ASP+，但它不是ASP的简单升级，而是微软提出的.NET框架的一部分，是一种以.NET框架为基础开发网上应用程序的全新模式。

ASP.NET不是一门编程语言，而是一个统一的Web开发模型，它可以支持可视化的方式创建企业级网站。ASP.NET是.NET框架(.NET Framework)的一部分，可以利用.NET框架中的类进行编程，可以使用VB.NET、C#、J#和JScript.NET等编程语言来开发Web程序。

ASP.NET是统一的Web应用程序平台，它提供了为建立和部署企业级Web应用程序所必需的服务。ASP.NET为能够面向任何浏览器或设备的更安全、更强的可升级性，以及更稳定的应用程序提供新的编程模型和基础结构。

1.1.1 .NET技术简介

1. 什么是.NET

微软公司推出的.NET核心内容之一就是搭建第三代互联网平台，这个网络平台将排除不同的上网设备、操作系统、网站以及各大机构和工业界的网络障碍，解决网站之间的协同合作问题，使网站之间形成自动交流，从而最大限度地共享资源。

.NET技术是微软公司推出的一个全新概念，它代表了一个集合、一个环境和一个可以作为平台支持下一代Internet的可编程结构。.NET的目的就是将互联网作为新一代操作系统的基础，对互联网的设计思想进行扩展，用户在任何地方、任何时间，利用任何设备都能访问所需要的信息、文件和程序。

.NET 平台包括.NET 框架和.NET 开发工具等组成部分。.NET 框架是整个开发平台的基础，包括公共语言运行库(Common Language Runtime，CLR)和.NET 类库，如图 1-1 所示。公共语言运行库类似 Java 虚拟机，负责内存管理和程序执行，是.NET 的基础。.NET 开发工具包括 Visual Studio.NET 集成开发环境和.NET 编程语言。

<table>
<tr><td>VB.NET</td><td>C#</td><td>托管C++</td><td>JScript.NET</td><td>其他语言</td></tr>
<tr><td colspan="5">公共语言规范(CLS)</td></tr>
<tr><td colspan="5">ASP.NET Web应用 Web服务 | Windows 应用程序 | 控制台 应用程序 | WCF (Windows 通信基础) | WPF (Windows 呈现基础) | WWF (Windows 工作流基础) | WCS (Windows 卡空间)</td></tr>
<tr><td colspan="5">.NET框架基础类库</td></tr>
<tr><td colspan="5">公共语言运行库(CLR)</td></tr>
<tr><td colspan="5">操作系统</td></tr>
</table>

图 1-1 .NET 框架结构

2. 公共语言运行库

公共语言运行库(Common Language Runtime，CLR)是.NET Framework 的基础。它管理内存、线程执行、代码执行、代码安全验证、编译以及其他系统服务，还能监视程序的运行，强制实施代码访问安全，通过严格类型验证和代码验证加强代码可靠性。此外，它的托管环境消除了许多常见的软件问题。

公共语言运行库不仅提供了多种软件的服务，还为以往的软件提供了支持。托管和非托管之间的互操作性使开发人员能够继续使用所需的 COM 组件和动态链接库(Dynamic Link library，DLL)。

不管是用 ASP.NET 还是 C#开发应用程序，都是由 CLR 负责运行。具体的运行过程如下：首先由程序员创建源代码，当网页第一次被访问时，会编译生成一种叫做微软中间语言(Microsoft Intermediate Language，MISL)的语言，然后利用即时编译器(Just In Time，JIT)生成相应的机器代码，以便执行。当网页再次被访问时，只需由 MSIL 语言生成机器代码，但如果源代码有改变，就需要重新编译成为 MSIL 语言，再生成机器代码即可。虽然 CLR 比较复杂，但一般不必关心 CLR，直接打交道的主要是基础类库。

公共语言运行库的运行提高了开发人员的工作效率，如程序员可以用他们选择的开发语言编写应用程序，却仍能充分利用其他开发人员用其他语言编写的运行库、类库和组件。以.NET 框架为目标的语言编译器使得用该语言编写的现有代码可以使用.NET 的功能，大大减轻了现有应用程序迁移的工作负担。

3. .NET 框架基础类库

.NET 框架基础类库(Basic Class Library)是一个与公共语言运行库紧密集成的可重用的类型集合。.NET 框架面向所有的.NET 程序语言，为其提供了一个公共的基础类库，该库有上百个面向对象的类，来提供数学计算、字符串操作、数据库操作等多种功能。该类库是面向对象的，第三方组件可与.NET 框架中的类无缝集成。

常用的几组类库如下：

(1) System 类：该类提供支持其他类所需要的基本服务，如底层服务、输入输出、文本处理等任务。

(2) Data 类：该类提供处理数据库的操作。

(3) XML 类：该类提供处理 XML 文件的操作。

(4) Web 类：该类用来完成用户界面和 Web 服务的任务，这是 ASP.NET 开发人员最常用到的类。

(5) Windows Forms 类：该类提供传统的桌面应用程序服务，ASP.NET 开发人员一般用不到。

(6) Drawing 类：该类提供创建图形、复杂字体等操作。

由于管理成百个类是个非常复杂的问题，所以.NET 引入"名称空间"的概念。所谓名称空间(Namespace)，就是将许多提供相似功能的类组成在逻辑上相关的一些单元。比如 System.IO 类包含用来输入和输出操作的类，System.Datetime 类包含和日期时间相关的类。

名称空间采用了树状结构的管理方式，使用某些类之前，必须在页面中引用名称空间。如果要在页面中使用数据库相关的类，就要在页面开头以如下的语句导入相关名称空间。

如果是单文件模式需要导入名称空间，必须在文件开始处添加如下语句。

```
<%@Import Namespace="System.Data.OleDb" %>
<%@Import Namespace="System.Data" %>
```

如果是代码隐藏模式，则必须在文件开始处添加如下语句。

```
using System.Data.OleDb;
using System.Data;
```

.NET 框架类库使用户能够完成一系列常见的编程任务(包括字符串管理、数据收集、数据库连接、文件访问等任务)。除这些任务外，类库还包括支持多种专用开发方案的类型。例如可使用.NET 框架开发下列类型的应用程序和服务。

- 控制台应用程序。
- Windows GUI 应用程序(Windows 窗体)。
- Windows Presentation Foundation(WPF)应用程序。

- ASP. NET 应用程序。
- Web 服务。
- Windows 服务。
- 使用 Windows Communication Foundation(WCF)的面向服务的应用程序。
- 使用 Windows Workflow Foundation(WWF)的启用工作流程的应用程序。

例如,Windows 窗体类是一组综合性的可重用类型,它们大大简化了 Windows GUI 的开发。如果要编写 ASP. NET 应用程序,可使用 Web 窗体类。

4. Visual Studio

Visual Studio 是一套完整的开发工具,用于生成 ASP. NET Web 应用程序、XML Web Services、桌面应用程序和移动应用程序。Visual Basic、Visual C#和 Visual C++ 都使用相同的集成开发环境(IDE),这样就能够进行工具共享,并能够轻松地创建混合语言解决方案。另外,这些语言使用. NET 框架的功能,提供了可简化 ASP Web 应用程序和 XML Web Services 开发的关键技术。

Visual Studio 提供丰富的开发环境,包含如下特性。

- 面向对象页面设计。使用 Web 表单设计器,可以通过拖曳的方式设计页面,省去许多编写 HTML 代码的麻烦。
- 自动错误检测。Visual Studio 能够自动报告代码编写中的错误,不用调试就可以发现语法错误,节省代码调试时间。
- 调试工具。Visual Studio 提供了强大的调试工具,使用它们可以查看运行中的代码和跟踪变量的内容。
- 智能感知。在代码编辑过程中,Visual Studio 能够识别变量并自动列出该对象的信息,以方便代码的编辑。

5. C#语言

C#是微软公司 2000 年 7 月发布的一种全新、简单、安全、面向对象的程序设计语言,是专门为. NET 的应用而开发的语言。它吸收了 C++、Visual Basic、Delphic、Java 等语言的优点,体现了当今最新程序设计技术的功能和精华。C#继承了 C 语言的语法风格,同时继承了 C++ 面向对象的特性。

不同的是,C#的对象模型已经面向 Internet 进行了重新设计,使用的是. NET 框架的类库;C#不再提供对指针类型的支持,使得程序不能随便访问内存地址空间,从而更加健壮;C#不再支持多重继承,避免了之前类层次结构中多重继承带来的后果。. NET 框架为 C#提供了强大的、易用的、逻辑结构一致的程序设计环境。同时,公共语言运行库为 C#程序语言提供了一个托管的运行时环境,使程序比以往更加稳定、安全。

1.1.2 ASP.NET 技术简介

1. ASP.NET 的历史

ASP 的第一个版本是 0.9 测试版，它给 Web 开发带来一阵暴风。最终出场的是 Active Server Page 1.0。

1998 年，微软公司又发布了 ASP 2.0，主要区别是外部的组件需要实例化。

Windows 2000 推出后，IIS 5.0 附带了 ASP3.0，COM+组件服务给组件提供了一个更好的执行环境。

2000 年，微软公司推出了基于新平台的 ASP.NET 1.0，它不是 ASP 的简单升级，而是.NET 体系的一部分，2003 年升级为 1.1 版本。ASP.NET 1.1 发布后，更加激发了 Web 应用程序开发人员对 ASP.NET 的兴趣，并且对网络技术的发展起到了巨大的推动作用。为了达到"减少 70%代码"的目标，2005 年 11 月，微软公司又发布了 ASP.NET 2.0，它的发布是.NET 技术走向成熟的标志。

伴随着强劲的发展势头，2008 年，微软推出了 ASP.NET 3.5，使网络程序开发更倾向于智能化。ASP.NET 3.5 是建立在 ASP.NET 2.0 CLR 基础上的一个框架，其底层类库依然调用的是.NET 2.0 以前封装好的所有类，但在其基础上增加了众多新特性，如 LINQ 数据库访问技术等。2010 年又发布了 ASP.NET 4.0。

2. ASP.NET 简介

ASP.NET 是微软公司推出的编写动态网页的一项功能强大的新技术，它建立在公共语言运行库的基础上，是一个已编译的、基于.NET 的环境，可以用任何与.NET 兼容的语言创作应用程序。ASP.NET 并不是一门编程语言，而是一个统一的 Web 开发模型，它支持以可视化的方式创建企业级网站。ASP.NET 是.NET 框架(.NET Framework)的一部分，可以利用.NET 框架中的类编程，可使用 VB.NET、C#、J# 和 JScript.NET 等编程语言来开发 Web 应用程序。

与以前的动态网页开发技术相比，ASP.NET 的优点体现在以下几个方面。

- 可管理性。ASP.NET 使用基于文本的、分级配置系统，简化了将设置应用于服务器环境和 Web 应用程序的工作。因为配置信息存储为纯文本，因此可以在没有本地管理工具的帮助下应用新的设置，配置文件的任何变化都可以自动检测并应用于应用程序。
- 安全。ASP.NET 为 Web 应用程序提供了默认的授权和身份验证方案，开发人员可以根据应用程序的需要添加、删除或替换这些方案。
- 易于部署。通过简单地将必要的文件复制到服务器上，ASP.NET 应用程序即可以部署到该服务器上，服务器不需要重新启动，甚至在部署或替换运行的已经编译成代码的程序时也不需要重新启动。
- 增强的性能。ASP.NET 是运行在服务器上的已编译代码。与传统的 ASP 不同，

ASP. NET 利用早期绑定、实时(JIT)编译、本机优化和全新的缓存服务来提高性能。

- 灵活的输出缓存。根据应用程序的需要,ASP. NET 可以缓存页面数据、页的一部分或整个页。缓存的项目可以依赖于缓存中的文件或其他项目,或者可以根据过期策略进行刷新。
- 国际化。ASP. NET 内部使用 Unicode,以表示请求和响应数据。可以为每台计算机、每个目录和每页配置国际化设置。
- 移动设备支持。ASP. NET 支持任何设备上的任何浏览器。开发人员使用与用于传统桌面浏览器相同的编程技术,处理新的移动设备。
- 扩展性和可用性。ASP. NET 被设计成可扩展的、具有特别专有的功能,以提高群集的、多处理器环境的性能。此外,Internet 信息服务(IIS)和 ASP. NET 运行库(CLR)密切监视和管理进程,以便在一个进程出现异常时,可在该位置创建新的进程,使应用程序继续处理请求。
- 跟踪和调试。ASP. NET 提供了跟踪服务,该服务可在应用程序级别和页面级别调试过程中启用。可以选择查看页面的信息,或者使用应用技术程序级别的跟踪查看信息。开发和应用程序处于生产状态时,ASP. NET 支持使用. NET Framework 调试工具进行本地和远程调试。当应用程序处理生产状态时,跟踪语句能够留在产品代码中,而不会影响性能。
- 与. NET Framework 集成。ASP. NET 是. NET Framework 的一部分,整个平台的功能和灵活性对 Web 应用程序都是可用的,也可从 Web 上流畅地访问. NET 类库以及消息和数据库访问解决方案。ASP. NET 独立于语言之外,所以开发人员能选择最适于应用程序的语言。另外,公共语言运行库的互用性还保存了基于 COM 开发的现有状态。
- 与现有 ASP 应用程序的兼容性。ASP 与 ASP. NET 可并行运行在 IIS Web 服务器上而互不冲突,不会发生因安装 ASP. NET 而导致现有的 ASP 应用程序崩溃的可能。ASP. NET 仅处理具有. aspx 文件扩展名的文件,具有. asp 文件扩展名的文件继续由 ASP 引擎处理。然而,应注意的是会话状态和应用程序状态并不在 ASP 与 ASP. NET 之间共享。
- ASP. NET 启用了分布式应用程序的两个功能:Web 窗体和 XML Web 服务。
- Web 窗体技术可建立强大的基于窗体的网页。Web 窗体页面使用可重复使用的内建组件或自定义组件,以简化页面中的代码。
- 使用 ASP. NET 创建的 XML Web 服务可使用户远程访问服务器。使用 XML Web 服务,商家可以提供其数据或商业规则的可编程接口,之后由客户端和服务器端应用程序获得和操作。以任何语言编写的且运行在任何操作系统之上的程序都能调用 XML Web 服务。

1.1.3 .NET 3.5

.NET 框架 3.5 在传承以往版本的优良性能的同时，有如下改变。

- 深度集成 LINQ 和数据感知。这项功能能够让程序员使用 LINQ 语言，为几种不同的数据类型(SQL 数据、集合、XML 和数据集)采用相同的语法编写代码来进行操作。
- ASP.NET AJAX 技术可以建立更有效率、更具互动性和高度个性化的 Web 体验，这些都可以在最流行的浏览器中实现。
- 新的 Web 协议支持创建包括 AJAX、JSON、REST、POX、RSS、ATOM 和几个新的 WS-* 标准的 WCF 服务。
- Visual Studio 2008 开发工具支持 WWF、WCF、WPF 以及工作流服务技术的开发。
- .NET 3.5 类库中的新类能够满足很多客户的需求。

.NET 框架 3.5 运行的系统需求如下。

- 支持操作系统：Windows Server 2003、Windows Server 2008、Windows Vista 和 Windows XP。
- 处理器：至少 400MHz 的奔腾处理器，而 1GHz 奔腾处理器的效果更好。
- RAM：至少 96MB，推荐 256MB 的可用空间。
- 硬盘：至少 500MB 的可用空间。
- 显示器：至少 800×600、256 色，推荐 1024×768，32 位颜色以上。

.NET3.5 的安装将在 1.2 节介绍 Visual Studio 2008 安装时讲解，它同该工具的安装过程一起进行。安装.NET 3.5 以前，应先删除.NET 的早期版本。

1.2 ASP.NET 开发环境

每一个正式版本的.NET 框架都会有一个与之对应的高度集成的开发环境，微软称之为 Visual Studio，也就是“可视化工作室”。随同.NET 3.5 一起发布的开发工具是 Visual Studio 2008，它对基于.NET 3.5 的项目开发有很大帮助。使用 Visual Studio 2008 可以方便地进行各种项目的创建、具体程序的设计、程序调试和跟踪以及项目发布等。

1.2.1 安装 Visual Studio 2008

用户可以在 http://msdn.microsoft.com/zh-cn/vstudio//default.aspx 下载半年试用版，也可以购买正版安装程序。

打开安装程序，弹出安装向导界面，按照向导的指引一步步完成安装。安装界面如图 1-2 所示。

图 1-2　Visual Studi0 2008 的安装界面

1.2.2　创建 Web 项目

启动 Visual Studi0 2008 之后，有多种方式创建一个 Web 项目。

1. 方式 1：新建网站

这是最常用的一种方法。选择"文件"→"新建"→"网站"命令，打开"新建网站"对话框，如图 1-3 所示。

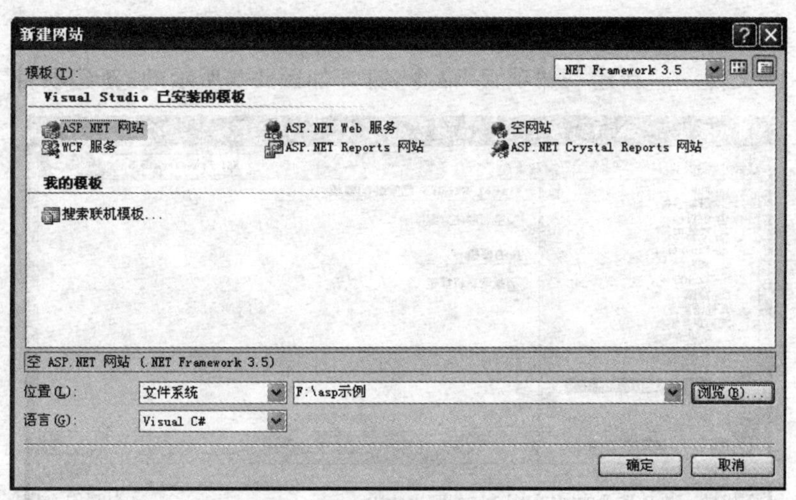

图 1-3　"新建网站"对话框

在"模板"中选择"ASP. NET 网站"，"语言"选择为"Visual C＃"，再指定网站所在的位置。单击"确定"按钮，一个新的网站项目即可创建。

2. 方式 2：新建项目

选择“文件”→“新建”→“项目”命令，打开“新建项目”对话框，如图 1-4 所示。

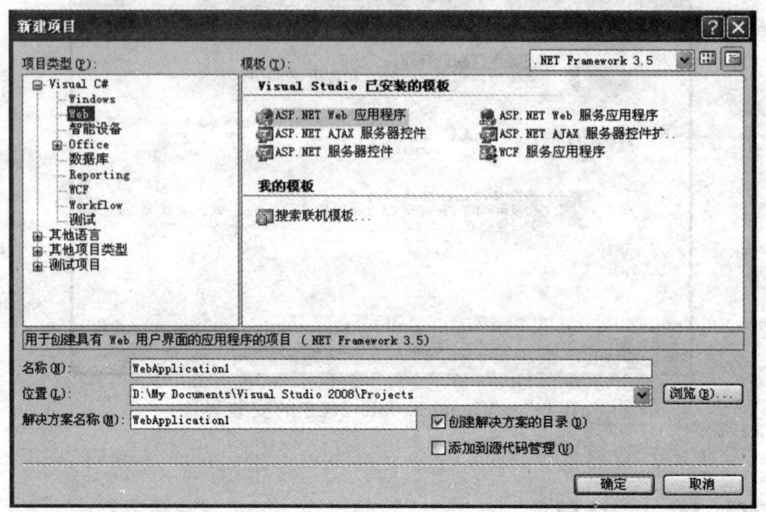

图 1-4 “新建项目”对话框

在“项目类型”中展开“ Visual C＃”类，选择“Web”，在右侧的模板中选择“ASP.NET Web 应用程序”，在“名称”中输入项目的名称，并在“位置”中选定相应的存储目录，单击“确定”按钮，即可创建一个新的 Web 项目。

3. 方式 3：创建企业级网站

这种方式用来创建规模较大的企业级网站，步骤如下。

(1) 选择“文件”→“新建”→“项目”命令，打开如图 1-5 所示的“新建项目”对话框。

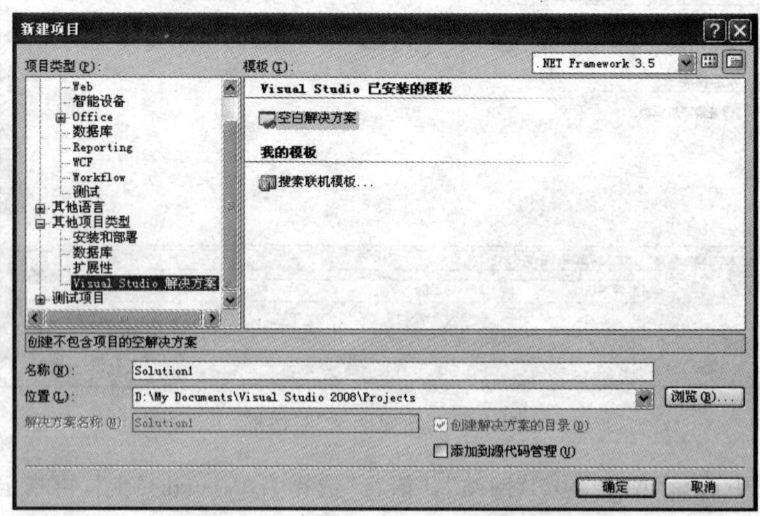

图 1-5 “新建项目”对话框

(2) 选择“项目类型”→“其他项目类型”→“Visual Studio 解决方案”，在右侧的模板中选择“空白解决方案”，在“名称”处输入解决方案的名称，并选择相应的存储目录，单击“确定”按钮，创建一个新的方案。

(3) 在“解决方案资源管理器”中右击“解决方案”，在弹出的快捷菜单中选择“添加”→“新建网站”命令。

(4) 在“新建网站”对话框中选择“ASP. NET 网站”模板，选择存储位置并输入名称，然后在“语言”下拉列表中选择 Visual C#，单击“确定”按钮，创建一个新的网站项目。

1.2.3 管理 Web 项目中的资源

创建一个新的网站项目后，就可以利用资源管理器管理网站项目。通过资源管理器可以浏览当前项目包含的所有资源，也可以向项目中添加新的资源，修改、复制和删除已经存在的资源。

1.2.4 ASP. NET 应用程序的构成

建立的网站项目即应用网络程序设计语言建立的动态网站，也叫 ASP. NET Web 应用程序。它是程序的基本单位，也是程序部属的基本单位。ASP. NET 应用程序包含很多 Web 页面，用户可以在不同的入口访问应用程序，也可以用超链接，从一个页面链接到网站的另一个页面，还可以访问其他服务器提供的应用程序。

在 ASP. NET 应用程序中，用于管理的文件是项目文件和解决方案文件，构成应用的主体文件是网页文件。项目文件的扩展名为 csproj，解决方案文件的扩展名为 sln。项目可以视为编译后的一个可执行单元，可以是应用程序(如网站)、动态链接库等。企业级的解决方案往往需要多个可执行程序的合作，为便于管理多个项目，在 Visual Studio . NET 集成环境中引入了解决方案资源管理器，对企业级解决方案设计的多个项目进行管理。如果直接建立网站，将建立一个新的解决方案，解决方案文件的本名和项目的本名一样。如果通过建立项目的方式建立 Web 应用程序，可选择新建的解决方案或添加到现有的解决方案之中。

应用程序由多种文件组成。一个由 Visual Studio 2008 开发的网站通常包含以下内容。

- 一个或多个扩展名为. aspx 的网页文件，网站中也允许包含. htm 或. asp 文件。
- 一个或多个 Web. config 配置文件。
- 一个以 Global. asax 命名的全局文件(可选)。
- App_Code、App_Data、App_Themes(可选)三个常用目录。

1. 特殊文件夹

ASP. NET 除了包含普通的可以由开发者创建的文件夹外，还可以包含几个特殊的文件夹。这些文件夹由系统命名，用户不能修改。App_Code、App_Data、App_Themes

是三个常用的文件夹。

App_Code 是一个共享文件夹，用来存放共享的代码。

App_Data 包含应用程序数据文件，如 MDF 文件、XML 文件和其他数据存储文件。

App_Themes 存储在 Web 应用程序中使用的主题(. skin 和. css 文件以及图像文件和一般资源)。

2. 网站全局文件

在 Visual Studio 2008 建立全局应用程序类，即可建立网站全局文件。

网站全局文件也称为 ASP. NET 应用程序文件，文件名为 Global. asa，放在 ASP. NET 应用程序的根目录中。

网站全局文件是可选的，用于包含响应 ASP. NET 或 HTTP 模块引发的应用程序级别事件的代码，例如 Application_Start、Application_End 和 Session_Start、Session_End 等事件的代码。

3. ASP. NET 配置文件

ASP. NET 配置文件 Web. config 是针对具体网站或某个目录的配置，配置文件是 XML 格式的文件。新建一个 Web 应用程序，会在根目录中自动创建一个默认的 Web. config 文件，包括初始的配置设置，所有的子目录都继承它的配置设置。如果修改子目录的配置设置，可以在该子目录下新建一个 Web. config 文件。它提供除从父目录继承的配置信息以外的配置信息，也可以重写或修改父目录中定义的设置。

1.3 创建 ASP. NET 网页

ASP. NET 网页也称为 Web 窗体，有两种存储模型：单文件模型和代码隐藏模型。在单文件模型中，两种代码放置在同一文件中。在代码隐藏模型中，显示信息的代码和逻辑处理的代码分别放在不同的文件中，用于显示的代码仍然放在后缀为. aspx 的文件中，而用于逻辑处理的代码放在另一文件中，该文件的后缀为. aspx. cs。前者称为页面文件，后者称为代码隐藏文件。

1.3.1 创建 Web 窗体

创建一个 ASP. NET 网页就是创建一个 Web 窗体，步骤如下。

(1) 在所属的文件夹上右击，在弹出的菜单中选择“添加新项”命令，打开“添加新项”对话框，选择“Web 窗体”模板，输入文件名称，单击“添加”按钮就可添加一个 Web 窗体，如图 1-6 所示。

也可以选择“文件”→“新建”→“文件”命令，打开“添加新项”对话框。

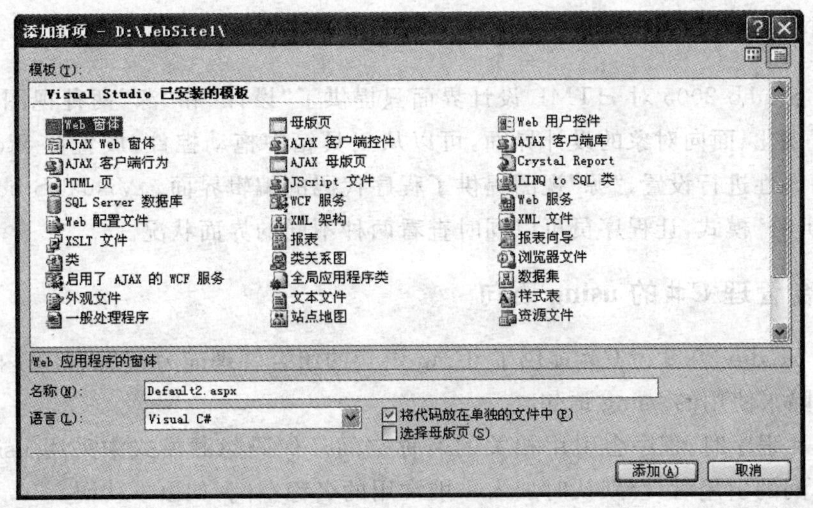

图 1-6 “添加新项”对话框

(2) 在“模板”中选择“Web 窗体”，在“名称”中指定新建的 Web 窗体文件名，选择“语言”为 Visual C#。值得注意的是，如果选中“代码放在单独的文件中”，将建立代码隐藏模型的文件，也就是建立两个文件，一个名为 “Default2. aspx”，用来显示页面的信息，另一个名为“Default. aspx. cs”，用来存放逻辑处理的代码。如果“代码放在单独的文件中”的选项未被选中，则只建立一个名为“Default2. aspx”的文件，将页面代码和程序代码放在一个文件中。单击“添加”按钮，建立一个新的 Web 窗体。

1.3.2 打开 Web 窗体

使用 Visual Studio 对 Web 窗体进行编辑。在资源管理器中双击某个要编辑的 Web 窗体文件，该文件就会在中间的视窗打开，该视窗称为 Web 窗体设计器，如图 1-7 所示。

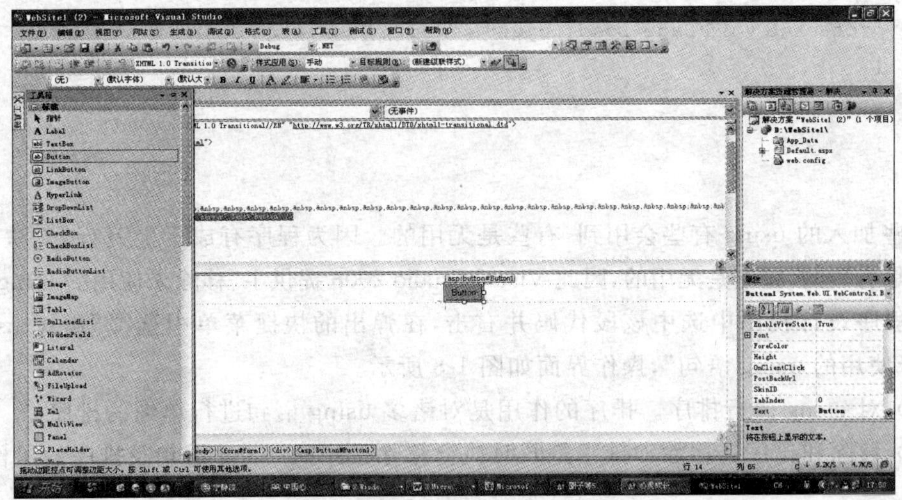

图 1-7 Visual Studio 窗体设计器

1. HTML 设计界面的拆分视图

Visual Studio 2005 对 HTML 设计界面只提供了“设计”和“源”两种视图，“设计”视图提供了可视化、面向对象的设计界面，可以从工具箱中拖动控件，放置在 Web 窗体上，并对控件的属性进行设置，“源”视图提供了程序代码的编辑界面。Visual Studio 2008 增加了一种“拆分”模式，让程序员可以同时查看两种不同的界面状况。

2. 组合管理 C# 的 using 语句

Visual Studio 2008 为 C# 提供了 using 语句的组合管理能力，包括如下内容。

(1) 移除未使用的 using 语句。

编写 C# 程序时，程序会引用相关的名称空间。代码隐藏模式中采用 using 语句来进行名称空间的引用时，会默认时加入一堆常用的名称空间，如以下代码。

```
using System;
using System.Configuration;
using System.Data;
using System.Linq;
using System.Web;
using System.Web.Security;
using System.Web.UI;
using System.Web.UI.HtmlControls;
using System.Web.UI.WebControls;
using System.Web.UI.WebControls.WebParts;
using System.Xml.Linq;

public partial class _Default : System.Web.UI.Page
{
    protected void Page_Load(object sender, EventArgs e)
    {

    }
}
```

这些加入的 using 有些会用到，有些是无用的。因为程序有成千上万行，无法一一判断哪些是有用的，哪些是无用的，因此 Visual Studio 2008 提供了“移除未使用的 using”功能，在“源”程序设计视图中选中该段代码并右击，在弹出的快捷菜单中选择“组织 using”→“移除未使用的 using 语句”，操作界面如图 1-8 所示。

(2) 对 using 进行排序。排序的作用是对诸多 using 语句进行单纯的排序。

(3) 移除和排序。移除和排序是同时执行移除无用的 using 语句及排序的工作。

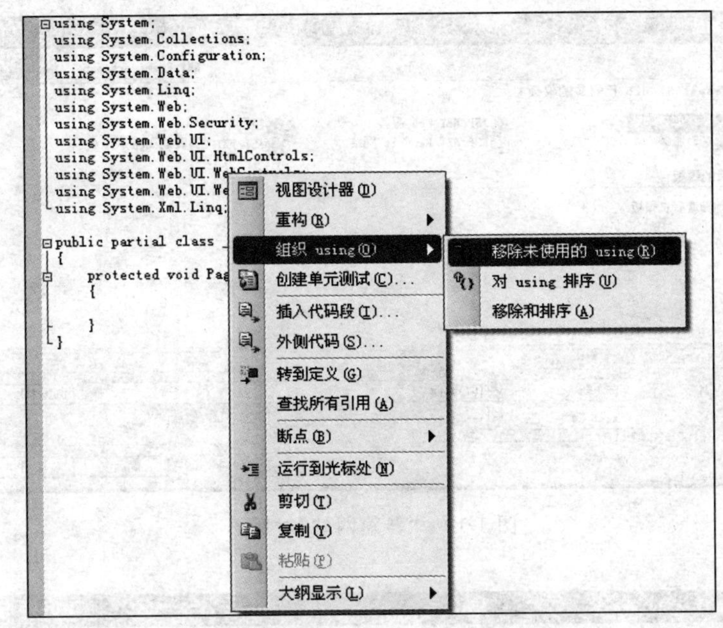

图 1-8 选择“移除未使用的 using”选项

1.4 建立一个 ASP.NET 程序

本节通过一个实例说明建立一个 ASP.NET 程序的过程。

【例 1-1】 设计一个登录页面，打开的时候显示欢迎语，当用户输入姓名，单击“登录”按钮后，欢迎语变成欢迎用户的句子。登录前后的页面效果如图 1-9 所示。

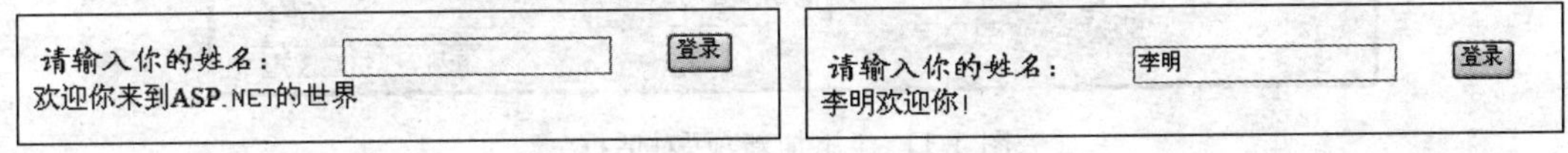

图 1-9 登录前后的页面效果

【操作步骤】

(1) 在 D 盘建立一个文件夹，命名为“ASPX”。

(2) 选择“文件”→“新建”→“网站”命令，打开“新建网页”对话框，如图 1-10 所示。

(3) 进入 Visual Studio 2008 窗体设计界面，选择“文件”→“新建”→“文件”命令，打开“添加新项”对话框，如图 1-11 所示。

在“模板”中选择“Web 窗体”，在“名称”中输入“1-1. aspx”，在“语言”中选择“Visual C#”，将选项“代码放在单独的文件中”选中。单击“添加”按钮，新建 Web 窗体 1-1. aspx。

(4) 切换到“设计”视图，在工具箱中拖出两个 Label 控件，一个 Textbox 控件，一个 Button 控件，如图 1-12 所示。

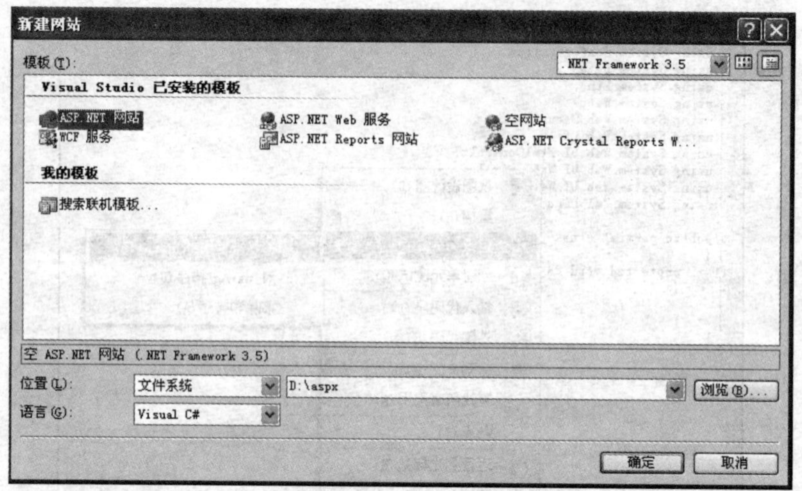

图 1-10 “新建网站”对话框

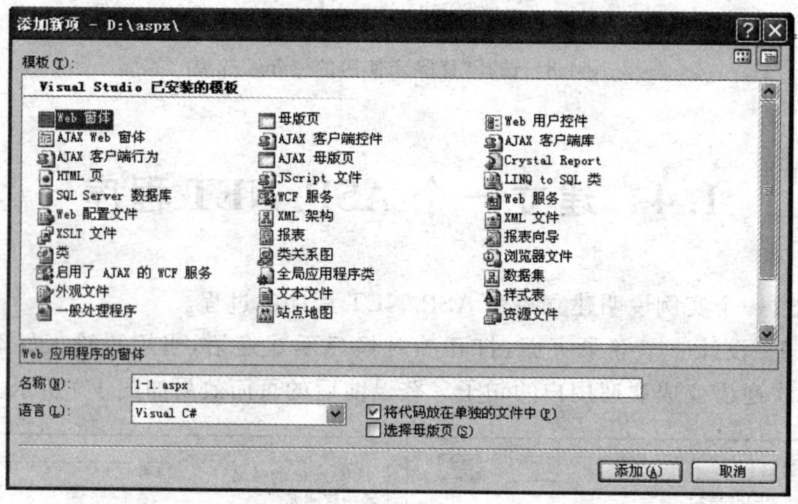

图 1-11 “添加新项”对话框

图 1-12 网页界面设计布局图

(5) 在属性面板设置控件的属性,如图 1-13、图 1-14、图 1-15 所示,最后生成的界面如图 1-16 所示。

(6) 双击“登录”按钮,就会打开一个名为“1-1.aspx.cs”的文件。在 Button1_Click 事件中输入如下代码。

```
Label2.Text=TextBox1.Text+"欢迎你!";
```

图 1-13　Label1 的属性面板

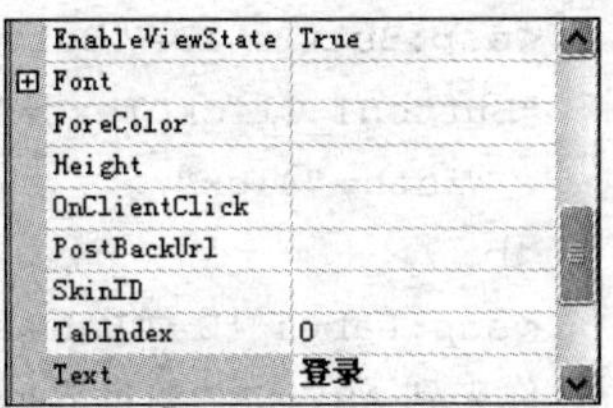

图 1-14　Button1 的属性面板

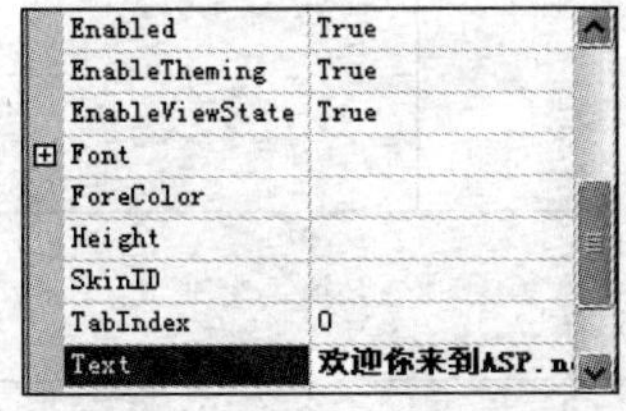

图 1-15　Label2 的属性面板

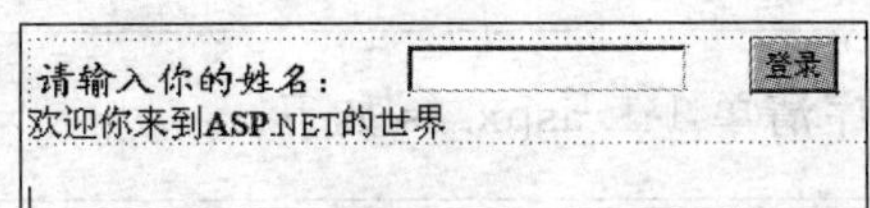

图 1-16　设计好的网页界面

(7) 保存文件，在“解决方案资源管理器”中找到 1-1.aspx 文件，右击，在弹出的快捷菜单中选择“设为起始页”，然后按 F5 键启动调试。

(8) 浏览器将会出现网页，如图 1-9 所示，在文本框中填写姓名，单击“登录”按钮，观察运行结果。

【程序分析】

程序为代码隐藏模式，程序 1-1.aspx 的代码清单如下。

```
<%@ Page Language="C#" AutoEventWireup="true" CodeFile="1-1.aspx.cs" Inherits="_1_1"%>

<!DOCTYPE html PUBLIC "-//W3C//DTD XHTML 1.0 Transitional//EN" "http://www.w3.org/TR/xhtml1/DTD/xhtml1-transitional.dtd">

<html xmlns="http://www.w3.org/1999/xhtml">
<head id="Head1" runat="server">
    <title>无标题页</title>
</head>
<body>
    <form id="form1" runat="server">
    <div>

    <asp:Label ID="Label1"  runat="server"  Font-Names="楷体_GB2312"  Font-Size="Large"  ForeColor="Maroon"  Text="请输入你的姓名:"></asp:Label>
        <asp:TextBox ID="TextBox1" runat="server">
        </asp:TextBox>
```

Language="C#"表示采用的语言为；C#；AutoEventWireup="true"表示指示控件的事件是否自动匹配(触发)；CodeFile="1-1.aspx.cs"表示程序代码文件来源是 Inherits="_1_1"

来自程序代码文件的类名用"<>"括起的都是 HTML 的标记

<asp:控件名称>表示这是一个 ASP.NET 的控件

<asp:Button ID="Button1"runat="server"onclick= "Button1_Click"Text="登录" Width="41px"/> <asp:Label ID="Label2"runat="server"Text="欢迎 你来到 ASP.NET 的世界"></asp:Label> </div> </form> </body> </html>	

程序清单 1-1.aspx.cs 如下。

using System; using System.Collections; using System.Configuration; using System.Data; using System.Linq; using System.Web; using System.Web.Security; using System.Web.UI; using System.Web.UI.HtmlControls; using System.Web.UI.WebControls; using System.Web.UI.WebControls.WebParts; using System.Xml.Linq;	using 表示导入的名称空间

public partial class_1_1:System.Web.UI.Page
{
  protected void Page_Load(object sender, EventArgs e)
  {
 	
  }
  protected void Button1_Click(object sender, EventArgs e)
  {
    Label2.Text=TextBox1.Text+"欢迎你!";
  }
}
	public partial class_1_1:System.Web.UI.Page 表示_1_1 是 System.Web.UI.Page 的子类
	
	Page_Load 事件表示 Page_Load 事件处理函数,页面一加载就会运行这个函数。本例为空。
	Button1_Click 表示控件 Button1 的 Click 单击事件,单击 Button1 控件时会激发此事件,运行这个事件中的程序代码

如果步骤(3)中未将"代码放在单独的文件中"选项选中,将以"单文件"模式建立程序文件。

程序 1-2.aspx 的代码清单如下。

```
<%@Page Language="C#"%>

<! DOCTYPE html PUBLIC " -//W3C//DTD XHTML 1. 0
Transitional//EN"
" http: //www. w3. org/TR/xhtml1/DTD/xhtml1 -
transitional.dtd">

<script runat="server">

    protected void Button1_Click(object sender,EventArgs e)
    {
      Label2.Text=TextBox1.Text+"欢迎你!";
    }
</script>

<html xmlns="http: //www.w3.org/1999/xhtml">
<head runat="server">
    <title>无标题页</title>
</head>
<body>
    <form id="form1" runat="server">
    <div style="font-weight: 700">

      <asp: Label ID="Label1" runat="server" Font-Names=
      "楷体_GB2312" Font-Size="Large"
          ForeColor="Maroon" Text="请输入你的姓名: ">
          </asp: Label>
      <asp: TextBox     ID="TextBox1" runat="server"
      ></asp: TextBox>
       < asp: Button      ID = "Button1"      runat =
       "server" onclick="Button1_Click" Text="登录"
          Width="41px" />
      <br />
      <asp: Label ID="Label2" runat="server" Text="欢迎
      你来到 ASP.NET 的世界"></asp: Label>

    </div>
    </form>
</body>
</html>
```

<script runat="server">表示程序代码放在<script>和</script>之间

HTML 语句和程序代码放在一个文件中

1.5 建立 ASP. NET 程序的步骤

在 Visual Studio 2008 中创建一个 ASP. NET 网站，一般包括以下几个步骤。

(1) 按软件工程的思想，根据用户的需求进行系统分析，规划网站的架构；进行总体设计，划分模块，设计导航，进行网站的前期设计。

(2) 创建一个新的 ASP. NET 网站，准备需要用到的媒体素材，包括文字、图片、音频、动画、视频等，拷贝到网站相关目录下。

(3) 设计网站包含的所有 Web 页面的外观。

(4) 设置页面中所有的控件对象及其初始属性值。

(5) 编写用于响应系统事件或用户事件的代码。

(6) 试运行并调试程序，纠正存在的错误，调整程序界面，提高容错能力和操作的便捷性，使程序更符合用户的操作习惯，提高程序友好性。

习　题　1

1.1　问答题

1. 什么是.NET? 它由哪些部分组成?
2. 什么是 ASP. NET? 它有哪些优点?
3. 在 Visual Studio 2008 下，如何建立一个网站项目?
4. ASP. NET 网页文件有哪两种模式? 如何建立? 有何区别?
5. 如何为按钮添加事件?
6. ASP. NET 应用程序有哪些特别的文件夹? 各有什么有途?
7. ASP. NET 应用程序包含哪些主要文件类型? 各有什么用途?

1.2　实验题

1. 创建一个 ASP. NET 的网站项目。
2. 设计两种模式的动态网页，并调试运行。

第2章

C#程序设计基础

主要内容：

- C#数据类型、常量、变量、数组
- C#运算符与表达式
- 条件语句、循环语句
- 类和对象的基本知识
- C#常用的方法与属性

2.1 C#数据类型、常量、变量

2.1.1 C#语言基本语法

C#语言的基本语法与C/C++类似，细节上略有差别。

1. 标识符与保留字

程序员命名程序中的各个元素时，使用的命名记号称为标识符，如变量名、类名、方法名等。C#标识符的命名遵循以下规则。

(1) 以字母、下划线(_)或@开始的一个字符序列，后面可以跟字母、下划线、数字。

(2) C#语言区分大小写，一般变量名首字母小写，后面各单词首字母大写，而常量、类名、方法、属性等首字母大写。

(3) 一般不能用保留字作自定义标识符，如果使用保留字，运行代码时系统会报错。如果一定要用保留字作为自定义标识符，应使用@字符作为前缀。

2. 书写规则

(1) 每行语句以“;”结尾。

(2) 空行和缩进被忽略。

(3) 多条语句可以处于同一行，之间用分号分隔即可。

3. 注释

C♯有3种类型的注释语句。

(1) //注释一行。

(2) /*一行或多行注释*/。

(3) ///XML注释方式。

2.1.2 C♯数据类型

在C♯中，数据类型由.NET Framework和C♯语言共同决定，C♯中的数据类型主要分为如下两种：

- 值类型：值类型的变量中直接包含数据，每个变量都有自己的数据副本，对每个变量的操作都是独立的，不会影响到其他变量。
- 引用类型：引用类型的变量用于对数据的引用，对于引用类型而言，可能出现的两个变量引用同一个对象，对变量操作会对其他变量产生影响。

值类型在内存空间中包含实际的数据，而引用类型中存储的是一个地址，该地址指向存储数据的内存位置。值类型的内存开销小(在堆栈上分配内存)，访问速度快，但是缺乏面向对象的特征；引用类型的内存开销大(在受管制的堆上分配内存)，访问速度稍慢。所有的数值类型、布尔型、char、枚举及结构类型都属于值类型，而数组、string、类、接口、委托都属于引用类型。

1. 值类型的划分

对值类型可以进一步划分为以下类型：简单类型、枚举类型、结构类型、布尔型和可以为null的类型，如表2-1所示。

表2-1 C♯值类型的细分

类　型	说　明
简单类型	有符号整型：sbyte、short、int、long
	无符号整型：byte、ushort、uint、ulong
	Unicode字符型：char
	IEEE浮点型：float和double
	高精度小数型：decimal
	布尔型：bool
枚举类型	enum E{…}形式的用户定义类型
结构类型	struct S{…}形式的用户定义类型
可以为null的类型	其他所有具有null值的值类型的扩展

2. 引用类型的划分

对引用类型进行进一步的划分，则可以分为以下类型，如表 2-2 所示。

表 2-2　C♯引用类型的细分

类　别	说　明
类类型	其他所有类型的最终基类：object
类类型	Unicode 字符串型：string
类类型	Class C {…}形式的用户定义的类型
接口类型	Interface I {…}形式的用户定义的类型
数组类型	一维和多维数组，例如 int[]和 int[,]
委托类型	例如：delegate int D(…)形式的用户定义的类型

C♯中数据所占的位置、范围、精度如表 2-3 所示。

表 2-3　C♯数据所占位数、范围和精度

类型名	数据类型符	占用字节数	数值范围
有符号字节型	sbyte	1	－128～127
字节型	byte	1	0～255
短整型	short	2	－32 768～32 767
无符号短整型	ushort	2	0～65 535
整型	int	4	－2 147 483 648～2 147 483 647
无符号整型	uint	4	0～4 294 967 295
长整型	long	8	-2^{63}～$2^{63}-1$
无符号长整型	ulong	8	0～$2^{64}-1$
单精度浮点型	float	4	1.5×10^{-45}～3.4×10^{38} 7 位精度
双精度浮点型	double	8	5.0×10^{-324}～1.7×10^{308} 15 位精度
小数	decimal	16	1.0×10^{-28}～7.9×10^{28} 28 位精度

2.1.3　C♯常量

通常情况下，常量是在程序编译时已知并在程序的生存期内不再发生更改的不可变数值，换言之，常量就是在程序中不能改变的量，它通常可以分为数字常量和符号常量。

一般情况下，数字常量主要包含以下几类：

(1) 整型常量

整型常量可用以下几种形式表示。

十进制整数,如 12、0、—34 等。

八进制整数,为了与十进制整数区别,八进制整数通常以 0 为开头,后跟若干个 0~7 的数字。

十六进制整数,为了与十进制整数和八进制整数区别,十六进制整数通常以 0x 或 OX 开头,后跟若干个 0~9 及 a~f,a~f 分别对应十进制整数的 10~15。

(2) 实数常量

实数又被我们称之为浮点数,一般情况下有两种书写形式。

- 一般形式,就是我们平时所写的实数形式,例如 1.23。
- 指数形式,在 C# 中,指数形式表示为 E,例如 1.5E8。

(3) 字符常量

字符常量就是用单引号括起来的一个字符,例如'a'。

(4) 字符串常量

字符串常量即双引号括引起的一串字符,可以包括转义字符。例如“china”、“ ”、“teacher and student”、“b”等都是字符串常量。

(5) 布尔型常量即用来表示真假的布尔常量:true 表示真,false 表示假。

(6) 符号常量

在声明语句中,我们可以声明一个标识符常量。具体格式为:

```
const 类型 标识符 初值
```

例如:

```
const double PI=3.14159
```

需要注意的是,只有 C# 内置的类型(System.Object 除外)才可以被声明为 const。用户定义的类型(包括类、结构和数组)不能被声明为 const。

常量必须在声明时初始化,例如:

```
Class Day
{
Public const int hours=24;
}
```

也可以同时声明多个相同类型的常量,例如:

```
Class Day
{
Public const int hours=24, minutes=1440, seconds=86400;
}
```

(7) 枚举类型

枚举(enum)是值类型的一种特殊形式,它从 System.Enum 继承而来,并为基础类型的值提供替代名称。枚举类型有名称、基础类型和一组枚举值,基础类型必须是一个整数类型(如 byte、int 或 uint)。

使用 enum 关键字声明枚举类型，例如：

```
Enum Days[Sun,Mon,Tue,Wed,Thu,Fri,Sat];//sun 为 0,Mon 为 1,…
```

2.1.4 C#变量

变量就是存储在内存中用来包含数据地址的名字。常量一经声明(定义)，值就不能改变了，而变量声明后仍可随时进行修改。对于任何编程语言，无论是传统的面向过程的，还是面向对象的，都必须使用变量。

1. 语法

声明变量的语法非常简单，就是在数据类型之后编写变量名，如一个人的年龄(age)和一个圆的直径(diameter)，声明代码如下所示。

```
int age;                        //声明一个叫 age 的整型变量,代表年龄
float diameter;                 //声明一个叫 diameter 的浮点型变量,代表圆的直径
```

2. 初始化变量

变量在声明后还需要初始化，示例代码如下所示。

```
age=25;                         //年龄初始化,为 25 岁
diameter=1.7F;                  //直径初始化,圆的直径为 1.7 米
```

3. 赋值

声明了一个变量之后，就可以给这个变量赋值了，可以直接使用数值或字符串给对应的变量赋值，可以使用变量为变量赋值，也可以为几个变量一起赋值，例如：

```
int No,StuNo;                           //定义整形变量
No=123;                                 //直接用数值赋值
string StuName="Roy";                   //直接用字符串赋值
StuNo=No;                               //用变量为变量赋值
int stu1,stu2,stu3;                     //定义整形变量
stu1=stu2=stu3=123;                     //连续赋值
float a=1.1F     //C#编译器默认所有带小数的数字都是 Double 类型,如果要声明成其他类
型,可以通过后缀来指定数据类型
```

4. 转义字符

程序开发过程中，如果需要输出单引号或双引号，或将单引号等字符作为字符串输出，就会发现单引号和双引号等字符在字符串中是不能直接输出的。为了解决这一问题，引了转义字符。常用的转义字符如表 2-4 所示。

表 2-4 常用转义字符

转义字符	字符名称	转义字符	字符名称	转义字符	字符名称	转义字符	字符名称
\'	单引号	\"	双引号	\f	换页	\n	换行
\\	反斜杠	\0	空字符	\r	回车	\t	水平制表符
\a	警报符	\b	退格	\v	制表符		

如要输出一个带有双引号的句子,就可以使用转义字符。示例代码如下。

```
string str="this is a\"apple\"";
Response.Write(str);
```

运行结果为:

```
this is a "apple"
```

5. 变量的作用域

在面向对象的程序设计过程中,变量的有效范围是固定的。可以在声明变量时使用访问修饰符、对变量进行访问控制,在 C# 中,常用的访问修饰符及其作用域如表 2-5 所示。

表 2-5 常用访问修饰符及其作用域

访问修饰符	说 明	访问修饰符	说 明
public	访问不受限制	Protected internal	仅限同一程序集内或者子类可以访问
protected	仅限同类及其子类可以访问	private	仅限同类中可以访问
internal	仅限同一程序集内可以访问	static	静态域

2.2 C#运算符与表达式

在 C# 中,表达式主要由操作数和运算符构成。表达式的运算符表示对操作数使用的运算方式。简单的运算符包括+、-、*、/和 new,操作数包含文本、字段、局部变量和表达式。

2.2.1 运算符的分类

(1) 一般情况下,运算符分为 3 类,分别如下所示。

① 一元运算符:只使用 1 个操作数,如(!),自增运算符(++)等,如 i++。

② 二元运算符:使用 2 个操作数,如最常用的加减法,i-j。

③ 三元运算符：三元运算符(?:)只有一个。

(2) 除了按操作数个数来分以外，运算符还可以按照操作数执行的操作类型来分，如下所示。

① 关系运算符。

② 逻辑运算符。

③ 算术运算符。

④ 位运算符。

⑤ 赋值运算符。

⑥ 条件运算符。

⑦ 类型信息运算符。

⑧ 内存访问运算符。

⑨ 其他运算符。

2.2.2 运算符

在应用程序开发中，运算符是最基本、最常用的，它表示一个表达式是如何进行运算的。

1. 算术运算符

程序开发时，经常使用到算术运算符，它主要用于创建和执行数学表达式，以实现加、减、乘、除等基本操作。算术运算符有＋、－、*、/、%、＋＋(自增运算)、－－(自减运算)。

【例 2-1】 实现自增运算。

程序清单 2-1.aspx 如下所示。

```
protected void Page_Load(object sender, EventArgs e)
    {
        int a=10;int b=10;                                          //声明整型变量
        int result1=a++;                                            //执行自增运算
        int result2=++b;                                            //执行自增运算
        Response.Write("自增运算后置的结果为:"+result1+"。");         //输出 b 的值
        Response.Write("自增运算前置的结果为:"+result2+"。");         //输出 c 的值
    }
```

运算结果如图 2-1 所示。

图 2-1　使用自增运算的运算结果

程序说明："＋＋"和"－－"运算符属于单操作数运算，将目的操作数自增和自减 1。将此运算符放在变量之后(后置)和放在运算符之前(前置)的效果不同，前置是先自增或自减，然后赋值，而后置是先赋值，再进行自增或自减运算。

2. 关系运算符

关系运算符主要用于创建一个表达式，它用来比较两个对象，并返回布尔值，以供使用。如"=="、">"、"<"、">="、"<="等都是用来比较两个对象是否相符，并返回布尔值。

【例 2-2】 用户名验证。

建立一个 ASP.NET 的 Web 窗体，设计界面如图 2-2 所示。

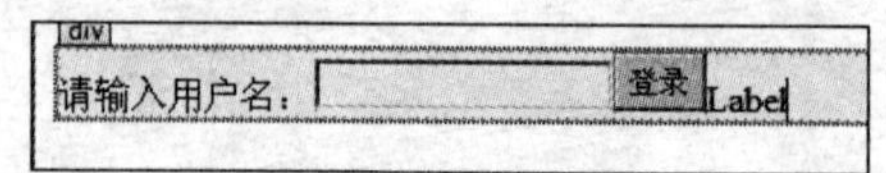

图 2-2 用户名验证界面

双击"登录"按钮，进入程序设计的单击事件中，录入程序清单 2-2.aspx 如下所示。

```
protected void Button1_Click(object sender, EventArgs e)
  {
   if (TextBox1.Text =="李明")       //如果想表示比较两值相等,用"==",而"="为赋值
   {
     Label2.Text="用户名正确,欢迎登录";
   }
   else
   {
     Label2.Text="用户名错误";
   }
  }
```

运行程序，在文本框中输入"李明"，将显示欢迎界面，如图 2-3 所示。

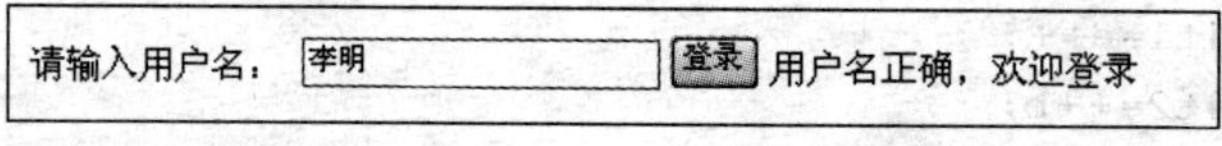

图 2-3 用户名验证运行界面

3. 逻辑运算符

逻辑运算符和布尔类型组成了逻辑表达式。NOT 运算符"!"使用单个操作数，用于转换布尔值，即取非操作，示例代码如下所示。

```
bool testBool=true;                  //创建布尔变量
bool notTrue=!testBool;              //使用逻辑运算符
```

在 C# 中，也可以使用与运算符"&&"，运用该运算符使两个操作数做"与"运算，若一个以上操作数的布尔值为 false 时，最终结果将返回 false，即"两者皆真时为真"。

也可以在 C# 中使用"||"运算符来执行或运算，若一个以上操作数的布尔值为 true 时，

则返回 true,即"两者皆假时为假"。

【例 2-3】 登录验证,同时进行用户名和密码正确性的验证。

建立一个 ASP.NET 的 Web 窗体,在"设计"视图中拖入一个 Label 控件、两个 TextBox 控件和一个 Button 控件,设计界面和验证界面如图 2-4 所示。

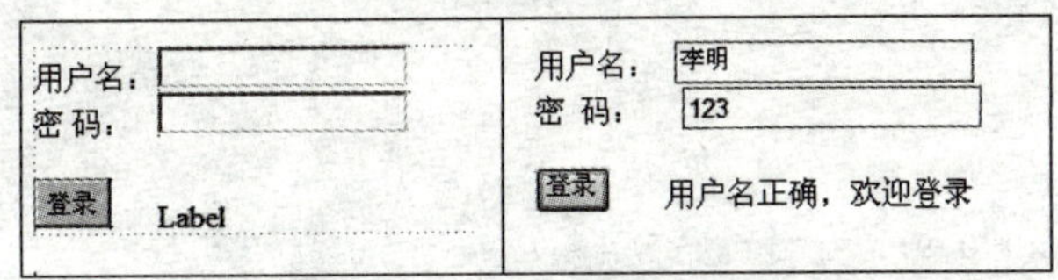

图 2-4 用户登录验证的设计界面和验证界面

为了显示方便,密码 Textbox 控件的 TextMode 属性没有修改。在一般的登录界面中,此属性应该设为"Password"。

程序 2-3.aspx 的清单如下。

```
protected void Button1_Click(object sender, EventArgs e)
{
    if (TextBox1.Text =="李明" && TextBox2.Text=="123")
    {
      Label3.Text="用户名正确,欢迎登录";
    }
    else
    {
      Label3.Text="用户名错误";
    }
}
```

4. 赋值运算符

C#提供了几种类型的赋值运算符,最常见的就是"="运算符。C#还提供了组合运算符,如"+="、"-="、"*="等。

以"+="为例,a += b 等同于 a=a+b。

赋值运算不仅支持加减乘除运算和位运算,同样也支持条件运算符。

如以下代码:

```
string str="abc";
str+="123";//str=str+"123"
Response.Write(str );                    //输出 str 的值
```

输出的结果为"abc123"。

需要注意,关系运算符"=="和赋值运算"="是有区别的,"="表示给一个变量赋值,而"=="则表示比较两个变量的值是否相等。

5. 条件运算符

条件运算符"?:"需要 3 个操作数：[条件]? 操作数 1,操作数 2。条件值为 true,则返回操作数 1 的值,条件值为 false,则返回操作数 2 的值。

如以下代码。

```
double x, y;
x=50;
y=x>40?x*0.8:x*0.9;
Response.Write(y);
```

程序运行结果为 40。

【例 2-4】 在例 2-2 中的用户登录程序中,修改用户的判定也可以用条件运算来完成。程序 2-4.aspx 的部分代码如下。

```
protected void Button1_Click(object sender, EventArgs e)
{
    string str1=(TextBox1.Text =="李明")?"用户名正确,欢迎登录":"用户名错误";
    Label2.Text=str1;
}
```

2.2.3 运算符的优先级

在程序开发的过程中,一个表达式往往包含了一个或多个运算符。当存在多个运算符时,编译会按照运算符的优先级来控制表达式的运算顺序,并得出最后结果。当一个表达式中出现两个以上的同级运算符时,除了赋值运算之外,都是左结合,即按由左向右的顺序运算,赋值运算是右结合,即从右向左运算。运算符的优先级如表 2-6 所示。

表 2-6 运算符的优先级

类别	运 算 符	优先级	结合性
基本	(),.,f(),[],new,checked,unchecked,typeof,sizeof,++,--	1	
单目	+(正),-(负),!,~,++、--,(T)x(类型转换)	2	自右向左
乘除	*,/,%	3	自左向右
加减	+,-	4	自左向右
移位	<<,>>	5	自左向右
比较	>,>=,<,<=,is	6	自左向右
相等	==,!=	7	自左向右
位与	&	8	自左向右
位异或	^	9	自左向右

续表

类别	运 算 符	优先级	结合性
位或	|	10	自左向右
逻辑与	&&	11	自左向右
逻辑或	||	12	自左向右
条件	、?:	13	自右向左
赋值	=,*=,/=,%=,+=,-=,<<=,>>=,&=,^=,|=	14	自右向左

2.3 系统类中数学、字符串、日期和时间操作

利用类创建一个对象实例 objUser,然后就可以如 objUser. user_name 等引用对象的属性和方法,这种属性和方法一般称为实例属性和实例方法,也可以统称为实例成员。

如:

```
string str="this is a string";
int len=str.Length;                          //这里使用了对象的实例属性
Response.Write(len);
```

还有一种属性和方法,可以被所有的对象实例共享,称为共享属性和共享方法,也可以统称为共享成员。

如:

```
int x=16;
double s=Math.Sqrt(x);                       //这里使用了共享属性
Response.Write(s);
```

. NET 提供大量的系统类,来实现以前高级语言中系统函数的功能,虽然使用起来比系统函数复杂,但更灵活,功能也更强大。

2.3.1 数学类

C#专门有一个类包含了数学方法与字段,它的名称为 Math,属于 System 命名空间。Math 类是一个密封类,有 2 个公共字段和若干数学方法,Math 类常用的字段与方法如表 2-7 所示。

表 2-7 Math 类常用的字段与方法

方 法	功 能	示 例	结 果
Math. Abs()	计算绝对值	Math. Abs(-27)	25
Math. Acos()	计算反余弦值	Math. Acos(0.5)	1.0471975511966
Math. Asin()	计算反正弦值	Math. Asin(0.5)	0.5235987755982

续表

方　法	功　能	示　例	结　果
Math. Atan()	计算反正切值	Math. Atan(1)	0.7853981633974
Math. Atan2()	计算从 x 坐标轴到点的角度	Math. Atan2(1,1)	0.7853981633974
Math. Ceiling()	将数字向上舍入为最接近的整数	Math. Ceiling(3.14)	4
Math. Cos()	计算余弦值	Math. Cos(60)	−0.952412980415
Math. Exp()	计算指数值	Math. Exp(3)	120.08553692318
Math. Floor()	将数字向下舍入为最接近的整数	Math. Floor(2.98)	2
Math. Log()	计算自然对数	Math. Log(10)	2.3058509299405
Math. Max()	返回两个整数中较大的一个	Math. Max(20,5)	20
Math. Min()	返回两个整数中较小的一个	Math. Min(20,5)	5
Math. Pow()	计算 x 的 y 次方	Math. Pow(2,3)	8
Math. Round()	四舍五入为最接近的整数	Math. Round(6.798)	7
Math. Sin()	计算正弦值	Math. Sin(60)	−0.304810621102
Math. Sqrt()	计算平方根	Math. Sqrt(16)	4
Math. Tan()	计算正切值	Math. Tan(30)	−6.405331196646

说明：Math. Sin()、Math. Cos()和 Math. Tan()中的操作数为弧度数，即“π/n”的数值，如求 30°角的正弦值，应写为 Math. Sin(3.1415/6)或 Math. Sin(Math. PI()/6)。

2.3.2　字符串

字符串(string)是 System. String 类型的别名，表示一个 Unicode 字符序列。一个字符串可存储将近 20 亿(2^{31})个 Unicode 字符。

1. 字符串的建立

通过直接赋值建立字符串。

如：

```
string str1="Hello";
string str2="C:\test\first.cs";
string str3=@"C:\test\first.cs";        //@表示该字符串中的所有字符是其原来的含义
```

使用字符型数组建立字符串。

如：

```
char[]ch={'C','h','i','n','a'};
string str=new String(ch);              //值为"China"
string str1=new String(ch,2,2);         //值为"in"
```

2. 字符串格式化

可以使用 ToString()或 Format()方法将字符串格式化，格式化时需要使用格式字符串。格式字符串使用“{”和“}”定界，以区分其他字符。格式字符串的一般形式如下。

```
{index[,alignment][: formatString]}
```

(1) index：从零开始的整数，指示对象列表中要格式化的元素。如果由索引指定的对象是空引用，则格式项将被空字符串("") 替换。

(2) alignment：可选整数，指示格式化区域的最小长度。如果格式化区域的长度小于对齐，则用空格填充该区域。如果对齐为负，则格式化的值将在该区域中左对齐；如果为正，则格式化的值将右对齐。如果没有指定对齐，则该区域的长度为格式化值的长度。如果指定对齐，则需用逗号分隔。

(3) formatString：可选的格式字符串。格式中经常使用 C、D、F、P 等格式化符，有时还需要使用占位符 0 和 #。前者位数不够时补 0；后者对整数部分是去掉数字左边的无效 0，对小数部分则按照四舍五入原则处理，再去掉右边的无效 0。

如：

```
int i=12345;
double j=123.45;
double x=0.126;
string str1=string.Format("{0:C}", i);  //结果为¥12,345.00 C将字符以金额形式输出
string str2=string.Format("{0:C}", x);  //结果为¥0.13
string str3=string.Format("{0:D8}", i);
                                       //结果为 00012345 D输出整数 D8表示输出 8 位
string str4=string.Format("{0:F4}", i);//结果为 12345.0000 F输出小数点位数
string str5=i.ToString("d");           //结果为 12345
string str6=i.ToString("d8");          //结果为 00012345
string str7=j.ToString("f1");          //结果为 123.5
```

3. 常用的字符串操作方法

(1) 比较两个字符串

用 String. Compare(string strA, string strB)比较两个字符串的大小，返回值可以为 1(strA＞strB)，0(strA＝strB)，－1(strA＜strB)。也可以用 String. Compare(string strA, string strB, bool ignoreCase)比较两个字符串的大小，可指定是否区别大小写。

如：

```
string str8=" this is a string";
string str9="this";
Response.Write(string.Compare(str8, str9).ToString());              //结果为 1
```

(2) 查找

用 string. Index of(str)的方法查找字符串 str 在字符串 string 中出现的位置,用 string. LastIndexOf(str)来查找 str 在字符串 string 中最后一次出现的位置。

如:

```
string str1="this is a string";
string str2="is";
Response.Write(str1.IndexOf("is"));                //结果为 2
Response.Write(str1.LastIndexOf("is"));            //结果为 5
```

(3) 插入

利用 Insert(int startIndex,string str),在字符串的 startIndex 位置插入 str。

如:

```
str2=str1.Insert(2,"abc");                         //结果为 thabcis is a string
```

(4)删除

用 Remove(int startIndex,int count),将字符串从第 startIndex 个字符删除 count 个字符。

如:

```
str2=str1.Remove(1,2);                             //结果为 ts is a string
```

(5) 替换

用 Replace(string oldStr,string newStr),将字符串中指定字符串替换成 newStr。

如:

```
str2=str1.Replace("is","xy");                      //结果为 thxy xy a string
```

(6) 分离

用 Split(char[]separator),可以将字符串按照指定的字符进行分离。

如:

```
string[]str=str1.Split(' ');              //对字符串 str1 分离,结果放在数组 str 中
for (int i=0;i<str.Length;i++) {          //利用循环将数组逐行输出
    Response.Write(str[i]+"<br>");
                        //<br>是 HTML 中的换行标记,每输出一次输出结果就换一行
}
```

运行结果为:

```
this
is
a
apple
```

(7) 复制到字符数组

用 ToCharArray(),可将字符串转换为字符型数组。

例如:

```
char[]chararray=str1.ToCharArray();
```

(8) 大小写转换

用 ToUpper()将字符串所有的英文字母转换为大写,用 ToLower()可以将字符串所有英文字母转换为小写。

(9) 去掉前后空格

用 TrimStart() 删除字符串首部空格,用 TrimEnd() 删除字符串尾部空格,用 Trim()同时删除字符串首部和尾部空格。

(10) 取子字符串

用 Substring(n,m),可从指定字符串中的指定位置 n 取得指定长度 m 的子字符串,如:

```
string aa="this is a string";
string bb=aa.Substring(2, 5);
Response.Write(bb);
```

运行结果为"is is"。

4. StringBuilder 类

由于 String 的值一旦创建就不能再修改,所以称它是恒定的。因此,像两个字符串相连(+)这样的运算,实际上是返回一个包含新内容的新 String 实例。显然,如果这种操作非常多,对内存的消耗就非常大。解决这个问题的办法是使用 System. Text. StringBuilder 类,此类表示值为可变字符序列的类似字符串的对象。之所以说值是可变的,是因为通过追加、移除、替换或插入字符而创建它后,可以对它进行修改。使用 StringBuilder 类需要引用 System. Text 命名空间。实例值增大时,StringBuilder 可按存储字符的需要分配更多的内存,同时对容量进行相应调整。它的 Append()、AppendFormat()、EnsureCapacity()、Insert()和 Replace()方法能增大实例的值。通过 Chars 属性可以访问 StringBuilder 值中的单个字符,索引位置从零开始。

【例 2-5】 从用户输入的 E-mail 中提取用户名。

在"设计"视图中拖入一个 Label 控件、一个 TextBox 控件和一个 Button 控件,设计界面如图 2-5 所示,运行结果如图 2-6 所示。

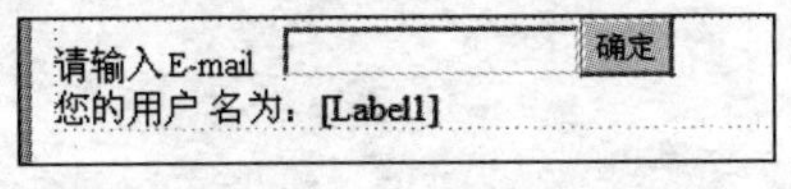

图 2-5 界面设计图

图 2-6 运行效果

双击“确定”按钮，进入程序设计界面，编辑 Button1_Click 事件。

程序 2-5.aspx 部分清单如下。

```
protected void Button1_Click(object sender, EventArgs e)
{
  string aa=TextBox1.Text;
  int b=aa.IndexOf("@");
  Label1.Text=aa.Substring(0,b);
}
</script>
```

2.3.3 DateTime 和 TimeSpan

DateTime 表示日期和时间，范围在公元(基督纪元)0001 年 1 月 1 日午夜 12:00:00 到公元(C.E.) 9999 年 12 月 31 日晚 11:59:59 之间的日期和时间，时间值以 100mμs 为单位(该单位称为刻度)进行计量。

TimeSpan 表示一个时间间隔，范围可以在 Int64.MinValue 到 Int64.MaxValue 之间。

1. 获取当前时间

```
DateTime dt=DateTime.Now;
```

2. 将时间格式化成字符串

```
DateTime dt=DateTime.Now;
string str=dt.ToString();                //这是最直接的转化方法
string str2=dt.ToString("yyyy-MM-dd HH: mm: ss");
```

3. 获取年、月、日、时、分、秒等

```
DateTime dt=DateTime.Now;
int y=dt.Year;                           //年
int m=dt.Month;                          //月
int d=dt.Day;                            //日,注意是 Day,不是 Date
int h=dt.Hour;                           //时
int n=dt.Minute;                         //分
int s=dt.Second;                         //秒
int ms=dt.Millisecond;                   //毫秒
long t=dt.Ticks;                         //1 个数字,用于表示该时间,注意类型为 long
```

4. 时间比较

```
DateTime dt1=DateTime.Now;
DateTime dt2=dt1.AddYears(3);
int ct1=dt1.CompareTo(dt2);                //dt1早于dt2,返回-1
int ct2=dt2.CompareTo(dt1);                //dt2晚于dt1,返回1
int ct3=dt2.CompareTo(dt2);                //dt2与dt2相等,返回0
DateTime dt3=dt1.AddYears(4);
bool b=dt3.Equals(dt2);                    //dt1与dt2不相等,返回false
```

5. 时间加减

```
DateTime dt=DateTime.Now;
dt=dt.AddYears(1);                         //加1年
dt=dt.AddMonths(-1);                       //减1月
dt=dt.AddDays(13);                         //加13日
dt=dt.AddHours(1);                         //时
dt=dt.AddMinutes(1);                       //分
dt=dt.AddSeconds(1);                       //秒
dt=dt.AddMilliseconds(1);                  //毫秒
dt=dt.AddTicks(1);                         //Ticket,用数字表示当前时间
```

6. 时间减运算

前面的时间加减是对一个时间进行加减,这里是对两个时间进行减运算(用 -),返回的结果类型为TimeSpan。

```
DateTime dt1=DateTime.Now;
DateTime dt2=dt1.AddDays(3);
TimeSpan ts=dt1-dt2;
```

【例2-6】 显示中文日期。

在页面中显示中文日期。

新建页面,在页面的空白处双击,进入page_load事件,进行编程。

程序2-6.aspx的部分清单如下。

```
protected void Page_Load(object sender, EventArgs e)
    {
      DateTime dt=DateTime.Now;
      int y=dt.Year;
      int m=dt.Month;
      int d=dt.Day;
      Label1.Text="当前日期为"+y.ToString()+"年"+m.ToString()+"月"+d.ToString()
      +"日";
```

```
}
```

页面效果如图 2-7 所示。

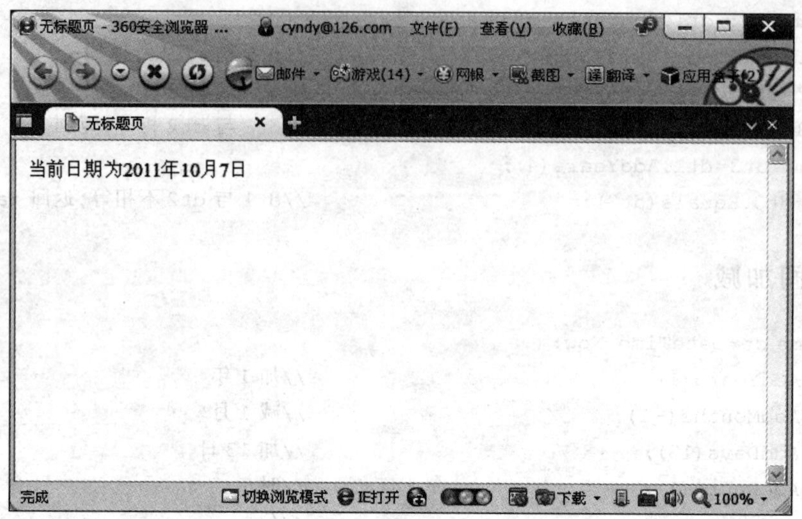

图 2-7 在页面中显示中文日期的运行结果

2.3.4 数据类型的转换

1. 隐式转换和显式转换

隐式转换是系统默认的,不需要说明就可以进行的转换。需要注意如下内容。

(1) 字符类型可以隐式转换为整型或浮点型,但不存在其他类型到字符类型的隐式转换。

(2) 低精度的类型可以隐式转换成高精度的类型,反之会出现异常。

如:

```
byte b1=10, b2=20;
byte b3=b1+b2;                    //无法将类型"int"隐式转换为"byte"
byte b3=(byte)(b1+b2);
```

(3) 在浮点型和 decimal 型之间不存在隐式转换,因此这两种类型之间必须使用显示转换。

显式转换又叫强制转换,与隐式转换相反,显式转换需要指明要转换的类型。如下所示。

```
long x=100;
int y=(int)x;
```

2. 数值和字符串的转换

数值转换为字符串，可用 ToString()方法。

字符串转换为数值可用如下方法：

(1) Byte. Parse(string)：转换为字节型的数值。

(2) Int16. Parse(string)：转换为 16 位整型的数值。

(3) Int32. Parse(string)：转换为 32 位整型的数值。

(4) Int64. parse(string)：转换为 64 位整型的数值。

(5) UInt16. Parse(string)：转换为无符号 16 位整型的数值。

(6) UInt32. Parse(string)：转换为无符号 32 位整型的数值。

(7) UInt64. parse(string)：转换为无符号 64 位整型的数值。

(8) Short. Parse(string)：转换为短整型的数值。

(9) Single. Parse(string)：转换为单精度型的数值。

(10) Decimal. Parse(string)：转换为小数型的数值。

(11) Double. Parse(string)：转换为双精度型的数值。

此外还可以使用 Convert 类，将一种值类型转换为另一种值类型。例如：

```
int n=32;
string str="a578b2";
bool b1=Convert.ToBoolean(d1);
int i1=Convert.ToInt32(d2);
int i2=Convert.ToInt32(str,16); //把字符串 str 作为十六进制数的字符串表示形式来转换
string s=Convert.ToString(n,16);//将整数 n 转换为十六进制表示的字符串
```

【例 2-7】 页面计算器。

新建 Web 窗体，在“设计”视图中拖入 3 个 TextBox 控件和 1 个 Button 控件，设计界面如图 2-8 所示。

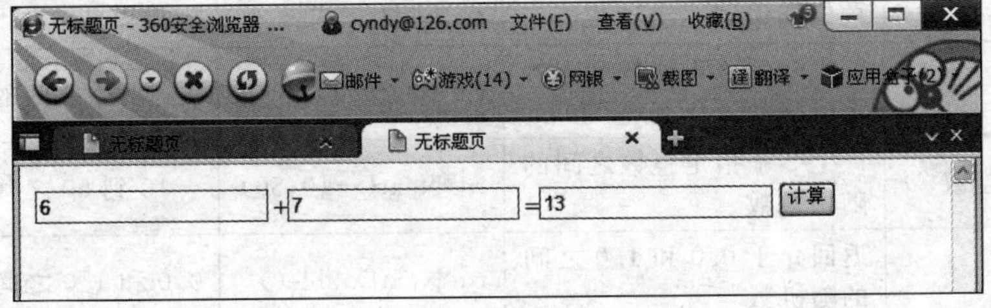

图 2-8 页面计算器运行界面

双击“计算”按钮，进入程序代码界面，在 Button1_Click 事件中输入代码。

程序 2-7. aspx 的部分清单如下。

```
protected void Button1_Click(object sender, EventArgs e)
  {
    int a=Int32.Parse(TextBox1.Text)+Int32.Parse(TextBox2.Text);
```

```
    TextBox3.Text=a.ToString();
}
```

也可以用 Convert 类进行转换。程序 2-7-1.aspx 如下。

```
protected void Button1_Click(object sender, EventArgs e)
{
    double a=Convert.ToDouble(TextBox1.Text);
    double b=Convert.ToDouble(TextBox2.Text);
    double c=a+b;
    TextBox3.Text=Convert.ToString(c);
}
```

2.3.5 随机类

在 C#中,Random 类提供了产生伪随机数的方法,产生随机数的方法必须由 Random 类创建的对象调用,Random 类创建对象的格式如下。

```
Random 随机对象名称=new Random();
```

示例代码如下:

```
Random rn=new Random;
int x=rn.Next(100);
```

对已经声明的随机对象 rn,对应的随机方法的使用如表 2-8 所示。

表 2-8 随机方法一览表

方法	说明	示例	示例结果
Next()	产生随机数	rn.Next()	随机整数
Next(正整数)	产生 0 到该正整数之间的随机整数	rn.Next(200)	0 到 200 之间的随机整数
Next(整数 1,整数 2)	产生 2 个指定整数之间的随机整数	rn.Next(−10,50)	−10 到 50 之间的随机整数
NextDouble()	返回介于 0.0 和 1.0 之间的随机数	rn.NextDouble()	0.0 和 1.0 之间的随机数

2.4 数组

数组是一种包含若干变量的数据结构,是存储在内存中,用来包含数据一组地址的名字。数组中包含的变量(又称数组的元素)具有相同类型,该类型称为数组的元素类型。

数组有一个"秩",它确定与每个数组元素关联的索引个数。数组的秩又称为数组的维度。"秩"为 1 的数组称为一维数组,"秩"大于 1 的数组称为多维数组。多维数组通常有二维数组、三维数组等。

数组中的元素总数是数组中各维度长度的乘积。数组元素类型可以是任意类型的,包括数组类型。要先声明数组,声明完成之后,才可以对数组中的某个元素或全部元素进行访问,换言之,就是对数组中的元素进行赋值和读取操作。

2.4.1 数组的定义和使用

1. 一维数据的声明

声明一维数组的格式为:

```
访问修饰符  类型名称[]数组名;
```

例如:

```
int[]A;
```

声明了一个名为 A 的整型数组之后,必须实例化才可以使用,实例化数组的格式为:

```
数组名称=new 类型名称[无符号整形表达式/变量];
```

例如,实例化刚刚创建的 A 这个整型数组:

```
A=new int[5];
```

或者

```
int size=5;A=new int[size];
```

当然,我们也可以把上述两个过程合并,示例代码如下:

```
int[]A=new int[5];
```

数组实例化之后,其元素就被初始化为默认值,数值类型(int、float、double 等)的默认值为 0;字符类型的默认值为空格,字符串类型的默认值为 Null,布尔类型的默认值为 false。

数组实例化时,可以为元素指定初始化值,格式为:

```
数组名称=new 类型名称[无符号整形表达式]{值 1,值 2…};
```

例如:

```
int[]A=new int[5]{1,2,3,4,5};
```

上式可以简化为:

```
int[]A={1,2,3,4,5};
```

为数组指定的初始化值可以是变量表达式,需要注意的是,一旦要为数组指定初始化，就必须为数组所有的元素指定初始值。

2. 数组的访问

完成了数组的实例化后，就可以对数组进行访问了。访问数组就是获取数组中的元素值或者为数组中的元素赋值，访问分为访问单个元素和访问所有元素的情况。

通过使用数组与下标唯一地确定数组中的某个元素，从而实现对该元素的访问。在C＃中，数组的下标从0开始，下标中的逗号代表维数。

例如：

```
int[]A=new int[3]{1, 2, 3};                    //声明一维数组并赋值
int x=A[0];                                    //一维数组的访问
A[1]=5;
int[,]B=new int[2, 2]{{1, 2}, {2, 4}};         //声明二维数组并赋值
int test=B[1, 1];                              //二维数组的访问
```

需要注意的是，访问数组元素时，不能发生下标越界的情况，如 *A*[8]是不允许的。

访问数组中所有元素叫数组的遍历，遍历数组可以通过逐个访问单个数组元素的方式来完成，也可以通过循环语句来完成。如果是二维数组，需要使用双重循环来完成，这些将在2.6节讲到。

2.4.2 数组的常用属性与方法

作为类，数组提供了一些属性和方法，可以有效地减少代码量与代码的复杂程度，数组的常用属性如下。

1. 常用属性

(1) Length 属性

Length 属性是数组对象的一个只读属性(不可修改)，该属性的值在数组完成实例化后被初始化，表示数组中包含的元素个数，使用 Length 属性可以有效避免下标越界，示例代码如下。

```
int[]A=new int[5];
for(int i=0;i<A.Length;i++)
{A[i]=i;}
```

上述代码可以实现数组元素的赋值操作，需要再次强调的是，Length 属性是只读的。

(2) IsReadOnly 属性

IsReadOnly 属性可以设置数组中的元素是否为只读。创建数组时，IsReadOnly 属性值默认为 false，即数组中的元素允许被修改，如果需要保护数组中的元素保护，使之不被修改，可以设置 IsReadOnly 属性为 true。

例如：

```
int[]A=new int[5]{1,2,3,4,5};
```

```
A.IsReadOnly=true;
```

设置完 IsReadOnly 属性后，就无法再对数组进行修改了。

2. 常用的方法

数组的常用方法也有很多，主要介绍 Clone，CopyTo 和 Sort 三种方法。

(1) Clone 和 CopyTo 方法

Clone 和 CopyTo 方法均为数组复制的方法。

Clone 方法的使用格式如下。

```
目标数组名称=(数组类型名称)源数组名称.Clone();
```

例如：

```
int[]A=new int[5]{1, 2, 3, 4, 5};
int[]B;
B=(int[])A.Clone();
```

使用 Clone 之后，得到一个和源数组一样的数组，而且不需要再进行实例化。

CopyTo 方法的使用格式如下。

```
源数组名.CopyTo(目标数组,起始位置);
```

例如：

```
int[]A=new int[5]{1, 2, 3, 4, 5};
int[]B=new int[10]{1,2,3,4,5,6,7,8,9,0};
A.CopyTo(B, 5);
```

CopyTo 方法和 Clone 方法的区别在于：CopyTo 方法需要指定从目标数组的具体位置开始复制，而 Clone 方法不需要；CopyTo 方法在进行拷贝之前，目标数组必须实例化，Clone 方法不必进行实例化。

(2) Sort 方法

Sort 方法可以将数组中的元素按升序进行排列。具体格式如下为

```
Array.Sort(数组名称)
```

例如：

```
int[]A=new int[10]{9, 4, 3, 2, 10, 5, 6, 7, 8, 0};
Array.Sort(A);
for (int i=0;i<A.Length; i++) {            //这里用循环遍历的方式将数组显示出来
  Response.Write(A[i].ToString()+"<br>");
}
```

运行结果为：

```
0,2,3,4,5,6,7,8,9,10
```

(3) Reverse 方法

使用 Reverse 方法，与 Sort 方法相结合，可以实现数组的降序排列。

Reverse 方法的格式如下：

```
Array.Reverse(数组名称,起始位置,反转范围)
```

例如：

```
int[]A=new int[10]{9, 4, 3, 2, 10, 5, 6, 7, 8, 0};
Array.Reverse(A,2,5);                          //运行结果为：9 4 6 5 10 2 3 7 8 0
Array.Sort(A);
Array.Reverse(A,0,10);                         //运行结果为：10 9 8 7 6 5 4 3 2 0
```

【例 2-8】 数组练习

程序 2-8.aspx 代码清单如下所示。

```
protected void Page_Load(object sender, EventArgs e)
  {
    //Length 属性范例
    int[]A=new int[5];
    for (int i=0;i<A.Length;i++)
    {
      A[i]=i;
      Response.Write(A[i]+",");
    }
    Response.Write("<br>");
    //IsReadOnly 属性范例
    int[]B=new int[5]{1, 2, 3, 4, 5};
    B[2]=7;
    Response.Write(B[2]);
    Response.Write("<br>");
    //Clone 方法范例
      int[]C=new int[5]{1, 2, 3, 4, 5};
      int[]D;
      D=(int[])C.Clone();
      for (int i=0;i<D.Length;i++)
      {
        Response.Write(D[i]);
      }
      Response.Write("<br>");
      //CopyTo 方法范例
      int[]E=new int[5]{1,2,3,4,5};
      int[]F=new int[10]{5,6,7,8,9,1,2,3,4,5};
      E.CopyTo(F,5);
      for (int i=0;i<10;i++)
      {
        Response.Write(F[i]);
```

```
    }
    Response.Write("<br>");
    //Sort 方法、Reverse 方法范例
    int[]G=new int[5]{1,3,5,7,9};
    int[]H=new int[5]{1, 3, 5, 7, 9};
    int[]I=new int[5]{1, 3, 5, 7, 9};
    int[]J=new int[5]{1, 3, 5, 7, 9};
    Array.Reverse(G,0,5);
    for (int i=0;i<5;i++)
      Response.Write(G[i]);
    Response.Write("<br>");
    Array.Reverse(H,0,H.Length-1);
    for (int i=0;i<5;i++)
      Response.Write(H[i]);
    Response.Write("<br>");
    Array.Sort(I);
    for (int i=0;i<5;i++)
      Response.Write(I[i]);
    Response.Write("<br>");
    Array.Reverse(J,0,J.Length);
    for (int i=0;i<5;i++)
      Response.Write(J[i]);
    Response.Write("<br>");
}
```

运行结果如图 2-9 所示。

```
0, 1, 2, 3, 4,
7
12345
5678912345
97531
75319
13579
97531
```

图 2-9　数组运行结果

2.5　条件语句

尽管 C#是面向对象的程序设计语言，但在其局部的程序块内，仍然需要借助结构化程序设计的基本流程结构：顺序结构、分支结构和循环结构，以完成相应的逻辑功能。流程控制语句是程序中非常关键和基本的部分。异常是程序运行时产生的错误，C#语言提供了独特的异常处理机制，为提高程序的健壮性提供了保证。

本节主要讲解使用条件语句的相关知识点，常用的条件语句主要有以下几种。

- if…else 语句
- if…elseif 语句
- switch 语句

2.5.1 if…else 语句

if else 语句的语法如下所示。

```
if(条件表达式)
{
程序语句序列 1;
}
else
{
程序语句序列 2;
}
```

若条件表达式的布尔值为 true，则执行程序语句序列 1；若布尔值为 false，则执行程序语句序列 2。以 2.2.2 节的登录验证程序为例，来看一下 if…else 语句。

程序 2-3. aspx 的代码清单如下：

```
protected void Button1_Click(object sender, EventArgs e)
{
  if (TextBox1.Text =="李明" && TextBox2.Text=="123")
  {
    Label3.Text="用户名正确,欢迎登录";
  }
  else
  {
    Label3.Text="用户名错误";
  }
}
```

条件 TextBox1. Text ＝＝"李明" && TextBox2. Text ＝＝"123"结果为 true，就是当 TextBox1 中的值为“李明”并且 TextBox2 的值为“123”时，条件满足，则执行“Label3. Text＝"用户名正确，欢迎登录";”语句；反之，如果两个 TextBox 中的值至少有一个无法匹配时，条件执行结果为 false，则执行 else 后的部分“Label3. Text＝"用户名错误";”。

【例 2-9】 利用文本框输入 3 个数，对它们进行从大到小的排序。

界面如图 2-10 所示。

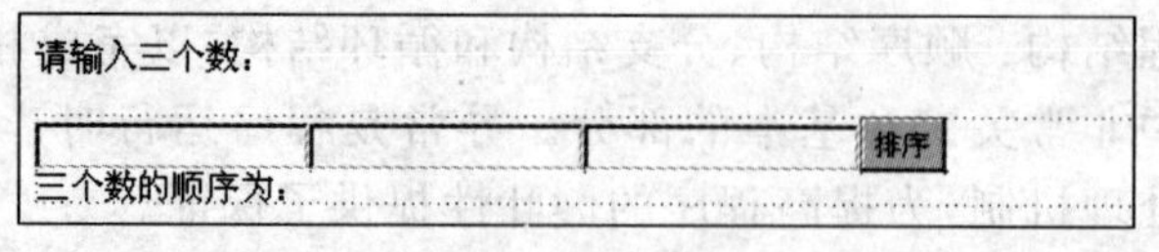

图 2-10 程序界面

程序 2-9.aspx 的清单如下。

```
protected void Button1_Click(object sender, EventArgs e)
  {
    int x, y, z;
        x=Int32.Parse(TextBox1.Text);
        y=Int32.Parse(TextBox2.Text);
        z=Int32.Parse(TextBox3.Text);
        int t;
        if (x<y)
        {
            t=x;
            x=y;
            y=t;
        }
        if (x<z)
        {
            t=x;
            x=z;
            z=t;
        }
          if (y<z)
        {
            t=y;
            y=z;
            z=t;
        }
Label1.Text+=x.ToString()+","+y.ToString()+","+z.ToString();

}
```

程序说明：3 个数比较大小，主要思路是先比较前两个数，如果 x 比 y 大，就不必操作，如果 x 比 y 小，就通过中间变量 t 将 x 和 y 的值互换位置。第一个 if 判断完成了将前两个数中最大数放在 x 中的任务；然后比较 x 和 z，如果 z 比 x 大，利用中间变量 t 将 x 和 z 的值互换位置，第二个 if 判断完成了将 3 个数中的最大数放在 x 中的任务；第三个 if 判断将 y 和 z 进行比较，将 y 和 z 中的大数放在 y 中，小数放在 z 中。这样就完成了 3 个数从大到小的排序任务。

思路扩展：利用数组的排序方法，完成数列的排序。

程序清单如下。

```
protected void Button1_Click(object sender, EventArgs e)
  {
    int x, y, z;
        x=Convert.ToInt32(TextBox1 .Text);
        y =Convert.ToInt32(TextBox2 .Text);
```

```
        z=Convert.ToInt32(TextBox3 .Text);

        int[]A=new int[3]{ x, y, z };

        Array.Sort(A);
        Response.Write(A[0].ToString()+","+A[1].ToString()+","+A[2].ToString()
    );
        }
```

2.5.2 if…else if 语句

if…else 语句用来表示用一个条件来判断两种情况，但是经常会遇到多种情况需要分别处理的情况，这就需要多个条件的判断。一般情况下，可以用 if…else if 语句进行 3 种或 3 种以上情况的判断，if…else if 语句是 if 语句的一种嵌套。

if…else if 语句的语法如下所示。

```
if(条件表达式 1)
    {条件表达式 1 成立时执行的语句序列;}
else if(条件表达式 2)
    {条件表达式 2 成立时执行的语句序列;}
⋮
else if(条件表达式 n)
    {条件表达式 n 成立时执行的语句序列;}
else
{所有条件表达式都不成立时执行的语句序列;}
```

if…else if 语句的程序流程如图 2-11 所示。

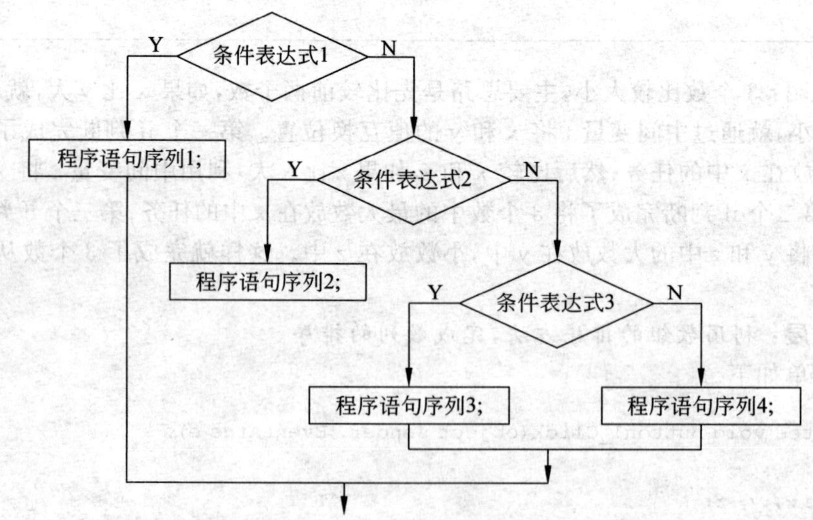

图 2-11 if…else if 语句程序流程示意图

【例 2-10】 根据输入的月份判断所在的季节，并输出。

界面如图 2-12 所示。

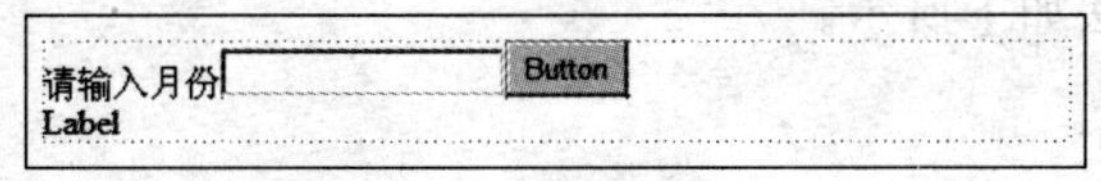

图 2-12 程序设计界面

程序 2-10.aspx 的代码清单如下。

```
protected void Button1_Click(object sender, EventArgs e)

  {
    int  month=Int16.Parse(TextBox1.Text);

    if (month<=12  && month>9 )                       //判断 month 是否在 10 和 12 之间
    {
      Label1.Text="winter";                           //输出 winter
    }
    else if (month>=4  && month<=6)                   //判断 month 是否在 4 和 6 之间
    {
      Label1.Text="summer";                           //输出 summer
    }
    else if (month>=1 && month<4)                     //判断 month 是否在 1 和 3 之间
    {
      Label1.Text="spring";                           //输出 spring
    }
    else if (month>=7 && month<10)                    //判断 month 是否在 7 和 10 之间
    {
      Label1.Text="autumn";                           //输出 autumn
    }
    else                                              //当都不成立时执行
    {
      Response.Write("Error");                        //输出出错信息
    }

}
```

思路扩展：在例 2-3 的用户登录验证中，一般需要进行三种判定，一种是用户名与密码全部正确，提示“欢迎登录”；一种是用户名正确，密码错误，提示“密码错误”；还有一种就是用户名写错了，提示“无此用户”。请尝试用 if…else if 语句来处理这三种情况。

2.5.3 switch 语句

switch 语句根据某个传递参数的值来选择执行代码。在 if 语句中，if 语句只能测试单个条件。如果需要测试多个条件，则需要书写冗长的代码。而 switch 语句能有效地避免冗长的代码，并能测试多个条件。

switch 语句的语法如下所示。

```
switch(控制表达式)
{
case 常量表达式 1: 语句序列 1;break;
case 常量表达式 2: 语句序列 2;break;
…
case 常量表达式 n: 语句序列 n;break;
default: 语句序列 n+1;break;
}
```

【例 2-11】 在页面上显示中文日期以及中文的星期数。

程序 2-11.aspx 的代码清单如下。

```
protected void Page_Load(object sender, EventArgs e)
  {
DateTime dt=DateTime.Now;
string str1="今天是"+dt.Year.ToString() +"年"+dt.Month+"月"+dt.Day+"日";
    string ww=dt.DayOfWeek.ToString().ToLower();
    switch (ww){
        case ("monday"): Response.Write(str1+"星期一");break;
        case ("tuesday"): Response.Write(str1+"星期二");break;
        case ("wednesday"): Response.Write(str1+"星期三");break;
        case ("thursday"): Response.Write(str1+"星期四");break;
        case ("friday"): Response.Write(str1+"星期五");break;
        case ("saturday"): Response.Write(str1+"星期六");break;
        case ("sunday"): Response.Write(str1+"星期日");break;

    }
  }
```

从上述代码可以看到，每个操作数后面都使用了 break 语句。在 C/C++ 中，可以不写 break 语句，而贯穿整个 switch 语句，但是在 C# 中，不以 break 语句结尾是错误的，而且编译器不会通过。因为 C# 的 switch 语句不支持贯穿操作，这样可以避免在应用程序的开发中出现错误。

2.6 循环语句

在程序开发中，经常需要重复执行某个代码块，这就需要对这个代码块执行循环，使编译器能够重复执行某个代码块来完成计算。循环能够减少代码量，避免重复输入相同的代码行，也能够提高应用程序的可读性。

常见的循环语句如下。

- for 循环
- while 循环
- do…while 循环

2.6.1 for 循环

for 循环语句一般用于已知重复执行次数的循环，是程序开发中常用的循环语句之一。当表达式中的条件为 true 时，就会一直循环由代码块组成的循环体。因为循环的次数是在执行循环语句之前计算的，所以 for 循环语句又称做预测式循环或计数式循环。当表达式中的条件为 false 时，for 循环语句会结束循环并跳出。

for 循环语句语法格式如下所示。

```
for(初始化表达式,条件表达式,迭代表达式)
{循环语句序列即循环体;}
```

for 循环语句的循环表达式包含三部分，即初始化条件表达式、条件表达式和迭代表达式。当 for 循环语句循环执行时，将按以下顺序进行。

(1) for 循环开始时，首先运行初始化表达式。

(2) 初始化表达式后，则判断表达式条件。

(3) 若表达式条件成立，则执行循环语句。

(4) 循环语句执行完毕后，执行迭代表达式。

(5) 迭代表达式执行完成后，则判断表达式条件并循环。

【例 2-12】 利用 for 循环语句，从文本框输入一个数 N，求 $1+2+3+\cdots+N$ 的和。程序 2-12.aspx 的代码清单如下。

```
protected void Button1_Click(object sender, EventArgs e)
    {
        //本程序用于进行 1 到 n(n 由用户输入,n<100)的加法
        int x =int.Parse(TextBox1.Text.Trim());              //进行强转,获取用户输入的数字
        int sum=0;
        for (int i=1;i<=x;i++)
        {
            sum=sum+i;
        }
        Response.Write(sum);
    }
}
```

技巧：for 循环语句既可作增量操作也可作减量操作，如可以写为 for(int i=10;

i>0;i——)，说明 for 循环语句的结构非常灵活。此外，for 循环语句还可以声明多个变量，即在初始化表达式和迭代表达式中声明不止一个变量。

2.6.2 while 循环

while 循环语句与 for 循环语句的不同之处在于：for 循环语句通过判断循环变量的值来确定循环的次数，用于执行可确定次数的循环，是一种计数循环；而 while 循环语句判断的条件可以判断更多的变量，是一种条件循环。for 循环比较适合循环次数一定的情况。对于循环次数未知，希望通过条件来控制循环的情况，使用 while 循环更方便、更灵活。

while 循环语句语法格式如下所示。

```
while(条件表达式)
{循环语句序列;}
```

说明：while 循环语句通过判断条件表达式的布尔值来执行程序，若布尔值为 true，则执行循环体，否则跳过。

例如：例 2-12 用 while 循环语句实现，可以写成如下格式。

```
int x =int.Parse(TextBox1.Text.Trim());        //进行强转,获取用户输入的数字
int sum=0;
int i=1;
while ( i<=x )
{
    sum=sum+i;
    i++;
}
    Response.Write(sum);
```

【例 2-13】 用户在文本框中输入一个大于 3 的正整数，利用 while 语句判断该数是不是素数。

程序 2-13.aspx 的代码清单如下。

```
protected void Button1_Click(object sender, EventArgs e)
  {
    if (TextBox1.Text ==null)                         //如果用户输入为空
    {
      Label1.Text="请输入一个整数后再次测试。";          //给出提示
      return;
    }
    long number;                                      //定义变量
    number=long.Parse(TextBox1.Text);                 //获取输入
    int i=2, flag=0;
    while (i<=Math.Sqrt(number) && flag ==0)          //进行判断
    {
```

```
        if (number % i == 0)
        {
          flag=1;
        }
        else
        {
          i++;
        }
        if (flag == 0)              //在循环中,用户输入的数字未被任何数字整除,则为素数
        {
          Label1.Text=TextBox1.Text+"是一个素数。";
        }
        else                                                      //反之,不为素数
        {
          Label1.Text=TextBox1.Text+"不是一个素数。";
        }
      }
    }
    protected void Button2_Click(object sender, EventArgs e)
    {
      Label1.Text="";                                             //清空数据
      TextBox1.Text="";
      TextBox1.Focus();                                           //获取焦点
    }
```

程序运行结果如图 2-13 所示。

图 2-13　程序运行结果

2.6.3　do…while 循环

do…while 循环语句与 while 循环语句相似,区别是 do…while 循环语句会执行一次循环体语句,然后再判断 while 中的条件,这种循环称为后测试循环。当程序需要执行一次语句再循环时,do…while 循环语句非常实用。

do…while 循环语句语法格式如下所示。

```
do{
循环语句序列;
while(条件表达式);}
```

说明:do…while 循环语句包含两部分,循环语句序列和条件表达式。与 while 循环

语句不同的是，执行时首先一次循环语句序列，然后对条件表达式的布尔值进行判断，若布尔值为 true，则继续循环，否则跳出循环。

【例 2-14】 使用 do…while 循环语句，在文本框中输入两个数，求两个数的最大公约数。

程序 2-14.aspx 的代码清单如下。

```
protected void Button1_Click(object sender, EventArgs e)
  {
    int no1=int.Parse(TextBox1.Text);              //获取用户输入
    int no2=int.Parse(TextBox2.Text);              //获取用户输入
    if (no1<no2)                                   //保证 no1>no2
    {
      int temp;
      temp=no1;
      no1=no2;
      no2=temp;
    }
    int mod;
    do                                             //开始循环,利用辗转相除法进行计算
    {
      mod=no1 % no2;
      no1=no2;
      no2=mod;
    }
    while (mod !=0);                               //当两数相除余数为零时,结束循环
    Label1.Text="最大公约数为"+no1+"。";           //输出结果
}
```

说明：通过文本框获得用户输入的数据，强制转换为整型，然后应用 do…while 循环语句，结合辗转相除法，求这两个数的最大公约数。

运行结果如图 2-14 所示。

图 2-14　最大公约数程序运行结果

思路扩展：如何求最小公倍数？

2.6.4　break 和 continue 语句

1. break 语句

前面已经介绍过 break 语句在 switch 语句中的应用，break 语句更主要用于退出所在的最近一层循环，结束该层循环，执行循环后面的语句。但 break 语句不能放在循环语

句之外或 switch 语句之后，否则将发生编译错误。

2. continue 语句

continue 语句用于循环语句中，用法与 break 语句类似，但功能是从当前的循环迭代中退出，执行下一次迭代循环。

break 语句和 continue 语句的流程如图 2-15 所示。

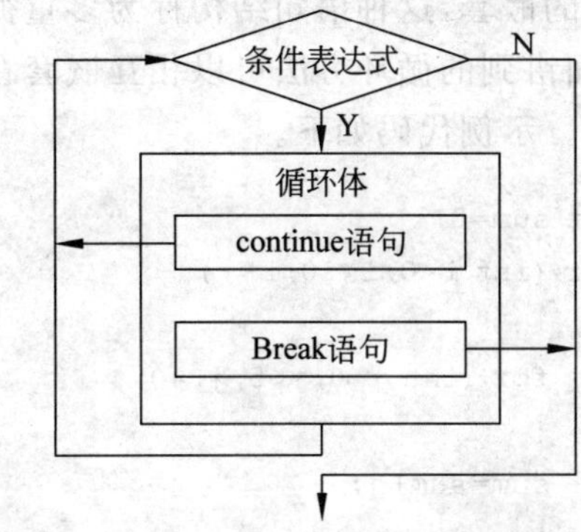

图 2-15　break 语句和 continue 语句流程示意图

值得注意的是：break 语句和 continue 语句都可以改变循环的顺序。在循环中，直接使用 break 语句和 continue 语句没有任何意义，一般是把它们用在条件语句中，表示在什么条件下执行 break 语句和 continue 语句。

【例 2-15】 s 是从 2 到 n 的偶数和，求当 $s>1000$ 时 n 的值。

程序 2-15.aspx 的代码清单如下。

```
protected void Page_Load(object sender, EventArgs e)
  {
    long s=0;
    int i;
    for ( i =1;i<1000;i++)
    {
      if (i%2 ==1 ){
      continue ;
      }
      s=s+i;

      if (s>1000) {

        break;
      }

    }
      Response.Write(i.ToString());
  }
```

运行结果为 64。这个程序为了展示 break 语句和 continue 语句的用法，用了 for 循环，其实可以用 while 循环语句直接判断 $s>1000$ 的条件。

2.6.5 循环的嵌套

当一个循环(称为“外循环”)的循环语句序列内包含另一个循环(称为“内循环”),称为循环的嵌套,这种语句结构称为多重循环结构。内循环中还可以包含循环,形成多层循环,前面讲到的循环方法可以相互嵌套在多重循环中,唯一需要注意的就是循环语句的层次对应。示例代码如下。

```
int sum=0;
for (int i=0;i<10;i++)
{
    for (int j=0;j<5;j++)
    {
    sum=sum+j;
    }
}
```

语句 sum=sum+j;被执行了 5＊10 共 50 次。在整体的程序设计中,多重循环是非常实用的,循环的嵌套层次根据具体情况而定。需要注意的是,循环层数的增多会影响程序的执行速度。

【例 2-16】 编程输出九九乘法表。

运行效果如图 2-16 所示。

```
1×1=1;
1×2=2; 2×2=4;
1×3=3; 2×3=6; 3×3=9;
1×4=4; 2×4=8; 3×4=12; 4×4=16;
1×5=5; 2×5=10; 3×5=15; 4×5=20; 5×5=25;
1×6=6; 2×6=12; 3×6=18; 4×6=24; 5×6=30; 6×6=36;
1×7=7; 2×7=14; 3×7=21; 4×7=28; 5×7=35; 6×7=42; 7×7=49;
1×8=8; 2×8=16; 3×8=24; 4×8=32; 5×8=40; 6×8=48; 7×8=56; 8×8=64;
1×9=9; 2×9=18; 3×9=27; 4×9=36; 5×9=45; 6×9=54; 7×9=63; 8×9=72; 9×9=81;
```

图 2-16 九九乘法表运行结果

程序 2-16.aspx 的代码清单如下。

```
protected void Page_Load(object sender, EventArgs e)
  {
      Label1.Text="";                              //置空 Label 控件
      string str="";                               //定义字符串
      int sum;
      for (int i=1;i<10;i++)                       //循环嵌套开始
      {
          str="";
          for (int k=1;k<=i;k=k+1)                 //第二层循环
          {
```

```
                sum=k*i;
                str=str+k.ToString()+"×"+i.ToString()+"="+sum.ToString()+";";
            }
            Label1.Text+=str+"<br>";            //信息换行输出
        }
    }
```

2.6.6 利用循环进行数组的操作

数组的赋值和遍历都可以通过循环来完成。

【例 2-17】 编写一个程序，产生 10 个随机数，然后使用数组对这 10 个数进行排序。程序 2-17.aspx 的代码清单如下。

```
static int[]A=new int[10];                      //这里定义了两个页面级的变量
  string strArr="";
  protected void Button1_Click1(object sender, EventArgs e)
  {
      Random num=new Random();                  //这里使用了随机类来产生随机数
      strArr="";
      for (int i=0;i<10;i++)
      {
          A[i]=num.Next(20);
          strArr=strArr+A[i].ToString()+",";
      }
      Label1.Text=strArr;
      Label2.Text="";
  }
  protected void Page_Load(object sender, EventArgs e)
  {
      int mid;
      strArr="";
      for (int i=0;i<10;i++)
      {
          for (int j=i;j<10;j++)
          {
              if (A[i]>A[j])
              {
                  mid=A[i];
                  A[i]=A[j];
                  A[j]=mid;
              }
          }
          strArr=strArr+A[i].ToString()+",";
      }
```

```
    Label2.Text=strArr;
}
```

运行结果如图 2-17 所示。

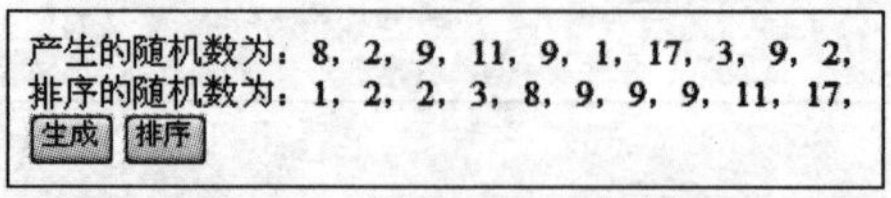

产生的随机数为：8，2，9，11，9，1，17，3，9，2，
排序的随机数为：1，2，2，3，8，9，9，9，11，17，
生成 排序

图 2-17 利用循环进行数组的赋值和排序的运行结果

C＃专门提供了一种用于遍历数组的 foreach 循环语句，格式如下。

```
foreach(类型名称  变量名称 in 数组名称)
{
    循环体
}
```

这里的"变量名称"是一个循环变量。在循环执行的过程中，该变量依次获取数组中各元素的值，变量名称的类型需要与数组的数据类型一致。

例如，例 2-17 中的部分代码：

```
for (int i=0;i<10;i++)
{
    A[i]=num.Next(20);
    strArr=strArr+A[i].ToString()+",";
}
```

改写成如下代码：

```
for (int i=0;i<10;i++)
{
    A[i]=num.Next(20);
}
foreach (int i in A)
{
    strArr=strArr+i.ToString()+",";
}
```

foreach 循环语句遍历数组时相当方便，但功能也受到了一定限制，例如数组的整体赋值就无法通过 foreach 循环语句来实现。

访问二维数组时，可以使用双重循环来实现。

2.7 异 常 处 理

异常是程序执行时遇到的任何错误或意外行为。以下这些情况都可以引发异常：编写的代码或调用的代码(如共享库)中有错误，操作系统资源不可用，公共语言运行时遇到意外情况(如无法验证代码)等。对于这些情况,应用程序可以对其中一些进行恢复,而另一些则不能恢复。异常处理旨在为程序可能遇到的异常情况提供控制功能。

C#中的结构化异常处理是通过 try…catch…finally 语句实现的。try…catch…finally 语句的结构如下。

```
try
{
    …                                       //需要保护的代码段
}
catch[(异常类型[标识])]
{
    …                                       //异常处理代码
}
[…                                          //其他 catch 块]
[finally{…}]                                //错误处理后,继续执行的代码
```

编写异常处理的方法为:将可能抛出异常的代码放入 try 块中,把处理异常的代码放入 catch 块中,catch 后面跟一个异常类型和要执行的异常处理语句。

例如:

```
string  x="a123";
      try
      {
        int num=Convert.ToInt32(x);
      }
      catch {
        Response.Write("format exception: 输入值有误!");
        }
```

运行结果为"format exception:输入值有误!"。

2.8 类

.NET 的底层全部都是用类实现的。C#.NET 是一种面向对象的程序设计语言,它支持面向对象程序设计的许多新特性。面向对象编程的主要思想是将数据以及处理这些数据的相应方法封装到类中。类类型支持继承,派生的类可以对基类进行扩展和特殊化。

2.8.1 类和对象

1. 对象和类

对象就是要在页面上表现的事物,是使用类创建的实例。对象一般有方法、属性和事件。如一辆车,它的速度就是它的一个属性,它可以运送客户或货物,就是它的一个方法,

如果它突然开走了，这就是一个事件。

类(Class)是具有相同属性和方法的一组对象的集合，也可以看做创建对象的模板，它为属于该类的所有对象提供了统一的抽象描述。类是对象的模板，对象是类的实例。如汽车就是一个类，汽车都有速度这个属性，汽车都可以运货，都有运货这个方法，可以突然启动、停车，这是汽车的事件。那么从汽车类里创建的一个对象某一台车，就拥有汽车类的属性、方法和事件。

在程序设计中，首先要定义类，然后就可以利用类来创建对象。

2. 类的特点

面向对象程序设计语言的特点有封装性、继承性和多态性。

封装性是将具体实现的方法封装起来，只向用户暴露属性、方法等公共接口。也就是说，用户不需要知道对象行为的细节，只要会调用属性和方法即可。

继承性指一个类可以继承另一个类的特征。比如汽车类里创建一个子类轿车，轿车类从汽车类里继承了汽车类的属性、方法和事件，同时也可以拥有自己的属性、方法和事件。汽车类是轿车类的父类，轿车类是汽车类的子类。

多态性指不同的类拥有相同的属性、方法和名称，但它们实现的方法却不一样。

2.8.2 类的定义及对象的创建

1. 定义类

类是一种数据结构，它可以包含数据成员(常数和字段)、函数成员(方法、属性、事件、索引器、运算符、构造函数、静态构造函数和析构函数)以及嵌套类型。

类使用 class 关键字声明。采用的形式如下。

```
[类修饰符]class  类名称[: 基类以及实现的接口列表]
{
类体
}[;]
```

例如，定义了一个 Person(人)类。

```
public class Person
{
    string name;
    char sex;
    int age;
public Person ()
{
     name="张军";
     sex='男D';
     age=26;
```

```
}
    public Person (string n, char s, int a)
    {
      name=n;
      sex=s;
      age=a;
          }
    public string getname()
    {return name;}
    public char getsex()
    {return sex;}
    public int getage()
    {
      return age;
    }
}
```

处在大括号内部的是类体,类体包含 3 个成员,即 name(姓名)、sex(性别)和 age(年龄),还有 5 个公有函数成员。其中 2 个与类同名的函数为构造函数,另 3 个为方法。在创建新对象时将自动执行一个方法,这个方法就是构造函数,构造函数用来对对象进行初始化。

定义类时,可以为其指定名称空间。默认情况下,使用与项目同名的名称空间。名称空间像一个类的容器,把相关的类组织起来,并且可以避免命名冲突。

命名空间声明如下。

```
namespace name1[.name2] ...]
{
类型声明
}
```

2. 类的修饰符

类的修饰符有以下几类。

(1) new:新建类,表明隐藏了由基类中继承而来的,与基类中同名的成员。

(2) public:公有类,表示外界可以不受限制地访问该类。

(3) private:私有类,一般该类定义在一个类中,在定义它的类中才能访问它。

(4) internal:内部类,表示仅有本程序集能够访问该类。

(5) protected:保护类,表示可以访问该类或从该类派生的类型。

(6) abstract:抽象类,说明该类是一个不完整的类,只有声明而没有具体的实现。只能是其他类的基类。

(7) sealed:密封类,说明该类不能被继承。

3. 创建对象

定义完类后，就可以创建类的实例，即对象。创建类的实例需要使用 new 关键字，类的实例相当于一个变量。

```
类名  对象名=new 构造函数(参数类表);
```

例如，下面创建了两个 Person 对象。

```
Person person1=new Person();                    //使用无参数的构造函数
Person person2=new Person("刘磊",'男',18);      //使用带参数的构造函数
```

创建完对象后，就可以调用它的方法。例如：

```
Label1.Text=person1.getname();
```

【例 2-18】 类的定义与创建对象的练习。

程序 2-18.aspx 的代码清单如下。

```
    public class  Person
   {
    string name;
    char sex;
    int age;
    public Person()                                //无参数的构造函数
    {
        name="张军";
        sex='男';
        age=26;
    }
    public Person(string n, char s, int a)         //有参数的构造函数
    {
        name=n;
        sex=s;
        age=a;
    }
    public string getname()
    {return name;}
    public char getsex()
    {return sex;}
    public int getage()
    {
        return age;
    }
   }
protected void Button1_Click1(object sender, EventArgs e)
```

```
{
    Person pp=new Person();                          //无参数调用类
    Label1.Text=pp.getname();
    Label2.Text=string.Format("{0}", pp.getsex());
    Label3.Text=string.Format("{0}", pp.getage());
}
protected void Button2_Click1(object sender, EventArgs e)
{
    Person pp=new Person("李明", '女', 25);          //有参数调用类
    Label1.Text=pp.getname();
    Label2.Text=string.Format("{0}", pp.getsex());
    Label3.Text=string.Format("{0}", pp.getage());
}
```

分别单击两个按钮，程序运行结果如图 2-18 所示。

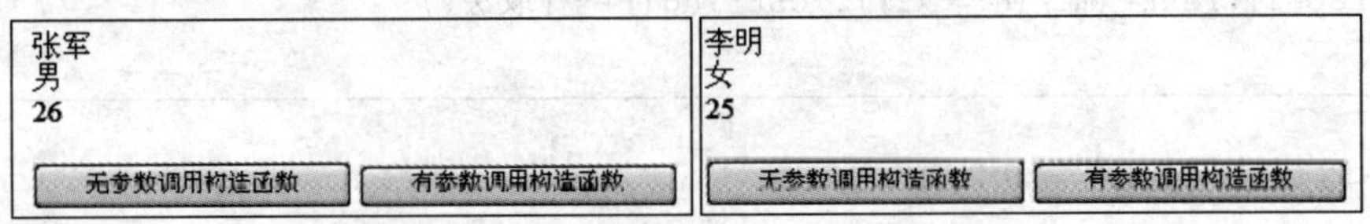

图 2-18　无参数调用与有参数调用类的运行结果示意图

【例 2-19】 利用类求组合。

分析：从 m 中取 n，有多少种取法，叫组合。数学公式为：

$$C_m^n = \frac{m!}{n! \times (m-n)!}$$

计算组合问题时，需要多次用到数的阶乘，编制一个求阶乘的类，调用 3 次，再按公式进行计算，就可以得到组合。

程序 2-19.aspx 的代码清单如下。

```
public class Class3
{
    double h=1;
    public Class3(int x)
    {
        for (int i=1;i<=x;i++)
        {
            h=h*i;
        }
    }
    public double getzh()
    {
        return h;
    }
```

```
    }
    protected void Button1_Click1(object sender, EventArgs e)
    {
        int m;
        int n;
        m=int.Parse(TextBox1.Text);
        n=int.Parse(TextBox2.Text);
        int k=m -n;

        Class3 zh=new Class3(m);
        double m1=zh.getzh();
        Class3 zh1=new Class3(n);
        double n1=zh1.getzh();
        Class3 zh3=new Class3(k);
        double k1=zh3.getzh();
        Label1.Text=(m1/(n1 * k1)).ToString()+"种取法";
  }
```

程序运行结果如图 2-19 所示。

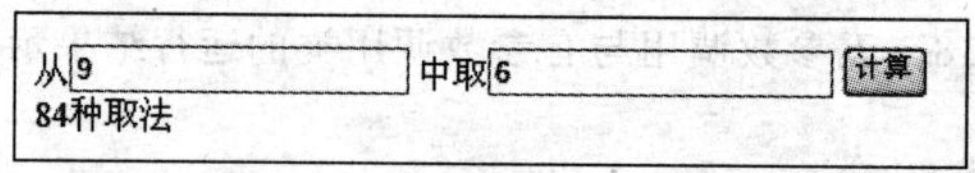

图 2-19 求阶乘程序运行结果

3. 类的成员

(1) 类的成员概述

在 C# 中,按照类成员的来源,类成员可以分为类本身声明的成员和从基类继承的成员。按照类的成员是否为函数,可以分为数据成员(包括常量、域)和函数成员(包括方法、属性、事件、索引器、运算符、实例构造函数、析构函数和静态构造函数等)。按照类的成员是否属于类,分为类成员和实例成员,使用了 static 修饰符的方法称为类成员(也称静态成员),反之则称为实例成员(也称非静态成员)。对于类成员,可以通过类来使用,也可以通过实例来使用,但提倡通过类来使用,而实例成员只能通过实例来使用。

成员是有访问属性的,可以使用访问修饰符 public、protected、internal 或 private 声明类成员的可访问性。

常用的声明属性和方法的修饰符有以下几种。

public: 该属性和方法可以被类以外的代码和子类中的代码使用,访问不受限制。

private: 该属性和方法只能在该类中的任意代码使用,访问仅限于本身。

dim: 在过程内定义变量,只能被过程中的代码使用。

protected: 该属性和方法被该类或其子类中的任何代码使用,访问仅限于本身或派生类。

friend：该属性和方法可以被当前页面中的任意代码使用，但不能被子类中的代码使用。

(2) 域

域又称字段，它是类的一个成员。这个成员代表与对象或类相关的变量，一个域相当于C++类中的简单成员变量。域的声明格式如下。

```
[域修饰符]  域类型  域名；
```

(3) 属性

属性是对现实世界中实体特征的抽象，它提供了一种对类或对象特征进行访问的机制。例如：字体、颜色、标题等都可以作为属性。与域相比，属性具有良好的封装性，它不允许直接操作数据内容，而是通过访问器进行访问。

给属性赋值时使用 set 访问器，set 访问器始终使用 value 设置属性值。获取属性值时使用 get 访问器，get 访问器通过 return 返回属性值。

(4) 方法

在C#中，数据和操作均封装在类中，数据是以数据成员的形式出现，而操作主要体现在方法的使用上。在类中，方法的一般格式如下。

```
[方法修饰符]  返回值类型  方法名([参数列表])
{
方法体
}
```

C#方法的参数有4种类型：值参数、引用参数、输出参数和参数数组。

2.8.3 封装

在C#中，封装就是将类成员中的字段、方法、属性、事件和委托等放在一个公共的结构中。按照一个公共的方法，把数据和操作这些数据的方法进行封装，同时为对象指定具体的操作和属性，并开放公共接口，方便外部调用，同时也保证了私密内容不被用户接触，有效保护了数据的安全性和完整性。

封装的意义在于保护或防止代码(数据)被人为无意破坏。在面向对象程序设计中，数据被看做是一个中心的元素，并且和使用它的函数结合得很密切，从而保护它不被其他函数意外修改。

封装提供了一个有效的途径来保护数据不被意外破坏。对于公共(public)和私有(private)这两种数据定义方式，很多时候私有的会更加合适，也更方便对数据的私密性进行控制。

封装后使用者只需要了解如何通过类的接口调用类的方法，不用了解类内部的数据结构、数据组织方法或具体实现方法的实现过程。如果需要对类作出修改，只要保证对外的接口不发生变化，内部的具体实现、数据的架构都可以进行必要的修改。这可以有效减少耦合，达到了高聚会、低耦合的目的，同时类清晰明了的接口使用方式，也降低了使用者学习的难度。

2.8.4 继承

如果已经定义了一个类，用来收集用户的姓名、性别和年龄，这时又需要一个收集用户的姓名、性别、年龄和 E-mail 的类，就不必重写一个用户信息类了，只要利用类的继承性，派生出一个子类，在子类中添加一个新属性就可以了，这就是继承的一个用法。

继承是面向对象程序设计的一个重要特征，它允许在现有类的基础上创建新类，新类从现有类中继承类的成员，而且可以重新定义或加进新的成员，从而形成类的层次或等级。一般称被继承的类为基类、父类或超类，而继承后产生的新类为派生类或子类。

继承可以优化代码，提高代码的可读性，有效地明确开发人员的编码思路，协调不同开发人员之间的编码风格，可以更有效地组织程序结构，明确类之间关系，并充分利用已有的类来完成更复杂、深入的开发，这对后期大型程序的开发有着非常重要的意义。

在 C# 中，类的继承遵循以下原则。

(1) 派生类只能继承于一个基类。

(2) 派生类自然继承基类的成员，但不能继承基类的构造函数成员。

(3) 类的继承可以传递，在 C# 中，Object 类就是所有类的基类。

(4) 派生类是对基类的拓展，派生类中可以声明新的成员，但是不能去除继承自基类的成员。

(5) 基类中的成员，总能被派生类继承，但派生类能否访问基类的相关成员，取决于访问控制符。

(6) 派生类的定义中，如果声明了与基类同名的成员，则基类中的同名成员将被覆盖，从而导致派生类不能直接访问同名的基类成员。

(7) 基类可以定义虚方法成员等，这样派生类能够重载这些成员，以表现出类的多态性。

派生类的声明格式如下：

```
类修饰符 class 派生类类名: 基类类名
{类体}
```

public、protected 和 private 并称访问控制修饰符，一般情况下使用 public，保证派生类的开放性。

根据面向对象程序设计封装性的要求，类中的数据成员通常不允许直接访问，因而需要在对类定义的时候选择 protected 和 private 作为访问控制修饰符，以保证对数据成员的访问只能通过 public 的属性或方法来实现。需要注意的是，基类中应该避免使用 private 修饰符声明数据成员，这会使派生类无法访问对应的数据成员，而使用 protected 修饰符，在保证数据成员不被直接访问的前提下，还能允许派生类成员访问。只有当派生类不准备继续拓展时，数据成员才可以声明 private。

在程序运行过程中，一旦创建对象，程序将会自动调用构造函数，为对象初始化。创建派生类对象时也需要调用构造函数，虽然派生类不继承基类的构造函数，但整个过程依旧是由基类的构造函数完成的，也就是创建派生类对象时会多次调用构造函数。调用顺序从基类开始到派生类，如果派生类的基类本身是另一个类的派生类，那么构造函数的调用按由高到低的顺序依次调用。

创建对象时，默认的构造函数是空函数，可以在基类和派生类的定义中声明带参数的构造函数和显式声明默认的构造函数。这样创建派生类对象时，就可以使用参数将对象初始化为指定的值，C＃专门提供了向基类构造函数传递参数的格式，如下所示。

```
public 派生类构造函数名(形参列表): base(向基类构造函数传递的实参列表){}
```

【例 2-20】 定义一个手机类，假定手机类包含手机序号、生产厂商、手机名称、手机系统等数据，用一个方法来显示这些信息。因为手机价格会由于各方面的因素不断变动，这样就定义一个诺基亚的派生类，用来存放手机的两个价格，计算手机的平均价格，要求单击按钮后，能输入手机的各项信息和均价。

程序 2-20.aspx 的代码清单如下。

```
public class MobilePhone                                    //基类定义
  {
      protected string Id;
      protected string Product;
      protected string Name;
      protected string System;
      public MobilePhone() { }                              //默认构造函数
      public MobilePhone(string IId, string IProduct, string IName, string ISystem)
                                                            //基类数据成员赋值方法
      {
          Id=IId;
          Product=IProduct;
          Name=IName;
          System=ISystem;
      }
      public string Show()
      {
          return "编号: "+Id+" "+"厂商: "+Product+" "+"名称: "+Name+
        " "+"系统: "+System+" ";
      }
  }
  public class Nokia : MobilePhone                          //派生类定义
  {
      protected int price1, price2;
      public Nokia() { }
      public Nokia(string IId, string IProduct, string IName, string ISystem, int
      p1, int p2)
```

```
            : base(IId, IProduct, IName, ISystem)
        {
            price1=p1;
            price2=p2;
        }
        public float GetPrice()
        {
            return (float)(price1+price2)/ 2;
        }
    }
    protected void Button1_Click(object sender, EventArgs e)
    {
Nokia E71=new Nokia("10001", "Nokia", "E71", "Symbian", 2600, 1800);    //创建对象
        Response.Write(E71.Show()+"均价: "+E71.GetPrice().ToString());
                                                                    //调用方法输出
    }
```

程序运行结果如图 2-20 所示。

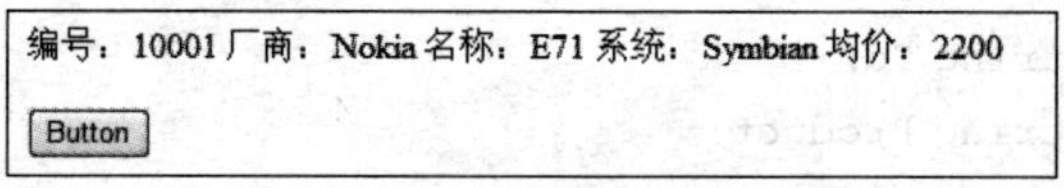

编号：10001 厂商：Nokia 名称：E71 系统：Symbian 均价：2200

Button

图 2-20　手机类继承运行结果

2.8.5　多态性

多态是面向对象程序设计的显著特点。在类的继承中，C＃允许在基类与派生类中声明同名的方法，而且同名的方法可以有不同的代码。换言之，基类和派生类可以用不同的实现方法相同的功能。

多态性是指程序运行时执行的虽然是一个调用方法的语句，但是程序可以根据派生类对象的不同类型完成方法的多种实现途径，即"一个接口，多个方法"。它允许以相似的方式来对待所有的派生类，尽管这些派生类是各不相同的。

C＃支持两种类型的多态性：

编译时的多态性是通过重载实现的。系统在编译时，根据传递的参数个数、类型信息决定实现何种操作。

运行时的多态性是指运行时根据实际情况决定实现何种操作。

运行时的多态性基于这样的机制：子类对象可存储在父类变量或接口变量中。

如果 a 是类 A 的引用变量(对象变量)，那么 a 可以指向类 A 的一个实例，或者指向类 A 的一个子类的实例。

如果 a 是接口 IA 的引用变量，那么 a 可以指向 IA 实现类的实例，或者指向 IA 实现类子类的实例，或者指向 IA 子接口的实现类的实例。

在程序设计中,提倡使用更抽象的变量来存储实例,这样不仅便于程序的维护和扩展,也给程序设计带来方便,而这正依赖于多态性。用接口变量或父类变量存储下属类的实例,也能通过这样的变量动态调用实例的方法。

声明与基类同名的派生类方法格式如下。

```
public new 方法名称(参数列表){}
```

使用了 new 关键字声明派生类的方法后,可以分别调用基类和派生类的同名方法,实现不同的功能。而要实现集成的多态性,在类的定义方面,应当使用 virtual 和 override 关键字,在基类和派生类中声明同名的方法。在基类中的同名方法必须使用关键字 abstract 或 virtual,这适于基类有多个派生类或派生类下还有派生类的情况。

基类中的声明格式如下。

```
public virtual 方法名称(参数列表){}
```

派生类中的声明格式如下。

```
public override 方法名称(参数列表){}
```

需要注意的是,基类与派生类中的方法名称与参数列表必须一致。

习　题　2

2.1　问答题

1. C#提供了哪几种基本数据类型?什么是变量?什么是常量?
2. C#程序的书写规则是什么?
3. 运算分为哪几类?属于一元运算的有哪些?属于三元运算的有哪些?
4. 赋值运算符中的“+=”、“-=”、“*=”表示什么意思?
5. “==”和“=”的区别是什么?
6. 如何实现字符的格式化?如何实现数据类型的转化?
7. 循环语句有哪几种?它们各自的特点是什么?
8. 数组如何定义?下标的范围如何?如果将一组随机的两位数写入数组,如何进行排序和数组的复制?
9. 类的特点是什么?如何定义类以及从类中创建对象?
10. 什么是构造函数?它的功能是什么?试写出一个构造函数。

2.2　实验题

1. 编写程序,从给定的年份判定该年是否是闰年。
2. 改写程序 2-3,要求输入用户名和密码正确时提示“用户名正确,欢迎登录”;如果用户名正确,密码错误,提示“密码错误”;如果用户名错误,提示“无有此户”。

3. 利用随机类编制一个 100 以内的加法练习程序，在页面上显示一个加法算式，由用户在文本框中填入结果，并能显示对错。

4. 随机生成 10 个数放入数组，分别利用冒泡法和选择法进行排序。

5. 利用循环求 10 以内的偶数的和与奇数的积。

6. “水仙花数”是指一个三位数，其各位数的立方和等于该数。例如 $153=1^3+5^3+3^3$。求所有的水仙花数。

7. 1 只公鸡 5 元鸡，1 只母鸡 3 元钱，3 只小鸡 1 元钱，现在有 100 元，欲购 100 只鸡，请编程列出所有的买法。

8. 利用双重循环，求 1!＋2!＋…＋10!的和。

9. 从文本框输入两个数，编程求这两个数的最大公约数和最小公倍数。

第3章

ASP.NET服务器控件

主要内容：

- 常用的服务器控件及常用的属性和方法
- 数据验证控件
- 用户控件

3.1 服务器控件

控件是一种可重用的组件或对象，它不但有自己的外观，还有自己的属性和方法，大部分控件还能响应系统或用户事件。ASP.NET服务器控件大大增强了ASP.NET的功能，还可以完成许多重复工作，大大提高了开发人员的工作效率。创建ASP.NET网页时，开发人员可以使用HTML服务器控件、Web服务器控件、验证控件和ASP.NET用户控件。Web服务器控件是ASP.NET的精华所在，它们功能全面，极大地方便了开发人员的开发工作。

3.1.1 ASP.NET服务器控件类型

1. HTML服务器控件

HTML服务器控件是以HTML标记为基础衍生出来的控件，对服务器公开的HTML元素，可进行编程。默认情况下，服务器无法使用Web窗体上的HTML元素。通过为其添加runat="server"属性，可以将HTML元素转换为HTML服务器控件，如果要在代码中作为成员引用该控件，还应该为该控件分配ID属性。

在窗体设计视图状态下，先在窗体上添加HTML控件，在HTML控件上右击，在弹出的快捷菜单中选择“作为服务器控件运行”命令，就可以将其变成HTML服务器控件。

2. Web服务器控件

凡是以“＜asp：控件名称＞”开头的服务器控件称为Web服务器控件，运行在服务器端，例如文本框、按钮、标签、单选列表框、复选列表框、下拉列表框等。

ASP. NET 提供了丰富的 Web 服务器控件，不仅包括 Web 窗体控件，如按钮和文本框，还包括特殊用途的控件，如日历和树形控件。Web 服务器控件的属性更容易掌握和控制，所有控件类都在 System. Web. UI. WebControls 名称空间下。Web 服务器控件有两大类：Web 控件和数据绑定控件。

Web 控件包括文本类控件、图像控件、选择类控件、日历控件、命令类控件、超链接等，它们可以组成与用户交互的界面。数据绑定控件用来实现数据的绑定和显示，包括网格视图、数据列表、表单视图等，还有用于导航的菜单控件和树型控件等。

3. 验证控件

验证控件用于检验用户输入的信息是否有效。例如，测试在某一范围内有效的日期或值，两次密码录入是否一致等。以前通常利用 Javascript 来实现，现在验证控件提供了一种易于使用的机制，作为所有常用类型的标准验证，还提供了自定义编写验证的方法。

4. 用户控件

作为 ASP. NET 网页创建的控件，ASP. NET 用户控件可以嵌入到其他 ASP. NET 网页中，这是一种创建工具和其他可重用元素的捷径。创建用户控件时采用的方法与开发 ASP. NET 页面的方法相同，在用户控件上可以使用与标准的 ASP. NET 网页上相同的 HTML 元素和 Web 控件。

3.1.2 控件常用的属性

在 ASP. NET 中，Web 控件是使用相应的标记来编写控件的。Web 控件的标记有特定的格式：以"<asp：控件类型名>"开头，以"</asp：类型名>"结尾，其间可以设置各种属性。例如：定义了以下 TextBox 控件：

```
<asp: TextBox id="TextBox1"  runat="server" Width="296px" Height="40px">
</asp: TextBox>
```

如果标记内不包含内容，也可以写成：

```
<asp: TextBox id="TextBox1"  runat="server"/>
```

控件的常用属性如下：

- AccessKey 属性：用于设置控件的快捷键，其值为一个数字或英文字符，表示同时按下 Alt 键及设置的字符即可选择该控件。
- BackColor 属性：用于设置对象的背景颜色。有两种方式：一种是使用色彩名称，如 Red、Blue、Green 等；一种是使用 RGB 值，如 #FF0000（十六进制）。
- BorderWidth 属性：用于设置控件边框的宽度（以像素为单位）。
- BorderColor 属性：用于设置控件边框的颜色。
- BorderStyle 属性：用于设置边框的样式。

- CssClass 属性：分配给控件的级联样式表(CSS)类。
- Enabled 属性：是一个布尔值,决定控件是否有效、是否可用。
- Height 属性：用来设置控件的高度,单位是像素。
- Font 属性：用于设置控件上显示的文本字体和字型样式。
- ForeColor 属性：控件的前景颜色。
- SkinId 属性：应用于控件的外观。
- TabIndex 属性：Tab 键顺序。
- ToolTip 属性：用来设置鼠标停在控件上时所显示的提示文本。
- Width 属性：用来设置控件的宽度,单位是像素。
- Visible 属性：是一个布尔值,用于显示或隐藏控件。

3.1.3 常用的 Web 控件

1. 标签(Label)

用于显示文本,主要属性是 Text。Text 属性的值就是 Label 上显示的内容。可以通过在页面设计窗口中设置 Text 属性值的方法自动生成以下代码。

```
<asp: Label ID="Label1" runat="server" Text="this is a Label"></asp: Label>
```

也可以在程序代码中给 Label1 的 Text 属性赋值,例如：

```
Label1.Text=" this is a label";
```

2. 文本框(TextBox)

用于输入文本,生成 HTML 中的文本域、文本区或密码域。
例如：

```
<asp: TextBox id="TextBox1"  runat="server"  Width="296px" Height="40px">
</asp: TextBox>
```

文本框的主要属性如下。

(1) AutoPostBack：设置是否自动提交。

(2) TextMode：用于设置类型。可取值有 MultiLine(多行输入模式)、Password(密码输入模式)、SingleLine(单行输入模式),默认为 SingleLine。

(3) Columns：决定文本框的显示宽度(以字符为单位)。

(4) Rows：多行输入模式时设置显示的行数。

(5) MaxLength：限制可输入到此控件中的字符数。

(6) ReadOnly：是否为只读。

【例 3-1】 利用 AutoPostBack 属性编制一个程序,当文本框内容改变时,标签的内容同时发生变化。

新建程序 3-1.aspx。在页面中拖入一个 Label 和一个 TextBox 控件,设置 TextBox

的 AutoPostBack 为"true"。双击文本框,进入程序设计界面,在 TextBox1_TextChanged 事件里编写代码。

```
protected void TextBox1_TextChanged(object sender, EventArgs e)
    {
        Label1.Text=TextBox1.Text;
    }
```

观察到文本框的属性变为:

```
<asp: TextBox ID="TextBox1" runat="server" ontextchanged="TextBox1_TextChanged"
AutoPostBack="True"></asp: TextBox>
```

ontextchanged 属性和 AutoPostBack 一起使用,当 AutoPostBack="True"时,设置文本框内容改变时自动提交内容,而 ontextchanged 属性则指定了文本框内容改变后提交的内容交给哪个事件处理。所以,ontextchanged 指定的 TextBox1_TextChanged 事件和程序代码中的相应事件 TextBox1_TextChanged 要一致。

3. 命令类控件

命令类控件允许用户发送命令,包括三种类型:标准按钮(Button 控件,简称为按钮),链接按钮(LinkButton 控件)和图形按钮(ImageButton 控件)。这三种控件提供类似的功能,但具有不同的外观。

主要的属性如下。

(1) PostBackUrl:提交目标网页的 URL。

(2) Text:标题。

(3) CausesValidation:是否执行验证。

(4) CommandName:指定与控件关联的命令名。

(5) CommandArgument:提供有关执行命令的附加信息。

命令类控件的主要事件是 Click 事件,Click 事件能直接识别发生事件的控件。

4. 图像控件(Image)

图像控件用于在 Web 窗体上显示图像。

例如:

```
<asp: Image id="Image1"  runat="server" ImageUrl="pic.jpg"></asp: Image>
```

图像控件的主要属性如下。

(1) ImageUrl:指定所显示的图像。

(2) AlternateText:指定在图像不可用时,代替图像显示的文本。

(3) ImageAlign:指定图像相对于 Web 窗体上其他元素的对齐方式。

5. 超链接控件(HyperLink)

超链接控件用于生成超级链接。

例如：

```
<asp:HyperLink id="hyperlink1"  ImageUrl="images/pict.jpg"
NavigateUrl="http://www.microsoft.com"   Text="Microsoft Official Site"
Target="_blank"  runat="server"/>
```

超级链接控件的主要属性如下。

(1) NavigateUrl：指定要链接到的网页。

(2) Text：超链接文本标题。文本也可放置在 HyperLink 控件的开始和结束标记之间设置。

(3) ImageUrl：要显示图像，用这个属性设置图像路径。如果同时设置了 Text 和 ImageUrl 属性，则 ImageUrl 属性优先；如果图像不可用，则显示 Text 属性中的文本。在支持“工具提示”功能的浏览器上，将鼠标指针放在 HyperLink 控件上时，将显示 Text 属性的值。

(4) Target：指定显示链接页的目标框架或窗口。

6. 单选按钮(RadioButton)

单选按钮允许用户从多个选项中选择一项。

例如：

```
<asp:RadioButton id="RadioButton1" runat="server" Text="男" Checked="True"
GroupName="Sex"></asp:RadioButton><asp:RadioButton id="RadioButton2"
runat="server"  Text="女" GroupName="Sex"></asp:RadioButton>
```

单选按钮的主要属性如下。

(1) Checked：设置或获取是否选中。

(2) TextAlign：设置文本位置。可以的取值为 Left、Right。

(3) GroupName：设置组的名字。

(4) AutoPostBack：设置是否自动提交。可以的取值为 True、False。

单选按钮的常用事件是 OnCheckedChanged。

注意：单选按钮一般是以一组按钮的形式出现，且它们之间是互斥的，也就是说，这组按钮只能选择一个且必须选择一个，当选择其中一个时，其他曾经被选中按钮的选择就消失了。所以，要想使几个单选按钮(RadioButton)互斥，必须设置它们的 GroupName 为同样的名称。在程序代码中读取 RadioButton 选择时，需要逐个判断 RadioButton 的 Checked 属性为“true”。所以，为了操作的方便和设计思路的统一，可以使用单选按钮列表(RadioButtonList)。

7. 单选按钮列表(RadioButtonList)

单选按钮列表提供多个单选按钮选项，并可以指定排列方式。与单选按钮不同的是，该控件用组的方法来管理各个选项，因此不需要逐一判断，提高了效率。

例如：

```
<asp: RadioButtonList id="RadioButtonList1" RepeatDirection="Horizontal"
    runat="server">
<asp: ListItem Value="男">男</asp: ListItem>
<asp: ListItem Value="女">女</asp: ListItem>
</asp: RadioButtonList>
```

主要的属性如下。

(1) RepeatColumns：设置布局的列数。

(2) RepeatDirection：设置按钮的排列方向。

(3) RepeatLayout：设置是以表格方式还是以浮动的方式排列。

(4) AutoPostBack：设置是否自动提交。可以取值 True、False。

(5) DataTextField：指定将数据源中的哪个字段绑定到控件中每个列表项的 Text。

(6) DataValueField：指定将数据源中的哪个字段绑定到控件中每个列表项的 Value。

(7) SelectedIndex：获取或设置列表中选定项的最低序号索引。

(8) SelectedItem：获取列表控件中索引最小的选定项。

(9) SelectedValue：获取列表控件中选定项的值，或选择列表控件中包含指定值的项。

8. 复选框(CheckBox)

复选框用于复选多个选项，与单选按钮类似，不同的是能同时选多个，或一个都不选。

例如：

```
<asp: CheckBox id="CheckBox1" runat="server" Text="体育"/>
<asp: CheckBox id="CheckBox2" runat="server" Text="音乐"/>
<asp: CheckBox id="CheckBox3" runat="server" Text="美术"/>
```

9. 复选框列表(CheckBoxList)

复选框列表与 RadioBoxList 类似，不同的是能同时选多个。

例如：

```
<asp: CheckBoxList id="CheckBoxList1" runat="server">
<asp: ListItem Value="音乐">音乐</asp: ListItem>
<asp: ListItem Value="体育">体育</asp: ListItem>
<asp: ListItem Value="美术">美术</asp: ListItem>
</asp: CheckBoxList>
```

10. 下拉列表(DropDownList)

下拉列表以下拉的方式呈现选项，一次只能选一项。

例如：

```
<asp: DropDownList id="DropDownList1 runat="server">
<asp: ListItem Value="音乐">音乐</asp: ListItem>
<asp: ListItem Value="体育">体育</asp: ListItem>
<asp: ListItem Value="美术">美术</asp: ListItem>
</asp: DropDownList>
```

在页面中，可以在设计下拉列表框时，为列表框添加项目，但这样添加的项目是固定的，而实际应用中往往需要从一些动态数据、页面的表单或数据库的某个字段来生成列表框的项目。下面介绍一种由数组和数组列表作为下拉列表的数据源，经过绑定，产生项目的下拉列表框。

例如：

```
string[]str2=new string[3]{ "A", "B", "C" };  //str2 为一个数组
ArrayList stru=new ArrayList();               //stru 为一个数组列表
stru.Add("A");
stru.Add("B");
stru.Add("C");
stru.Add("D");
this.DropDownList1.DataSource=str2;
                                  //这里指定了数组 str2 做数据源，也可以换成 stru，结果不同
this.DropDownList1.DataBind();
```

11. 列表（ListBox）

列表与下拉列表的功能基本相同，不同的是 ListBox 控件一次可以显示多个选项。另外，列表允许用户多选（将 SelectionMode 属性设为 Mutiple 即为多选，默认是 Single）。

例如：

```
<asp: ListBox  id="ListBox1"  runat="server">
<asp: ListItem Value="音乐">音乐</asp: ListItem>
<asp: ListItem Value="体育">体育</asp: ListItem>
<asp: ListItem Value="美术">美术</asp: ListItem>
</asp: DropDownList>
```

【例 3-2】 创建一个注册页面，并能从页面提取出注册的信息。

注册页面设计图如图 3-1 所示，页面运行效果如图 3-2 所示。

程序 3-2.aspx 的代码清单如下。

```
<%@Page Language="C#" %>
<!DOCTYPE html PUBLIC "-//W3C//DTD XHTML 1.0 Transitional//EN" "http: //www.w3.
org/TR/xhtml1/DTD/xhtml1-transitional.dtd">
<script runat="server">
  protected void Button1_Click(object sender, EventArgs e)
```

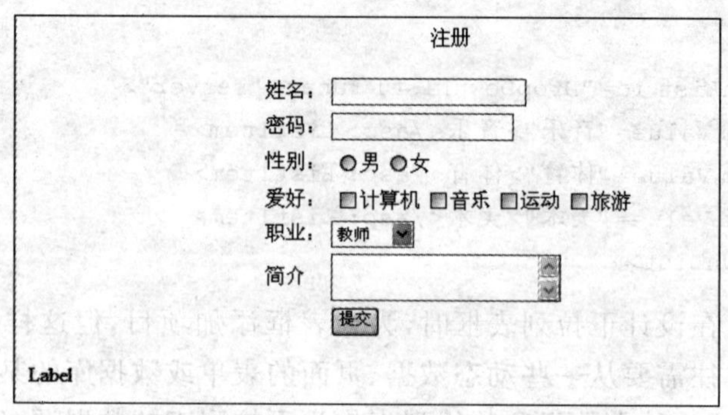

图 3-1 注册页面图

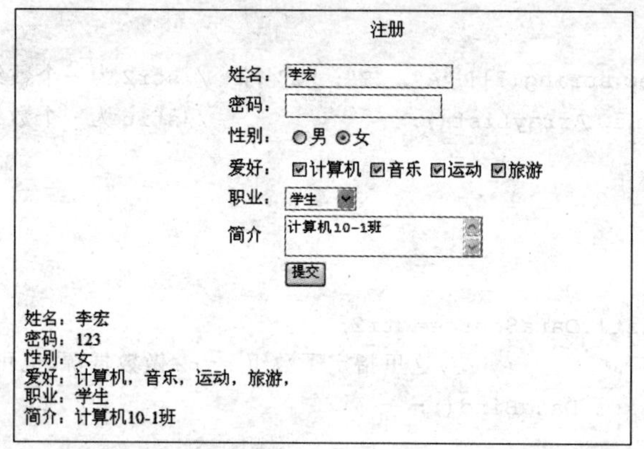

图 3-2 注册页面运行结果

```
{
    string strMessage;
    strMessage="姓名："+TextBox1.Text;                                          //获取姓名
    strMessage=strMessage+"<br>密码："+password.Text;                       //获取密码
    strMessage=strMessage+"<br>性别："+sex.SelectedItem.Text;          //获取性别
    //下面的循环用来获取爱好
    strMessage=strMessage+"<br>爱好：";
    int I;
    for (I=0;I<love.Items.Count;I++)                                      //依次判断所有的项
    {
        if (love.Items[I].Selected)
        {
            strMessage=strMessage+love.Items[I].Text+",";
        }
    }
    strMessage=strMessage+"<br>职业："+career.SelectedItem.Text; //获取职业
    strMessage=strMessage+"<br>简介："+introduction.Text;            //获取简介
    //最后给 label 控件 message 赋值,在页面上显示信息
    Label2.Text=strMessage;
```

```
  }
</script>
<html xmlns="http: //www.w3.org/1999/xhtml">
<head id="Head1" runat="server">
  <title>无标题页</title>
</head>
<body>
  <form id="form1" runat="server">
  <p align="center">注册</p>
<table border="0" align="center">
<tr><td>姓名: </td><td><asp: TextBox ID="TextBox1" runat="server"></asp:
TextBox></td></tr>
  <tr><td>密码: </td><td><asp: TextBox ID="password" runat="server" TextMode=
  "Password"></asp: TextBox></td></tr>
<tr><td>性别: </td><td>
           <asp: RadioButtonList ID="sex" runat="server" Height="16px"
                 RepeatDirection="Horizontal">
                 <asp: ListItem>男</asp: ListItem>
                 <asp: ListItem>女</asp: ListItem>
           </asp: RadioButtonList>
           </td>
     </tr>
<tr><td>爱好:</td><td>
           <asp: CheckBoxList ID="love" runat="server"
                 RepeatDirection="Horizontal">
                 <asp: ListItem>计算机</asp: ListItem>
                 <asp: ListItem>音乐</asp: ListItem>
                 <asp: ListItem>运动</asp: ListItem>
                 <asp: ListItem>旅游</asp: ListItem>
           </asp: CheckBoxList>
           </td></tr><tr><td>职业: </td><td>
        <asp: DropDownList ID="career" runat="server">
           <asp: ListItem>教师</asp: ListItem>
           <asp: ListItem>学生</asp: ListItem>
           <asp: ListItem>管理员</asp: ListItem>
        </asp: DropDownList>
        </td></tr><tr><td>简介</td><td>
           <asp: TextBox ID="introduction" runat="server" TextMode=
           "MultiLine"></asp: TextBox>
           </td></tr><tr><td></td><td>
           <asp: Button ID="Button1" runat="server" Text="提交" onclick=
           "Button1_Click"/>
           </td></tr></table>
 </form>
```

```
    <asp: Label ID="Label2" runat="server" Text="Label"></asp: Label>
    </body>
</html>
```

在此案例中,注意页面中各控件的属性设置和控件内容的提取方法。

3.1.4 其他常用控件

1. AdRotator 控件

中文名为广告控件,可配合 XML 说明文件,在页面中产生一个可动态显示图片的广告展现框。若将鼠标指针指向图片,可显示预设的广告词,单击图片可导航到预设的URL 地址;用户每次刷新页面广告,展现框中的图片都会有所不同,且不同图片出现的频率可由 XML 文件中的设置决定。

通常需要将广告信息存储在一个 XML 文件中,然后将 AdRotator 控件绑定到该文件。用 XML 文件设置的属性,在 XML 文件中可以包含下列 AdRotator 控件的属性。

- ImageUrl:要显示图像的 URL
- NavigateUrl:单击 AdRotator 控件时要转到的目标网页的 URL。
- AlternateText:图像不可用时,或鼠标指向控件时显示的文本。
- Keyword:可用于筛选特定广告的广告类别,即为广告分组。
- Impressions:一个指示广告的可能显示频率的数值,即加权数值。取所有广告中此项的值的和为分母,每个广告的这个值为分子,可得出该广告出现的概率。

【例 3-3】 使用 AdRotator 控件显示广告。

程序 3-3.xml 的代码清单如下。

```
<?xml version="1.0" encoding="gb2312" ?>
<Advertisements>
  <Ad>
    <ImageUrl>images/edu.gif</ImageUrl>
    <NavigateUrl>http: //www.edu.cn</NavigateUrl>
    <AlternateText>中国教育科研网</AlternateText>
    <Keyword>Education</Keyword>
    <Impressions>20</Impressions>
  </Ad>
  <Ad>
    <ImageUrl>images/sohu.gif</ImageUrl>
    <NavigateUrl>http: //www.sohu.com</NavigateUrl>
    <AlternateText>搜狐</AlternateText>
    <Keyword>门户网站</Keyword>
    <Impressions>30</Impressions>
  </Ad>
```

```
</Advertisements>
```

然后创建 3-3.aspx 文件,在网页上拖放一个 AdRotator 控件,设置 AdRotator 控件的 AdvertisementFile 属性为"3-3.xml"。

2. Panel 控件

中文名为容器控件。Panel 控件其实是一个容器,可以用来放置其他控件。属性 Visible 表示控件是否显示,这个属性很重要。

3. Calendar 控件

中文名为日历控件或月历控件。日历控件的常用属性和事件如表 3-1 所示。

表 3-1 日历控件的主要属性和事件

类别	名　称	功　能
属性	TodayDayStyle-BackColor	当天日期背景颜色值
属性	SelectedDayStyle-BackColor	选定日期背景颜色值
事件	SelectionChanged	日期选择事件

【例 3-4】 Calendar 控件示例。

将 Calendar 控件的属性 TodayDayStyle-BackColor 设为"Red",SelectedDayStyle-BackColor 属性设为"Lime",双击日历控件,在"Calendar1_SelectionChanged"中输入如下代码。

程序 3-4.aspx 的代码清单如下。

```
protected void Calendar1_SelectionChanged(object sender, EventArgs e)
    {
       Label1.Text="选定日期为: "+Calendar1.SelectedDate;}
```

程序运行效果如图 3-3 所示。

4. ImageButton 控件

ImageButton 控件中文名为图像按钮控件。图像按钮的常用属性和事件如下。

- ImageUrl:用于设置 ImageButton 控件中显示图片文件的名称和 URL。
- Click:鼠标单击事件时触发。

5. FileUpload 控件

中文名为文件上传控件。从外观上看,FileUpload 控件由一个文本框和一个"浏览"按钮控件组成,用户可直接在文本框中输入希望上传的文件名(包括文件存放路径)。应用 FileUpload 控件可以让用户从页面上传一个文件到服务器的指定文件夹。

控件外观如图 3-4 所示。

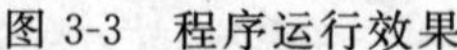

图 3-3 程序运行效果

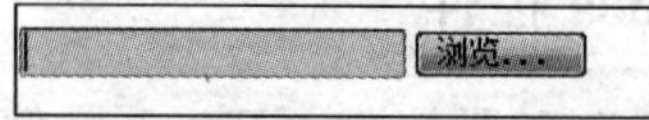

图 3-4 FileUpload 控件外观

【例 3-5】 完成一个文件的上传，并显示相关的信息。

程序 3-5.aspx 的代码清单如下。

```
<%@ Import Namespace="System.IO" %>
<%@ Page Language="C#" %>
…
<script runat="server">
   protected void Button1_Click(object sender, EventArgs e)
   {
     string filename, filepath;
     filename=Path.GetFileName(FileUpload1.PostedFile.FileName);
     filepath=Server.MapPath("images")+"\\"+filename;
     FileUpload1.SaveAs(filepath);

     Label1.Text="文件上传成功,您上传的文件名为："+filename+"保存在"+filepath ;
     Label1.Text+="<br>文件大小："+FileUpload1.PostedFile.ContentLength+"字
     节";
     Label1.Text+="<br>文件类型："+FileUpload1.PostedFile.ContentType;
     Label1.Text+="<br>客户端路径："+FileUpload1.PostedFile.FileName ;
     Label1.Text+="<br><a href='images\"+filename+"'>查看文件</a>";
        }
</script>
<html xmlns="http://www.w3.org/1999/xhtml">
<head runat="server">
  <title>无标题页</title>
</head>
<body>
  <form id="form1" runat="server">
  <div>
    <asp:FileUpload ID="FileUpload1" runat="server"/>
    <asp:Button ID="Button1" runat="server" onclick="Button1_Click" Text="上传"/>
    <br/>
    <br/>
    <asp:Label ID="Label1" runat="server" Text="Label"></asp:Label>
    </div>
```

```
  </form>
</body>
</html>
```

运行结果如图 3-5 所示。

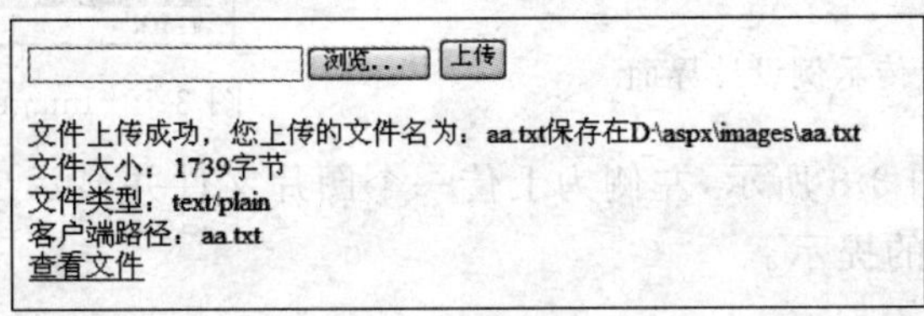

图 3-5 文件上传控件运行结果

在实际操作中，为了防止文件同名产生覆盖，往往将上传的文件名改名日期＋随机数。程序的代码清单如下。

```
protected void Button1_Click(object sender, EventArgs e)
  {
    string filename, filename1, filepath, filetxt;
    int rannum=0;
    Random rnd=new Random();                        //创建一个随机对象
    rannum=rnd.Next(99999);                         //产生 0~9999 之间的一个随机数
    filename=Path.GetFileName(FileUpload1.PostedFile.FileName); //获取文件名
    filetxt=Path.GetExtension(filename);                    //获取文件扩展名
  filename1=System.DateTime.Now.Year.ToString()+
System.DateTime.Now.Month.ToString()+System.DateTime.Now.Day.ToString()+
System.DateTime.Now.Hour.ToString()+System.DateTime.Now.Minute.ToString()+
System.DateTime.Now.Second.ToString()+rannum+filetxt; //新文件名
 filepath=Server.MapPath("images")+"\\"+filename1;      //物理路径
    FileUpload1.SaveAs(filepath);                           //上传
    tupian1.Text=filename1;                                 //给文本框赋值
  }
```

注意：因为 FileUpload 控件上传的文件会上传到服务器的空间，所以必须在程序代码文件第一行导入名称空间 System. IO。

代码隐藏模式使用 using System. IO。

单文件模式使用＜%@ Import Namespace＝"System. IO" %＞。

【例 3-6】 应用练习：上传一个图片文件，上传后在页面上看到。

说明：上传一个图片文件，要在上传之后判断上传文件的文件类型是否是图片文件类型。在页面中设计一个 Image 控件，上传文件后，指定上传文件的文件名为 Image 控件的 ImageUrl 属性。

设计界面如图 3-6 所示，界面中的 Image 控件属性设置如图 3-7 所示。

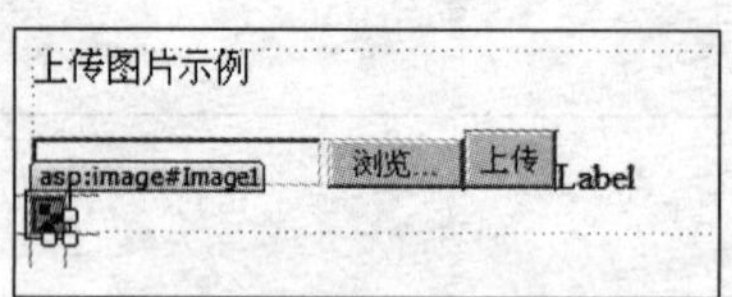

图 3-6　图片上传示例设计界面

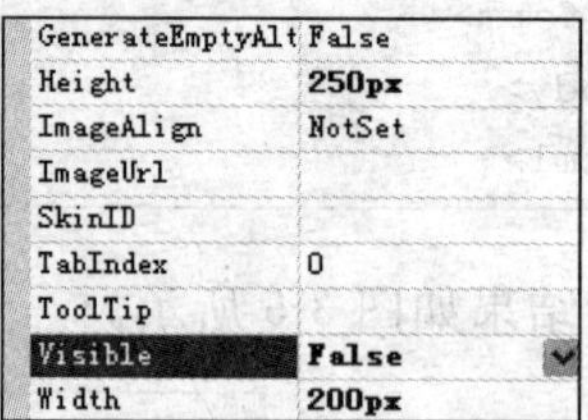

GenerateEmptyAlt	False
Height	250px
ImageAlign	NotSet
ImageUrl	
SkinID	
TabIndex	0
ToolTip	
Visible	False
Width	200px

图 3-7　Image 控件属性设置

程序运行结果如图 3-8 所示，左侧为上传一个图片文件并显示出来，右侧为上传一个非图片文件，显示出错的提示。

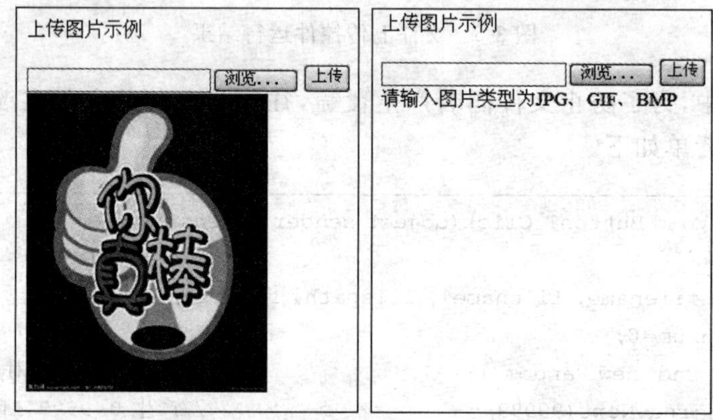

图 3-8　程序运行结果

程序 3-6.aspx 的代码清单如下。

```
<%@Import Namespace="System.IO" %>
<%@Page Language="C#" %>
…
<script runat="server">
  protected void Button1_Click(object sender, EventArgs e)
  {
    Label1.Text="";
    string filename, filepath, filetxt;
    filename=Path.GetFileName(FileUpload1.PostedFile.FileName);
    filepath=Server.MapPath("images")+"\"+filename;
    FileUpload1.SaveAs(filepath);
    filetxt=Path.GetExtension(filename);
    if ((filetxt==".bmp")||(filetxt ==".jpg")||(filetxt ==".gif"))
    {
        Image1.Visible=true;
        Image1.ImageUrl="images"+"\"+filename;
    }
    else {
```

```
        Label1.Text="请输入图片类型为 JPG、GIF、BMP";
      }
    }
    protected void Page_Load(object sender, EventArgs e)
    {
      Image1.Visible=false;
      Image1.ImageUrl="";
    }
</script>
<html xmlns="http://www.w3.org/1999/xhtml">
<head runat="server">
  <title>无标题页</title>
</head>
<body>
  <form id="form1" runat="server">
  <div>  上传图片示例<br/>
    <br/>
    <asp:FileUpload ID="FileUpload1" runat="server"/>
    <asp:Button ID="Button1" runat="server" onclick="Button1_Click" Text="上传"/
>
    <br/>
    <asp:Label ID="Label1" runat="server" Text="Label"></asp:Label>
    <br/>
    <asp:Image ID="Image1" runat="server" Height="250px" Visible="False"
        Width="200px"/>
    </div>
    </form>
</body>
</html>
```

3.2 数据验证控件

在网上提交表单时，很多网站都会验证输入的信息，如不能为空、密码和确认密码是否一致、范围检查等。以前，这通常利用 JavaScript 实现，但是 ASP.NET 提供了更好的验证机制——这就是验证控件，它的作用就是验证用户输入到被验证控件中的内容是否正确、符合要求。

验证控件一般是为了验证另一个或两个控件的内容，正常状态下不显示，但被验证控件的内容不正确或者不符合要求时，则会在验证控件位置显示出错信息(ErrorMessage)。一个控件可以被多个验证控件验证，来保证它的内容符合多个要求，比如一个用户名字段就可以用多个验证控件来分别验证必填、长度、内容合法性等方面。

3.2.1 RequiredFieldValidator 控件

中文名为必填验证控件，用于确保用户在一个控件中输入了内容。如注册页面中的用户名，一般为“必填字段”，就是用必填验证控件来完成验证的。

RequiredFieldValidator 控件的常用属性如表 3-2 所示。

表 3-2 RequiredFieldValidator 控件常用属性

属　性	描　述
ControlToValidate	获取或设置验证控件的 ID 属性
ErrorMessage	错误发生时的提示信息
Display	表示当错误发生时错误提示信息的显示方式。可以为 Dynamic、Static、None

页面的设置步骤如下。

(1) 在页面中拖动放入一个 TextBox 和一个 RequiredFieldValidator 控件。

(2) 设置 RequiredFieldValidator 控件的相关属性如下。

```
ControlToValidate: TextBox1
ErrorMessage: 此字段为必填字段,请输入内容。
```

设置好的页面的 HTML 段的内容如下。

```
asp: TextBox ID="TextBox1" runat="server"></asp: TextBox>
<asp: RequiredFieldValidator ID="RequiredFieldValidator1" runat="server"
ControlToValidate="TextBox1" ErrorMessage="此字段为必填字段,请输入内容">
</asp: RequiredFieldValidator>
```

3.2.2 CompareValidator 控件

中文名为比较验证控件，用于将一个控件的值和另一个控件的值进行比较，也可用于将一个控件的值和一个指定的值进行比较。CompareValidator 控件的常用属性如表 3-3 所示。

表 3-3 CompareValidator 控件常用属性

属　性	描　述
ControlToValidate	获取或设置第一个验证控件的 ID 属性
ControlToCompare	获取或设置第二个要验证的控件的 ID 属性值
ValueToCompare	指定数据值，该属性与 ControlToCompare 一般只出现一个
Type	数据类型，默认值为 String，还有 Integer、Double、Date、Currency

续表

属　　性	描　　述
Operator	获取或设置验证控件中使用的比较操作符，默认值为 Equal，还有 NotEqual、GreaterThan、GreaterThanEqual、LessThan、LessThanEqual
ErrorMessage	错误发生时的提示信息
Display	表示错误发生时错误提示信息的显示方式。可以为 Dynamic、Static、None

注意：若将控件 Operator 的属性设置为"DataTypeCheck"运算符，将指定用户输入数据与 Type 属性指定的数据类型进行比较。若无法将该值转换为 Type 指定的类型，则验证失败。使用 DataTypeCheck 运算符时，将忽略 ControlToCompare 和 ValueToCompare 属性的设置。

3.2.3 RangeValidator 控件

中文名为范围验证控件，用来验证输入值是否在指定范围内。RangeValidator 控件的常用属性如表 3-4 所示。

表 3-4　RangeValidator 控件常用属性

属　　性	描　　述
ControlToValidate	获取或设置第一个验证控件的 ID 属性
MinimumValue	最小值
MaximumValue	最大值
Type	数据类型，默认值为 String，还有 Integer、Double、Date、Currency
ErrorMessage	错误发生时的提示信息
Display	表示错误发生时错误提示信息的显示方式。可以为 Dynamic、Static、None

3.2.4 RegularExpressionValidator 控件

中文名为正则验证。RegularExpressionValidator 控件用来验证输入值是否和正则表达式定义的模式匹配，常用来验证电话号码、邮政编码、E-mail 等。

RegularExpressionValidator 控件的常用属性如表 3-5 所示。

表 3-5　RangeExpressionValidator 控件常用属性

属　　性	描　　述
ControlToValidate	获取或设置第一个验证控件的 ID 属性
ValidationExpression	正则表达式
ErrorMessage	错误发生时的提示信息
Display	表示错误发生时错误提示信息的显示方式。可以为 Dynamic、Static、None

正则表达式是比通常用的 * 和 ? 通配符更复杂的一种字符定义规则。它由两种基本字符类型组成：正常字符和元字符(通配符)。

常用的元字符如表 3-6 所示。

表 3-6 常用的元字符

元字符	说 明	示 例
[]	设置一个字符集	[0-9]表示只能输入 0～9 的单个字符；[a-c][a-z]表示可以输入两个字符，其中第 1 个字符只能是 a～c 之间的字符，第 2 个字符只能是 a～z 之间的字符
{}	设置字符个数	设置 m,n 为大于 0 的整数，且 m<=n，则{n}表示只能输入 n 个字符，{n,}表示至少要输入 n 个字符，{m,n}表示可以输入 m～n 个字符。如[a-z]{1,6}表示可以输入 1～6 个小写英文字母。
.	表示任意字符	.{3,6}表示可以输入 3～6 个任意字符
|	表示多选一	com|gov|net 表示可以是 com、gov、net 三者之一
\	表示只能输入其后的字符	\\|可以输入一个竖线
\d	与[0-9]的含义相同	\d{8}表示只能输入 8 个数字
\w	表示包含下划线的任何单词字符	等价于[A-Za-z0-9]
?	匹配前面的子表达式 0 或 1 次	
*	没有出现过或出现过多次	
\n	换行符号	
\r	Enter 键或返回键	
\t	Tab 键	
\W	除了英文字母、数字和下划线不符合外，其他均符合，也即[^\w]	
\D	表示[^\d]，任何非数字字符	

举例：

电话验证：　　　[0-9]{3,4}-[0-9]{7,8}

E-mail 验证：　　.{1,}@.{1,}\.[a-zA-Z]{2,3}

【例 3-7】 举一个填写个人信息的例子，将结合使用几个验证控件。

界面如图 3-9 所示。

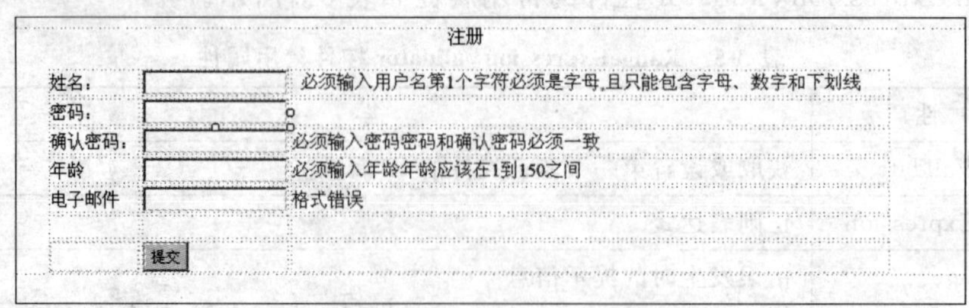

图 3-9 验证控件应用于注册页面示例界面

因为验证控件在 HTML 部分设置，与程序代码部分无关，这里只给出 HTML 部分代码。

程序 3-7.aspx 的网页部分代码如下。

```
<html xmlns="http: //www.w3.org/1999/xhtml">
<head id="Head1" runat="server">
  <title>无标题页</title>
</head>
<body>
  <form id="form1" runat="server">
  <p align="center">注册</p>
<table border="0" align="center">
<tr><td>姓名：</td>
<td><asp: TextBox ID="TextBox1" runat="server"></asp: TextBox></td><td><
 asp: RequiredFieldValidator
id="require1" ControlToValidate="TextBox1" ErrorMessage="必须输入用户名
"runat="server"/>
 <asp: RegularExpressionValidator id="Regular1" ControlTo
Validate="TextBox1" ValidationExpression="[a-zA-Z][a-zA-Z0-9_]{0,}"
ErrorMessage="第 1 个字符必须是字母,且只能包含字母、数字和下划线" runat="server"/>
 </td></tr>
 <tr><td>密码：</td><td><asp: TextBox ID="password" runat="server"
TextMode="Password"></asp: TextBox></td>
<td></td></tr>
<tr><td>确认密码：</td>
<td><asp: TextBox ID="TextBox2" runat="server" TextMode="Password"></asp:
TextBox></td>
<td><asp: RequiredFieldValidator id="require2" ControlToValidate="password"
ErrorMessage="必须输入密码"runat="server"/>
<asp: CompareValidator id="Compare1" ControlToValidate="password" ControlToCompare
="TextBox2"
ErrorMessage="密码和确认密码必须一致" runat="server"/></td></tr>
 <tr><td>年龄</td><td>
 <asp: TextBox ID="TextBox3" runat="server"></asp: TextBox></td><td>
 < asp: RequiredFieldValidator id=" require3" ControlToValidate=" TextBox3"
 ErrorMessage="必须输入年龄" runat="server"/>
 <asp: RangeValidator id="Range1" ControlToValidate="TextBox3" MinimumValue="1"
MaximumValue="150" ErrorMessage="年龄应该在 1 到 150 之间" Type="Integer" runat=
"server"/></td></tr><tr><td>电子邮件</td><td>
 <asp: TextBox ID="TextBox4" runat="server"></asp: TextBox>
 </td><td><asp: RegularExpressionValidator ID="RegularExpressionValidator1"
 runat="server"
ControlToValidate="TextBox4" ErrorMessage="格式错误"

ValidationExpression=".{1,}@.{1,}。[a-zA-Z]{2,3}"></asp:RegularExpressionValidator>
```

```
</td></tr><tr><td>
     </td><td>
     </td><td>
     </td></tr><tr><td></td><td>
    <asp: Button ID="Button1" runat="server" Text="提交" onclick="Button1_
    Click"/></td><td> </td></tr></table>
    </form>
    </body>
    </html>
```

3.3 用 户 控 件

可以根据实际需要创建具有事件处理能力的 Web 用户控件。控件创建后，可以在设计视图或程序运行时将其添加到页面中，大幅度提高设计的效率。

3.3.1 创建用户控件

用户控件是用户自己定义的控件，文件以“ascx”为扩展名。它与一个完整的 Web 窗体相似，都包含一个用户界面和一个代码文件。用户控件文件与 Web 窗体文件主要有以下两点区别。

(1) 用户控件文件只能以“ascx”为扩展名。

(2) 用户控件文件中不能包含<html>、<body>、<form>元素。

在“解决方案资源管理器”中右击项目名称，在弹出的快捷菜单中执行“添加新项”命令，在弹出的对话框中选择“Web 用户控件”模板，在“名称”文本框中输入用户控件的文件名 3-8. ascx 后单击“添加”命令。“添加新项”对话框界面如图 3-10 所示。

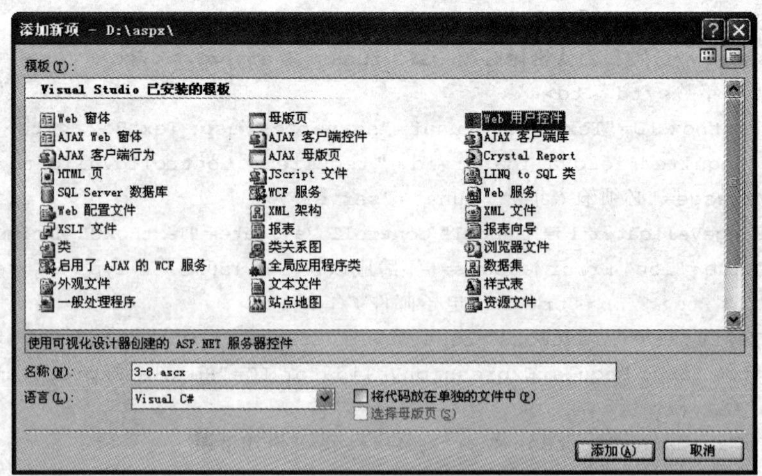

图 3-10 “添加新项”对话框界面

在用户控件设计视图中拖入一个 TextBox、一个 Button、一个 Label，双击 Button，在 Button1_Click 事件中添加代码。

```
<%@Control Language="C#" ClassName="_3_8" %>
<script runat="server">
    protected void Button1_Click(object sender, EventArgs e)
    {
        Label1.Text=TextBox1.Text;
    }
</script>
<asp: TextBox ID="TextBox1" runat="server"></asp: TextBox>
<asp: Button ID="Button1" runat="server" onclick="Button1_Click" Text="Button"/>
<br/>
<asp: Label ID="Label1" runat="server" Text="Label"></asp: Label>
```

3.3.2 添加用户控件

【例 3-8】 添加用户控件。

新建一个文件 3-8.aspx，在“解决方案资源管理器”中将设计完毕的用户控件 3-8.aspx 直接拖放至页面适当位置。窗体设计器能自动向 Web 页面添加@Register 页面指示符，那么用户控件就成为 Web 窗体的一部分。自动生成的代码如下。

```
<%@Register src="3-8.ascx" tagname="user" tagprefix="uc1" %>
// tagname 给用户命名,tagprefix 自定义的空间,src 用户控件的路径
…
<body>
    <form id="form1" runat="server"><div>
    <uc1: user ID="myuser" runat="server"/>    //注意这里的格式 自定义空间:用户名
    </div></form>
</body></html>
```

这时运行 Web 窗体，在文本框中输入文字，单击按钮，标签控件就显示文本框的内容。

3.3.3 动态添加控件

有时候，根据实际情况在页面添加适当数目的控件，需要在程序代码中动态产生指定控件。

【例 3-9】 动态产生一个 Label 控件。

程序 3-9.aspx 的代码清单如下：

```
protected void Page_Load(object sender, EventArgs e)
    {     Label label1=new Label();
```

```
    label1.ID="l1";
    label1.Text="这是动态产生的 label 控件";
    Page.Controls.Add(label1);}
```

习 题 3

3.1 问答题

1. 什么是 HTML 服务器控件？什么是 Web 服务器控件？Web 服务器控件的特征是什么？采用 Web 服务器控件有什么好处？

2. 如何利用数组为单选列表框、复选列表框、下拉列表框提供选项数据源？

3. 控件的 AutoPostBack 属性功能是什么？如何进行设置？

4. 小王设计了一个文件上传控件，但总是不成功，请分析不成功的原因可能有哪些。

5. 为什么要使用验证控件？

6. 文件上传控件 PostedFile. FileName 属性表示的是什么？

7. 如果确认用户必须输入的控件，使用什么验证控件？如果要确认输入的值大于30，应该使用什么控件？如果要保证两次密码输入一致，需要什么控件？

8. 身份证的正则表达式是什么？手机号码的正则表达式是什么？

3.2 实验题

1. 设计一个注册页面，要求输入用户名、用户姓名、密码、确认密码、出生日期、电话、班级、爱好、性别、E-mail、身份证号，并能从页面提取信息，同时要求必要的验证。添加一个上传照片的功能，正确提交后，能在页面上看到照片。

2. 利用 Panel 控件实现一组控件的显示与隐藏。

3. 开发一个计数器，输入两个数后能完成加、减、乘、除四则运算（注意除法时的数据类型）。

4. 开发一个网页，在页面上随机生成 100 以内的两个数的加法。要求用户在文本框中填写答案，如果正确，显示正确的提示，反之则显示错误的提示。并能统计出题目数和答对的题目数。

5. 开发一个简单的在线考试程序，包含三种题型：单选题、多选题、填空题，单击“交卷”按钮后，可以根据标准答案评分。

6. 在页面中需要用户输入日期，往往因为格式不正确造成输入失败，编制一个从日历控件选择日期输入到文本框的程序。

7. 编制一个用户控件，做出一个登录框，包含一个文本框、一个密码框、一个确定按钮，并将其放入网页中。

第4章

ASP.NET 内部对象

主要内容：

- Page 对象
- Request 对象
- Response 对象
- Cookie 对象
- Session 对象
- Application 对象
- Server 对象
- 页面的数据的传递

4.1 ASP.NET 的内部对象概述

第 2 章已经介绍了类和对象的概念。简单地说，类是一些属性和方法的封装，而对象是类的具体实例，其实就是可以重用的代码片断，通过它可以实现一些功能。类是对象的定义，对象是类的实例。对用户而言，能够直接应用这些属性和方法去解决问题就可以了，不必关心这些功能在对象内部是如何实现的。

ASP.NET 提供了很多内部对象，通过使用这些对象的方法可以实现丰富的功能，开发人员可以更加自由地编写程序。本质上前面讲的内部函数、Web 控件也都可以看做内部对象，都是类实现的。

本章就讲解常用的几个内部对象，包括 Page、Request、Response、Cookie、Session、Application 或 Server 等。这些内部对象可以通过 Web 窗体页的相关属性访问，多数内部对象是通过具有 HTTP 的前缀框架实现的。它们的功能如表 4-1 所示。

表 4-1 常用内部对象及其功能

对象名	说明
Page	对 ASP.NET 页面的相关内容进行处理
Request	提供对当前网页请求访问。其中包括请示标题、Cookie、客户端证书、查询字符串等，可以使用它读取浏览器提交的内容

续表

对象名	说　　明
Response	提供对当前页输入流的访问，用于向浏览器输出信息。可以使用它将文本插入页中，编写 Cookie、跳转页面等
Cookie	用于设置或获取 Cookie 信息，来存储与客户和网站相关的信息。
Application	提供对所有会话的应用程序范围的方法和事件的访问，还提供对可用于存储信息的应用程序范围的缓存的访问
Session	用于存储特定用户的会话信息
Server	提供服务器端的一些属性和方法

4.2　Page 对象

Page 对象其实就是 Web 应用程序的.aspx 文件，又称为页面。也就是说，每一个 ASP.NET 网页都是一个 Page 对象，它是由 System.Web.UI 命名空间中的 Page 类来实现的。Page 类与扩展名为.aspx 的文件相关联，这些文件在运行时被编译为 Page 对象，并缓存在服务器内存中。

4.2.1　案例演示

【例 4-1】 Page 对象应用。

页面效果如图 4-1 所示。在网页上，经常需要在页面内容提交之前与之后呈现不一样的内容，这就需要利用页面的 IsPostBack 属性进行判断。

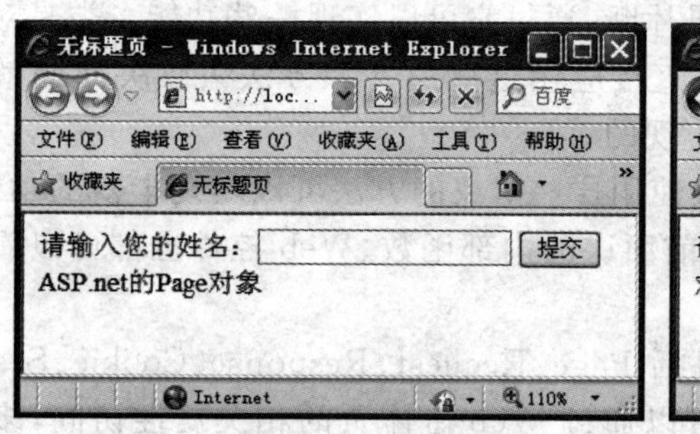

图 4-1　Page 对象应用示例

程序 4-1.aspx 的代码清单如下。

```
<%@ Page Language="C#" %>
...
<script runat="server">
    protected void Page_Load(object sender, EventArgs e)
```

```
    {
      if (!Page.IsPostBack)
      {
          Label1.Text="ASP.NET的Page对象";
      }
      else
      {
          Label1.Text="欢迎您加入,"+TextBox1.Text;
      }
    }
</script>
<html xmlns="http://www.w3.org/1999/xhtml">
<head runat="server">
    <title>无标题页</title>
</head>
<body>
    <form id="form1" runat="server">
    <div>

      请输入您的姓名:<asp:TextBox ID="TextBox1" runat="server"></asp:TextBox
>
      <asp:Button ID="Button1" runat="server"  Text="提交"/>
      <br/>
      <asp:Label ID="Label1" runat="server" Text="Label"></asp:Label>

    </div>
    </form>
</body>
</html>
```

4.2.2 Page对象的常用属性和方法

1. Page对象的常用属性

Page对象的常用属性及其说明如表4-2所示。除此之外,Page对象还包括Response、Request、Server、Session和Application对象属性。

(1) IsPostBack属性

获取一个布尔值,为True时,表示当前网页是为响应客户端回发(PostBack,指网页及操作状态传回服务器)而加载,为False时,表示首次加载和访问网页。

在Page_Load事件处理过程中,通过该属性可以实现首次加载和回发时执行不同的程序代码。

表 4-2　Page 对象的常用属性

属　　性	说　　明
ClientQueryString	获取请求的 URL 查询字符串部分
ErrorPage	获取或设置错误页,发生未处理的页异常事件时,请求浏览器将被重定向到该页
Form	获取网页的 HTML 窗体
IsPostBack	获取一个值,该值指示该页是否正为响应客户端回发而加载,或者它是否正被首次加载和访问
IsValid	获取一个值,该值指示页验证是否成功
Master	获取确定页整体外观的母版页
MasterPageFile	获取或设置母版页的文件名

例如：

```
Protected  void Page_Load(Object o,EventArgs e)
{
if (!Page.IsPostBack)
  {
//如果网页为首次加载,则进行一些操作
    …
  }
}
```

(2) IsValid 属性

获取一个布尔值,指示网页上的验证控件是否验证成功。若全部验证成功,该值为 True,否则为 False。

IsValid 属性在网页验证中起着重要作用。

例如,以下事件过程通过 mylabel 标签输出验证结果。

```
Protected void Button1_Click(Object Sender, EventArgs E)
{  if (Page.IsValid)                        //也可写成 if (Page.IsValid ==True)
   Label1.Text="信息验证成功!";
else
   label1.Text="信息验证失败";
}
```

2. Page 对象的方法

Page 对象的常用方法及其说明如表 4-3 所示。

3. Page 对象的事件

Page 的常用事件及其说明如表 4-4 所示。

表 4-3 Page 对象的常用方法

方　法	说　明
DataBind	将数据源绑定到被调用的服务器控件及其所有子控件
FindControl	在页面中搜索指定的服务器控件
RegisterClientScriptBlock	向页面发出客户端脚本块
MapPath	检索虚拟路径(绝对的或相对的)或应用程序相关的路径映射到的物理路径
Validate	指示页面中所有验证控件进行验证

表 4-4 Page 的常用事件

事件	说　明	事件	说　明
Init	当服务器控件初始化时发生	Unload	当服务器控件从内存中卸载时发生
Load	当服务器控件加载到 Page 对象中时发生		

(1) Init 事件

Init 事件对应的事件处理过程为 Page_Init,初始化网页时触发该事件。Init 事件只触发一次,通常用来完成系统所需的初始化,如设置网页、控件属性的初始值。

(2) Load 事件

Load 事件对应的事件处理过程为 Page_Load,当在内存中加载网页时触发该事件。Load 事件可以触发多次,不管是首次加载,还是按用户要求回送信息再次调用网页的回发加载,Page_Load 事件处理过程都会被执行。

(3) Unload 事件

Unload 事件对应的事件处理过程为 Page_Unload,当网页从内存中卸载并将输出结果发送给浏览器时,触发该事件。

Unload 事件主要用来执行最后的资源清理工作,如关闭文件、关闭数据库连接和释放对象等。由于这个事件是最后事件,网页的所有内容已经传到客户端浏览器,所以不能使用它来改变控件。它并不是指用户在浏览器端关闭网页,而是从 IIS 角度讲,网页从内存中卸载时发生这个事件。

4.2.3 案例实现

【例 4-2】 当页面初次加载时,显示 2 个选项,以后每次回车,都会把用户在文本框中输入的内容加为单选列表的一个选项,页面效果如图 4-2 所示。

【操作步骤】

利用 Page 对象的 Load 事件和 IsPostBack 属性实现图 4-2 所示的功能。

(1) 建立程序文件 4-2.aspx,在窗体上放置一个 RadioButtonList 控件和一个 TextBox 文本框控件。

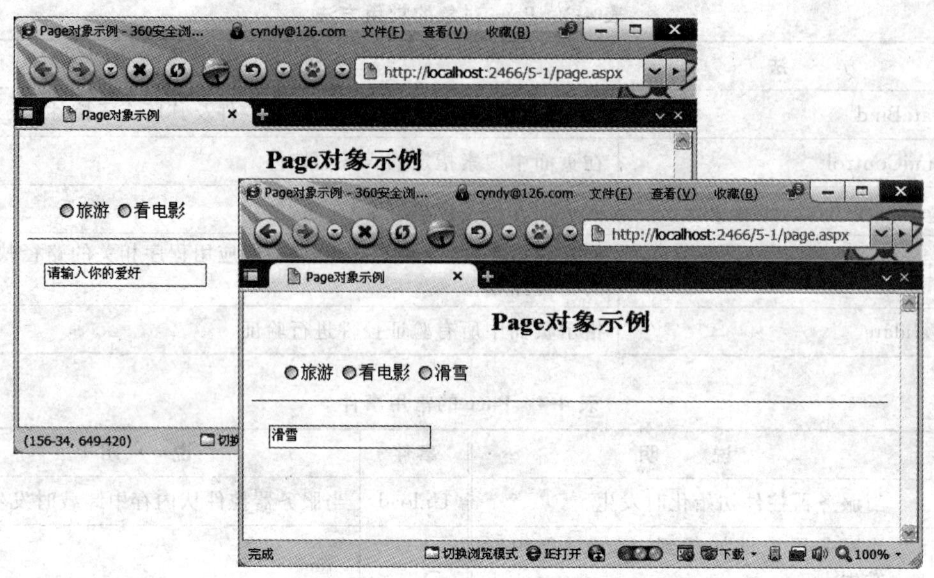

图 4-2　Page 对象应用示例

(2) RadioButtonList1 控件在页面中未进行编辑，即添加选项，在程序中通过如下方式添加。

```
RadioButtonList1.Items.Add("旅游");
```

(3) 在文本框中输入完成后，按回车键，进行单选按钮项目的添加，这时需要设置文本框的 AutoPostBack 属性为"True"。

(4) 采用单文件方式，在 Page_Load 事件中编写程序代码。

程序 4-2.aspx 的代码清单如下。

```
protected void Page_Load(object sender, System.EventArgs e)
  {
    //在此处放置用户代码以初始化页面
    if(!Page.IsPostBack)
      {
        TextBox1.Text="请输入你的爱好";
        RadioButtonList1.Items.Add("旅游");
                                    //在这里对页面上的 RadioButtonList1 进行内容的添加
        RadioButtonList1.Items.Add("看电影");
      }
    else
        RadioButtonList1.Items.Add(TextBox1.Text);
}
```

说明：

(1) 第一次加载该页面时，Page 对象的"IsPostBack"属性值为"false"。执行 if 条件语句中的内容，将“旅游”和“看电影”两个选项添加到 RadioButtonList1，成为两个选项。

(2) 用户按回车键之后，因为 TextBox1 控件的 AutoPostBack 属性为“True”，页面内容立即提交，页面内容再次加载，Page 对象的“IsPostBack”属性值变为“True”，执行 else 语句，用户在文本框中输入的内容被添加到 RadioButtonList1，成为一个选项。

4.2.4 知识链接

1. 页面的生命周期

ASP.NET 页运行时，将经历一个生命周期，在生命周期中执行一系列处理步骤。常规网页的生命周期一般经历请求、开始、初始化、加载、验证、回发、呈现和卸载等过程，每个阶段将引发相应的事件。

了解网页生命周期很重要，有利于开发人员在生命周期的合适阶段编写代码，以达到预期效果。此外，如果要开发自定义控件，就必须熟悉页生命周期，以便正确进行控件初始化，使用视图状态数据填充控件属性以及运行任何控件行为代码。

常规页生命周期阶段包括以下几个过程。

(1) 页请求

页请求发生在页生命周期开始前。用户请求页时，ASP.NET 将确定是否需要分析和编译页(从而开始页的生命周期)，或者是否可以在不运行页的情况下发送页的缓存版本，以进行响应。

(2) 开始

开始阶段将设置页属性，如 Request 和 Response。在此阶段，网页还将确定请求是回发请求还是新请求，并设置 IsPostBack 属性。此外，本阶段还将设置网页的 UICulture 属性。

(3) 页初始化

页初始化时可以使用网页中的控件，并将设置每个控件的 UniqueID 属性。此外，任何主题都将应用于网页。如果当前请求是回发请求，则回发数据尚未加载，并且控件属性值尚未还原为视图状态中的值。

(4) 加载

加载期间，如果当前请求是回发请求，则将使用从视图状态和控件状态恢复的信息加载控件属性。

(5) 验证

验证期间将调用所有验证程序控件的 Validate 方法，此方法将设置各个验证程序控件和网页的 IsValid 属性。

(6) 回发事件处理

如果请求是回发请求，则将调用所有事件处理程序。

(7) 呈现

呈现前会针对该网页和所有控件保存视图状态。呈现阶段中，页会针对每个控件调用 Render 方法，它提供一个文本编写器，用于将控件输出写入页的 Response 属性的 OutputStream 中。

(8) 卸载

完全呈现页面并已将网页发送至客户端、准备丢弃该页后，将调用卸载。此时将卸载页属性(如 Response 和 Request)并执行清理。

ASP. NET 网页的处理过程如图 4-3 所示。

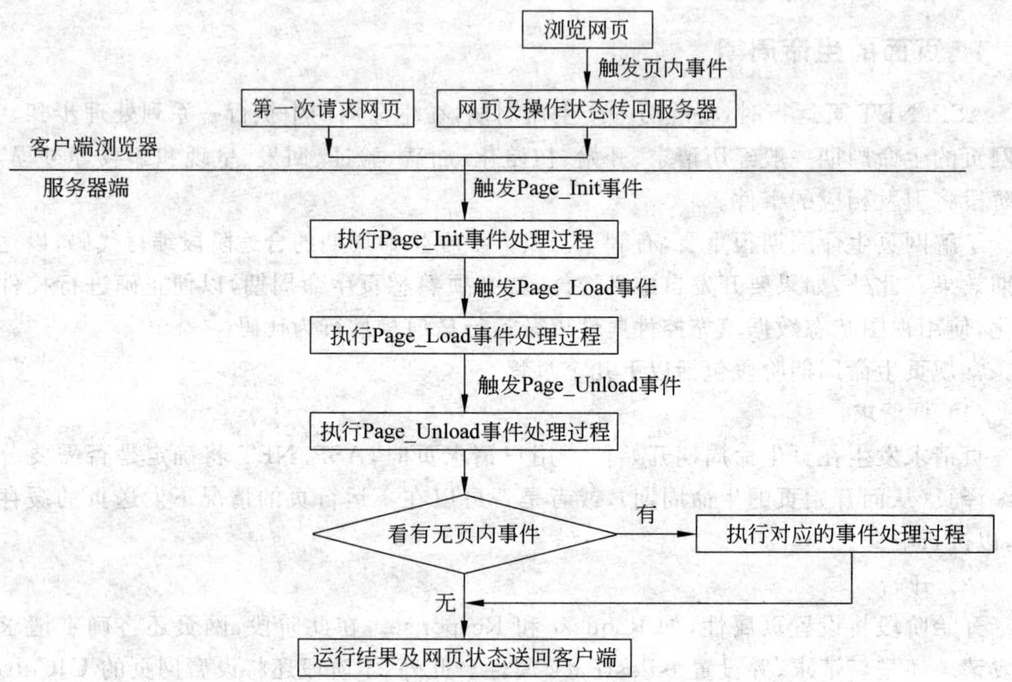

图 4-3　ASP. NET 网页的处理过程

2. 生命周期事件

页面生命周期的每个阶段将引发相应事件，如表 4-5 所示。

表 4-5　生命周期事件

页 事 件	典 型 使 用
PreInit	使用该事件执行下列操作： 检查 IsPostBack 属性，确定是不是第一次处理该页 创建或重新创建动态控件 动态设置主控页 动态设置 Theme 属性 读取或设置配置文件属性值
Init	在所有控件都已初始化且已应用所有外观设置后引发，使用该事件读取或初始化控件属性
InitComplete	由 Page 对象引发，使用该事件处理要求先完成所有初始化工作的任务

续表

页 事 件	典 型 使 用
PreLoad	如果需要在 Load 事件之前对页面或控件执行处理，请使用该事件 在 Page 引发该事件后，它会为自身和所有控件加载视图状态，然后会处理 Request 实例包括的任何回发数据
Load	Page 在 Page 上调用 OnLoad 事件方法，然后以递归方式对每个子控件执行相同操作，如此循环往复，直到加载完本页和所有控件为止 使用 OnLoad 事件方法设置控件中的属性，并建立数据库连接
控件事件	使用这些事件处理特定控件事件，如 Button 控件的 Click 事件或 TextBox 控件的 TextChanged 事件
LoadComplete	对需要加载页面上所有其他控件的任务使用该事件
PreRender	在该事件发生前： Page 对象会针对每个控件和页调用 EnsureChildControls 设置了 DataSourceID 属性的每个数据绑定控件会调用 DataBind 方法 页面上的每个控件都会发生 PreRender 事件，使用该事件对页或其控件的内容进行最后更改
SaveStateComplete	该事件发生前，已针对页面和所有控件保存了 ViewState。将忽略此时对页面或控件进行的任何更改 使用该事件执行满足以下条件的任务：要求已经保存了视图状态，但未对控件进行任何更改
Render	Render 不是事件；在处理的阶段，Page 对象会在每个控件上调用此方法。所有 ASP. NET Web 服务器控件都有一个用于写出发送给浏览器的控件标记的 Render 方法。 如果创建自定义控件，通常要重写此方法，以输出控件的标记。如果自定义控件只合并标准的 ASP. NET Web 服务器控件，不合并自定义标记，则不需要重写 Render 方法 用户控件(.ascx 文件)自动合并呈现，因此不需要在代码中显式呈现该控件
Unload	该事件首先针对每个控件发生，继而针对页面发生。在控件中，使用该事件对特定控件执行最后清理，如关闭控件特定数据库连接 对于页面自身，使用该事件执行最后清理工作。如关闭打开的文件和数据库连接，或完成日志记录或其他请求特定任务

4.3 Response 对象

Response 对象是将 ASP. NET 程序的执行结果送到浏览器上显示，而 Request 用来获取浏览器客户端上的相关信息，两者刚好相反。

Response 对象是 HttpResponse 类的一个实例，可以动态地响应客户端请求，并将动态生成的响应结果返回给客户端浏览器。Response 对象可以实现很多功能，如向客户端输出数据、跳转网页等。通过 HttpApplication、HttpContext、Page 和 UserControl 类的 Response 属性，可获得 Response 对象。

4.3.1 Response 对象的属性

Response 对象的主要属性如下。

(1) Buffer：获取或设置是否缓冲输出。

(2) ContentType：获取或设置输出流的 HTTP MIME 类型。

(3) Cookies：获取响应 Cookie 集合。

(4) Expires：获取或设置在浏览器上缓存的页面过期之前的分钟数。

(5) ExpiresAbsolute：获取或设置从缓存中移除缓存信息的绝对日期和时间。

(6) Headers：获取响应头的集合。

(7) Status：设置返回到客户端的 Status 栏。

4.3.2 Response 对象的方法

Response 对象的主要方法如下。

(1) void BinaryWrite(byte[] buffer)：将一个二进制字符串写入 HTTP 输出流。

(2) void Clear()：清除缓冲区流中的所有内容输出。

(3) void Close()：关闭到客户端的套接字连接。

(4) void End()：将当前所有缓冲的输出发送到客户端，停止该页的执行。

(5) void Flush()：向客户端发送当前所有缓冲的输出。

(6) void Redirect(String url)：将客户端重定向到新的 URL。

(7) void SetCookie(HttpCookie cookie)：更新 Cookie 集合中的一个现有 Cookie。

(8) void Write(String s)：将文本写入 HTTP 响应输出流。

(9) void WriteFile(string filename)：将指定文件直接写入 HTTP 响应输出流。

4.3.3 使用 Response 对象

1. Write 方法

利用该方法可以在客户端输出信息，效果和 Label 一样。在网页上输出内容，但输入位置在所有语句之前，位置无法控制。语法格式如下。

Response. Write(变量或字符串)；

例如：

```
Response.Write("<font face='黑体' size='5' color='red'>欢迎访问</font><br>");
//输出 HTML 标记,结果为黑体 5 号红色的"欢迎访问"
Response.Write(System.DateTime.Now)"<p>");    //输出变量当时的系统日期和段落标记
Response.Write("<a href='javascript: window.opener=null;window.close()'>关闭
窗口</a>");
//向浏览器输出含有 JavaScript 脚本的文字信息,结果为带有链接的"关闭窗口",单击链接,关
```

闭当前窗口

有时还会用到 ASP 语法，直接在 HTML 部分输出，但尽量少使用，下面简单介绍。

```
  <html>
  <body>
    <%
       Response.Write("<br>您好！再见");
    %>
</body>
</html>
```

可以看出，将语句用<%和%>括起来，等价的一种省略格式如下。

```
<html>
  <body>
    <%="<br>您好！再见" %>
  </body>
</html>
```

该省略方式必须在输出的每一个变量或字符串两端加<%=和%>。

2. 使用 Redirect 方法引导客户端至另一个 URL 位置

在实际开发中，比较常用的是 Redirect 方法，它用于将客户端重定向新的 URL。语法格式如下：

```
Response.Redirect(网址变量或字符串);
```

例如：

```
Response.Redirect("http://www.microsoft.com/gohere/look.htm"); //指向一个绝对 URL
Response.Redirect("1.aspx");                                   //指向一个相对 URL
url="http://www.zju.edu.cn";
Response.Redirect(url);
```

【例 4-3】 在登录页面中出现用户类型下拉列表框，能根据不同的用户进入不同的页面。

说明：在页面中拖入两个 Label、一个文本框和一个下拉列表框。下拉列表框的设置如图 4-4 所示。

选择“AutoPostBack”选项，在选择后马上完成页面的跳转，如果选择“教师”选项，则跳转到 “teacher.htm”页面，如果选择“学生”选项，则跳转到“student.htm”页面。注意：下拉列表框中成员的“Text”和“Value”是不同的。

双击 DropDownList，进入 DropDownList1_SelectedIndexChanged 事件，进行代码的编辑。程序 4-3.aspx 的代码清单如下所示。

```
<%@Page Language="C#" %>
```

```
<!DOCTYPE html PUBLIC "-//W3C//DTD XHTML 1.0 Transitional//EN" "http: //www.w3.
org/TR/xhtml1/DTD/xhtml1-transitional.dtd">
<script runat="server">
  protected void DropDownList1_SelectedIndexChanged(object sender, EventArgs e)
  {
    if (DropDownList1.SelectedItem.Value =="teacher") {
      Response.Redirect("teacher.htm");
    }
    else if (DropDownList1.SelectedItem.Text=="学生"){
      Response.Redirect("student.htm");
    }
  }
</script>
<html xmlns="http: //www.w3.org/1999/xhtml">
<head runat="server">
  <title>无标题页</title>
</head>
<body>
  <form id="form1" runat="server">
  <div>
  请输入用户名:<asp: TextBox ID="TextBox1" runat="server"></asp: TextBox><br/>
  请选择用户类型:<asp: DropDownList ID="DropDownList1" runat="server"
  AutoPostBack="True"
      onselectedindexchanged="DropDownList1_SelectedIndexChanged">
      <asp: ListItem>请选择</asp: ListItem>
      <asp: ListItem Value="teacher">教师</asp: ListItem>
      <asp: ListItem Value="student">学生</asp: ListItem>
    </asp: DropDownList>
  </div>
  </form>
</body>
</html>
```

图 4-4 DropDownList 成员属性设置图

程序运行界面如图 4-5 所示。

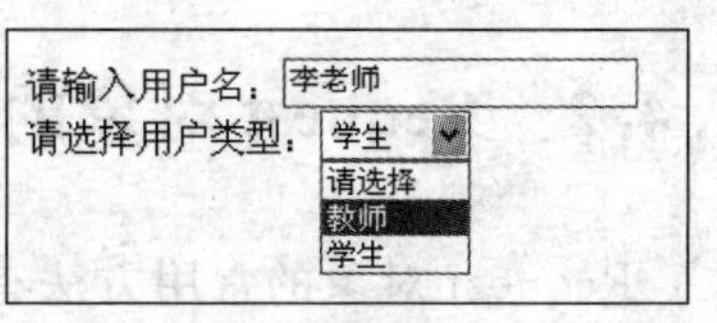

图 4-5　重定向语句运行结果图

3. 使用 End 方法

使用 End 方法终止 ASP. NET 程序，不再执行其后面的语句。

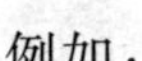

例如：

```
Response.Write("您好!");
Response.End();
Response.Write("再见");
```

页面中只显示“您好!”，而不会输出“再见”。

4.4　Request 对象

Request 对象使 ASP. NET 能够读取客户端在 Web 请求期间发送的 HTTP 值，检索客户端浏览器传递给服务器的信息，即获取来自浏览器的信息。Request 对象是 HttpRequest 类的一个实例，如获取客户存储的 Cookies 信息，获取 URL 串中参数的值等。通过 HttpApplication、HttpContext、Page 和 UserControl 类的 Request 属性，可获得 Request 对象。

4.4.1　Request 对象的属性

Request 对象的主要属性如下。

(1) AcceptTypes：获取客户端支持的 MIME 接受类型的字符串数组。

(2) ApplicationPath：获取服务器上 ASP. NET 应用程序的虚拟应用程序根路径。

(3) Browser：获取或设置有关正在请求的客户端浏览器功能的信息。

(4) Cookies：获取客户端发送的 Cookie 集合。

(5) Form：获取表单变量集合。在 ASP 中，Request. Form 经常用来获取表单中的数据，在 ASP. NET 中，因为使用了面向对象的设计方法，这个属性不常用了。

(6) Headers：获取 HTTP 头集合。

(7) InputStream：获取传入的 HTTP 主体内容的输入流。

(8) Path：获取当前请求的虚拟路径。

(9) PhysicalPath：获取与请求 URL 相对应的物理文件系统路径。

(10) QueryString：获取 HTTP 查询字符串变量集合。

(11) ServerVariables：获取 Web 服务器变量的集合。

(12) Url：获取有关当前请求的 URL 的信息。

4.4.2 Request 对象的常用方法

Request 对象的常用方法有两个：

(1) byte[] BinaryRead(int count)：执行对当前输入流进行指定字节数的二进制读取。

(2) void SaveAs(string filename, bool includeHeaders)：将 HTTP 请求保存到磁盘。

Request 的主要用途是获得用户提交的数据。类似于如下代码所示。

```
string id=Request.QueryString["ID"];              //获得以 GET 方式提交的数据
string name=Request.Form["name"];                 //获得以 POST 方式提交的数据
```

4.4.3 使用 Request 对象

1. 使用 QueryString 属性

QueryString 属性用于获取来自请求 URL 地址中"?"后面的数据，这些数据称为"查询字符串"，通常用来在不同网页之间传送数据。"?"后面可以有多个变量参数，参数之间用 & 连接，并且 & 前后不用空格。

【例 4-4】 通过 4-4.aspx 和 4-5.aspx 两个页面的设计来说明如何使用 QueryString 属性。

程序 4-4.aspx 的静态部分代码如下。

```
    <body>
    <form id="form1" runat="server">
    <div>
    <a href="4-5.aspx?username=李明 &age=20">哈尔滨学院</a>
    </div>
    </form>
</body>
```

程序 4-5.aspx 的设计步骤如下。

在设计视图状态下拖放一个 Label 控件到页面上，并将其 ID 改为 message。

程序 4-5.aspx 的代码清单如下。

```
protected void Page_Load(object sender, EventArgs e)
{
string user_name;
int age;
user_name=Request.QueryString["username"];                //获取用户名
age=Convert.ToInt16(Request.QueryString["age"]);          //获取年龄
```

```
message.Text=user_name+"您好";
message.Text=message.Text+",您的年龄是"+age.ToString();
    }
```

说明：浏览 4-4.aspx 的页面时，会看到带有链接的文字“哈尔滨学院”，单击链接，跳转到 4-5.aspx 页面，同时传递过去 2 个变量：user_name 和 age，user_name 的值为“李明”，age 的值为“20”。在 4-5.aspx 程序中，用 Request.QueryString["变量名"]的方法获得了 2 个变量的值，并且显示在页面上。

2. 使用 UserHostAddress 属性

UserHostAddress 属性用于返回用户的 IP 地址。

【例 4-5】 使用 UserHostAddress 属性判断用户的 IP 地址，根据用户所属网段的不同，将请求分流到不同的服务器。

程序 4-6.aspx 的代码清单如下。

```
protected void Page_Load(object sender, EventArgs e)
    {
       string strUserIp=Request.UserHostAddress;
       if (strUserIp.IndexOf("192.168.0.", 0) ==0)
       {
           Response.Redirect("http: //192.168.0.1");
       }
       else if (strUserIp.IndexOf("192.168.1.", 0) ==0)
       {
           Response.Redirect("http: //192.168.0.2");
       }
       else
       {
           Response.Redirect("http: //192.168.0.3");
       }
    }
```

说明：Request.UserHostAddress 和 Request.ServerVariables("REMOTE_ADDR")等效，它们的功能是获得浏览者的 IP 地址，Request 的 ServerVariables 属性用来取得服务器端环境变量的信息。

3. Browser 属性

Browser 属性方便地获取浏览器的特性，如类型、版本、是否支持背景音乐等。

Browser 属性集的常用成员如表 4-6 所示。

表 4-6　Browser 属性集的常用成员

子属性名	说　明	子属性名	说　明
Type	返回客户端浏览器名称版本	Frames	是否支持框架功能
Browser	返回客户端浏览器的类型	Cookies	是否支持 Cookies
Version	浏览器版本名称	BackgroundSounds	是否支持背景音乐
MajorVersion	浏览器主版本号	JavaScript	是否支持 JavaScript
MinorVersion	浏览器次版本号	JavaApplets	是否支持 JavaApplets
Platform	操作系统名称	ActiveXControls	是否支持 ActiveXControls 控件

【例 4-6】 获取客户端的一些特性。

程序 4-7.aspx 的代码清单如下。

```
protected void Page_Load(object sender, EventArgs e)
{
    string strMessage;
    strMessage="浏览器类型: "+Request.Browser.Browser;
    strMessage+="<br>浏览器版本: "+Request.Browser.Version;
    strMessage+="<br>支持 Cookies 否: "+Request.Browser.Cookies;
    strMessage+="<br>支持背景音乐否: "+Request.Browser.BackgroundSounds;
    message.Text=strMessage;// message 是 Label
}
```

程序运行结果如图 4-6 所示。

浏览器类型：IE
浏览器版本：7.0
支持Cookies否：True
支持背景音乐否：True

图 4-6　程序运行结果

4.5　Cookie 对象

很多网站能记住客户端的访问次数。要记住访问次数可以有多种方法，其中利用 Cookie 是一种可以在客户端保存信息的方法。

4.5.1　Cookie 对象简介

Cookie 对象由 System.Web.HttpCookie 类来实现，是服务器端发送到客户端浏览器的文本串句柄，保存在用户的硬盘上，一般在 Windows 文件夹临时文件夹下的 Cookies 文件夹里。

每个网站都可以有自己的 Cookie，可以随时读取，但只能读取自己的 Cookie。当用户第一次访问一个网站时，它可能将有关信息保存在用户计算机硬盘的 Cookies 里，下一次再访问网站时，它就会读取用户计算机上的 Cookies，并将新的信息保存在用户的计算机上。

HttpCookie 对象是利用 Response 对象的 Cookies 方法设置 Cookies，利用 Request 对象的 Cookies 获取方法来获取 Cookies 的值。

4.5.2 利用 Response 对象设置 Cookies

可以使用 Response 对象的 Cookies 方法设置 Cookies，语法如下。

```
Response.Cookies["CookiesName"][关键字]|.属性= 字符串
```

CookiesName、关键字、属性的用法如表 4-7 所示。

表 4-7 Response 对象的 Cookies 方法参数

参数	说明
CookiesName	Cookie 变量名称
关键字	若指定了 key，则该 Cookie 就是一个集合，它包含几个关键字，可以分别赋值
属性	Value 可读写，设置该 Cookie 的值 Expires 可写，指定该 Cookie 到期的时间 Domain 可写，指定 Cookie 仅送到该网域 Path 只写，指定 Cookie 仅送到该路径 Secure 只写，设置 Cookie 的安全性

使用 Response 对象设置 Cookies 时，如果该 Cookie 不存在，就会自动建立一个；如果存在，就覆盖原数据。同时要注意，设置 Cookies 时必须使用 Expires 属性设置有效期，否则关闭浏览器或会话超时时，该 Cookie 就失效了。

设置方式如下所示。

```
Response.Cookies["vNumber13"].Expires=Convert.ToDateTime("2013/3/15");
```

举例说明如下：

(1) 设置不含关键字的 Cookie

```
Response.Cookies("user_name").Value="高航"
```

(2) 设置含关键字的 Cookie

```
Response.Cookies("user")("name")="高航"
Response.Cookies("user ")("age")=22
```

(3) 设置 Cookie 的有效期

```
Response.Cookies("user_name").Expires=#1/1/2008#
```

4.5.3 使用 Request 对象读取 Cookie

使用 Request 对象读取 Cookie,语法格如下。

```
Request.Cookies["cookiesname"].[(关键字)|.属性]
```

各参数的用法如表 4-8 所示。

表 4-8 Request 对象的 Cookies 方法参数

参数	说明
CookiesName	Cookie 变量名称
关键字	可选参数,用于从 Cookie 集合中检索子关键字的值
属性	Value 可读写,获取该 Cookie 的值 HasKeys 只读,判断 Cookie 是否包含关键字,true 表示包含,false 表示不包含

注意如何删除已存在的 Cookie 对象,一般是通过调整有效期(至少往前调整一天)。例如:

```
Response.Cookies["user_name"].Expires=DateTime.Now.AddDays(- 5)
```

举例说明如下。

(1) 省略关键字的用法

```
user_name=Request.Cookies("user_name").Value
```

(2) 有关键字的用法

```
user_name=Request.Cookies("user")("name")
age=Request.Cookies("user")("age")
```

(3) 判断 Cookies 关键字数目

```
result=Request.Cookies("CookiesName").Haskeys
```

【例 4-7】 显示用户第几次登录本网站。

程序 4-8.aspx 的代码清单如下。

```
protected void Page_Load(object sender, EventArgs e)
  {
    int vNumber;                       //定义一个访问次数变量
    if (Request.Cookies["Number"]==null)
    {                                  //如果是第 1 次访问,就令访问次数为 1
       vNumber=1;
    }
    else
    {                                  //如果不是第 1 次访问,就令访问次数在原有次数上加 1
```

```
    vNumber =Convert.ToInt32(Request.Cookies["Number"].Value)+1;
    }                                  //将新的访问次数保存到 Cookies 中
    Response.Cookies["Number"].Value=vNumber.ToString();
    Response.Cookies["Number"].Expires=DateTime.Now.AddYears(1);//设置有效期为 1 年后
    Label1.Text="您是第"+vNumber+"次访问本站";              //label1 为 Label 控件
  }
```

程序运行结果如图 4-7 所示。

图 4-7　程序 4-8.aspx 运行结果

4.6　Session 对象

设计网站时,利用超链接可以很方便地从一个页面跳转到另一个页面,但这也带来一个问题,怎么记载客户的信息呢? 比如,用户在首页输入了用户名和密码,在其他页面还需要用到用户名,甚至以用户名作为能够合法浏览的验证,那么用什么方法记住用户名呢?

前面讲到使用 Request.QueryString 的方法一页一页传递过去,但它的缺点是比较麻烦。

这里将了解另一种方法,利用 Session 对象。

简单来说,Session 就是服务器给客户端的一个编号。

4.6.1　Session 对象简介

当用户请求一个 ASP.NET 页面时,系统将自动创建一个 Session(会话),退出应用程序或关闭服务器时,该会话撤销。系统创建会话时,将为其分配一个长的字符串(SessionID)标识,以便对会话进行管理和跟踪。SessionID 具有随机性和唯一性,保证会话不会冲突,也不会被怀有恶意的人利用新 SessionID 推算出现有会话的 SessionID。

通常情况下,SessionID 存放在客户端的 Cookies 内。通过配置应用程序,可以在客户端不支持 Cookies 时将 SessionID 嵌套在 URL 中,服务器可以通过请求 URL 获取 SessionID 值。

既使该客户从一个页面跳转到另一个页面,该 Session 信息仍然存在,客户在该网站的任何一个页面都可以存取 Session 信息。

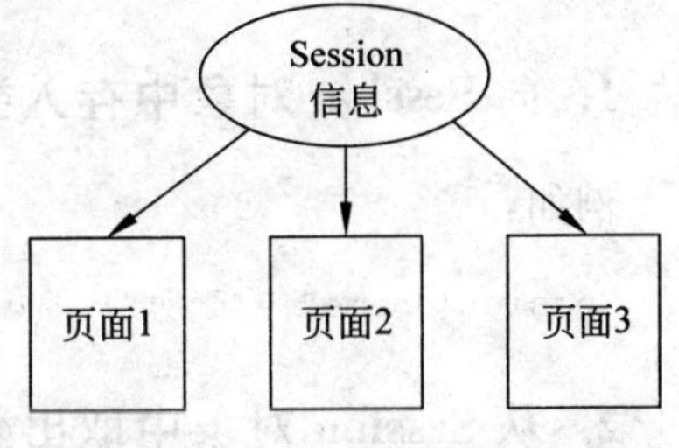

图 4-8　Session 对象示意图

Session 对象示意图如图 4-8 所示。

4.6.2 Session 对象的属性及方法

Session 对象常用属性如表 4-9 所示。

表 4-9 Session 对象的属性

属性名	说明
IsCookieless	获取一个布尔值,表示该 SessionID 存放在 Cookies 还是嵌套在 URL 中,True 表示嵌套在 URL 中
SessionID	获取唯一标识 Session 的 ID 值,语法为 Session. SessionID
Timeout	获取或设置 Session 对象的有效时间,默认为 20 分钟,语法 Session. Timeout

Session 对象的常用方法如表 4-10 所示。

表 4-10 Session 对象的常用方法

方法名称	说明
Abandon()	清除 Session 对象,取消当前会话,例如"注销",语法为 Session. Abandon()
Clear()	从会话状态集合中移除所有的键和值

Session 对象有以下两个事件。

(1) Start 事件:创建会话时发生。

(2) End 事件:会话结束时发生。

需要说明的是,当用户在客户端直接关闭浏览器退出 Web 应用程序时,并不会触发 Session_End 事件,因为关闭浏览器的行为是一种典型的客户端行为,是不会被通知到服务器端的。Session_End 事件只有在服务器重新启动、用户调用了 Session. Abandon()方法或未执行任何操作达到了 Session. Timeout 设置的值(超时)时,才会被触发。

4.6.3 使用 Session 存储信息

利用 Session 存储信息很简单,可以把变量或字符串等信息保存在 Session 中。

语法格式如下。

```
Session["Session 名字"]=变量、常量、字符串、表达式等
```

1. 向 Session 对象中存入数据

例如:

```
Session["name"]="李明";
```

2. 从 Session 对象中取出数据

在一个网页中设置了 Session 后,在其他任何页面中,就可以从 Session 对象中取出

数据。

例如：

```
string name=Session["name"];
```

下面的语句表示了当目标页面(同一页面或不同页面)装入时,如何从 Session 对象中取出数据的方法。

3. 安全性的应用

很多网站为了让客户必须在首页先登录再访问别的页面,通常在其他页面的 Page_Load 事件加上如下一段语句。

```
if(Session["name"]==null) {
    Response.Redirect("index.aspx");
}
```

如果用户在首页登录,就会用 Session["name"]命令将数值送入 Session 中的 name 名字中,在这个页面中判断 Session["name"]不为空,就可以访问页面了。如果用户没有在首页登录,则 Session["name"]为空,那么就将用户客户端重新引导至首页,不允许用户访问网页。这样就增加了网页的安全性,所以 Session["name"]很有实用意义。

4.6.4 Timeout 属性

Session 对象不是一直有效的。客户端每打开一个新浏览器窗口,就会创建一个 Session 对象,如果超出了有效期,没有服务器交互或者关闭了浏览器,则该 Session 对象就会自动结束。

Session 对象的有效期默认为 20 分钟,可以通过 Timeout 属性修改有效期。

语法如下：

```
Session.Timeout=90
```

这样就将 Session 对象的有效期修改为 90 分钟。

很多时候需要修改有效期,如在网上考试时,考生打开试卷后 90 分钟才提交试卷,这样就修改有效期为 90 分钟,以免因为在考试期间 Session 对象失效而使考试无法提交。

使用 Session 对象时经常会发生错误,比如丢失了用户名等信息,就是因为有效期的问题。

4.6.5 Session 对象实例练习

【例 4-8】 设计一个登录页面,判断用户名是否正确。如果正确,则将用户名写入 Session 对象,并跳转到欢迎页。在欢迎页面显示用户,并提供注销功能。

分析：在“登录”页面 4-9.aspx 中拖入两个 TextBox,其中一个是用户名,一个是密码;一个按钮,用来提交用户名和密码。在“欢迎”页面 4-10. aspx 中拖入一个 Label、一个按钮。Label 用来显示从“登录”页面 4-9. aspx 上传的 Session 对象中提取的数据,按钮用来注销用户名。

程序 4-9. aspx 的代码清单如下。

```
protected void Button1_Click(object sender, EventArgs e)
  {
    if (TextBox1.Text=="李明" && TextBox2.Text=="123")
    {
        Session["name"]=TextBox1.Text;
        Response.Redirect("4-10.aspx");
    }
    else
    {
        Label3.Text="用户名错误";
    }
  }
```

程序 4-10. aspx 的代码清单如下。

```
protected void Page_Load(object sender, EventArgs e)
  {
    if (Session["name"]==null)
    {
        Response.Redirect("4-9.aspx");
    }
    else
    {
        string name=Session["name"].ToString();
        Label1.Text="欢迎光临,"+name;
    }
  }
  protected void Button1_Click(object sender, EventArgs e)
  {
    Session.Abandon();
  }
```

说明:当在“欢迎”页面 4-10. aspx 中单击“注销”按钮后,刷新页面,因为使用了 Session. Abandon()方法,Session 已被清空,则在 Page_Load 事件中进行判断,页面自动跳转到“登录”页面 4-9. aspx。

程序 4-9. aspx 和 4-10. aspx 的运行结果如图 4-9 所示。

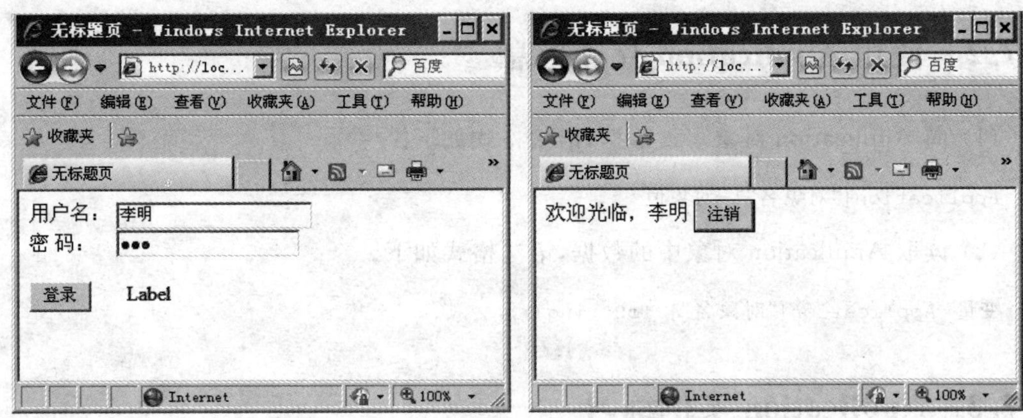

图 4-9 运行结果图

4.7 Application 对象

4.7.1 Application 简介

Application 对象和 Session 对象都可在服务器端保存数据或对象，使用方法和常用属性、事件、方法也基本相同。但 Application 对象中保存的信息为所有来访的客户端浏览器共享，而 Session 对象保存的数据仅为特定的来访者使用。

例如，在北京的 A 用户和在上海的 B 用户同时访问某一服务器，若 A 修改了 Application 对象中存放的信息，B 用户刷新页面后就会看到修改后的内容；但若 A 修改了 Session 对象中存放的数据，B 用户是感觉不到的。此时只有 A 可以看到和使用自己的 Session 对象数据，也就是说 Session 对象中存放的是专用信息，B 也是如此。

典型应用：当前在线人数、聊天室。

Application 对象方法有下面两个。

(1) Lock：锁定 Application 对象。

(2) UnLock：解除锁定

注意：如果正好两个客户同时更改一个 Application 对象的值，怎么办？可以利用 Lock 方法，先将 Application 对象锁定，以防其他客户更改，然后再利用 UnLock 解除锁定，当然，读取 Application 对象时就不必了。

Application 对象的常用事件有如下两个。

(1) Start 事件：该事件在应用程序启动时被触发。

(2) End 事件：Application_End 事件在应用程序结束时被触发，即 Web 服务器关闭或重新启动时被触发。

4.7.2 使用 Application 存储信息

(1) 向 Application 对象写入数据,语法格式如下。

```
Application["对象名"]=对象值
```

(2) 读取 Application 对象中的数据,语法格式如下。

```
变量=Application["对象名"].ToString();
```

4.7.3 Application 实例练习

【例 4-9】 简单聊天室的设计。

(1) 框架网页主文件 4-11.aspx 的代码清单 HTML 部分如下。

```
<html xmlns="http: //www.w3.org/1999/xhtml">
<head runat="server">
    <title>无标题页</title>
</head>
<frameset rows="*,80">
    <frame name="message" src="4-13.aspx">
    <frame name="say" src="4-12.aspx">
</frameset>
</html>
```

(2) 保存发言信息的程序 4-12.aspx 的代码清单如下。

```
protected void Enter_Click(object sender, EventArgs e)
{
    Application.Lock();
    Application["show"]=pronunciation.Text+"<br>"+Application["show"];
    Application.UnLock();
    pronunciation.Text="";                    //将发言框清空
}
```

(3) 读取发言信息的程序 4-13.aspx 的程序清单如下。

```
<%@Page Language="C#" %>
…
<script runat="server">
  protected void Page_Load(object sender, EventArgs e)
  {
```

```
    if (Application["show"]!=null)
  message.Text=Application["show"].ToString();          //获取 Application 信息
 }
</script>

<html xmlns="http: //www.w3.org/1999/xhtml">
<head id="Head1" runat="server">
    <title>无标题页</title>
    <meta http-equiv="refresh" content="5"/>
</head>
<body>
    <form id="form1" runat="server">
    <div>
      <asp: label id="message" runat="server"/>
    </div>
    </form>
</body>
</html>
```

说明：

(1) Application["show"] = pronunciation. Text + "<br>" + Application["show"]把新发言内容加到旧的内容前面，并且用
换行，然后将之保存回 Application["show"]。请思考如果控制发言内容的字体、颜色和字号大小等数据，如何设置，如果显示发言时间，如何写这行代码。

(2) 程序 4-13. aspx 的 HTML 部分有一句 <meta http-equiv="refresh" content="5"/>，它使页面每隔 5 秒钟自动刷新一次，刷新的目的是不断显示最新的发言内容。

聊天室程序运行结果如图 4-10 所示。

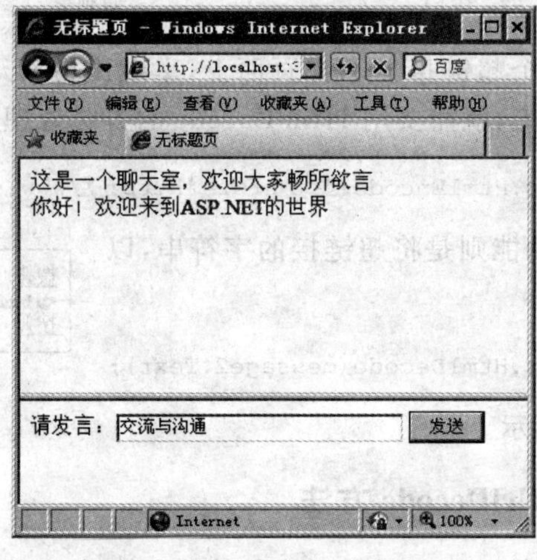

图 4-10　聊天室程序运行结果

4.8 Server 对象

Server 对象由 System. Web. HttpServerUtility 类实现，是为了处理服务器上的特定任务而设计。它提供了访问服务器的属性和方法，主要用来创建 COM 对象和 Scripting 组件，转化数据格式、管理其他页的执行。

4.8.1 Server 对象的属性

Server 对象的常用属性如下。

(1) MachineName 属性：该属性用于获取服务器计算机的名称。

(2) ScriptTimeout 属性：该属性用于获取或设置请求超时的时间(秒)，规定了脚本的最长执行时间，超过时间就停止执行脚本，默认为 90s。

4.8.2 Server 对象的方法

Server 对象的常用方法如下。

1. HtmlEncode 与 HtmlDecode 方法

HtmlEncode：该方法用来转化字符串，将字符串的 HTML 标记字符转化为字符实体，如将＜转化为 <，将＞转化为 >。

例如：进行考试时，想在页面中显示"<a href＝'http: //www. sohu. com'>搜狐</a>"这个字符串，如果直接输入，如下所示，

```
message1.Text="<a href='http: //www.sohu.com'>搜狐</a>";
```

浏览器会将其作为一个超链接显示在页面上，呈现出带有下划线的“搜狐”两个字。如果想完整显示这个字符串，就需要用 HtmlEncode 的方法处理这个字符串。

```
message2.Text=Server.HtmlEncode("<a href='http: //www.sohu.com'>搜狐</a>");
```

HtmlDecode 方法的功能则是将超链接的字符串，以超链接方式显示出来。

```
message3.Text=Server.HtmlDecode(message2.Text);
```

搜狐
<a href='http://www.sohu.com'>搜狐</a>
搜狐

图 4-11 运行结果

运行结果如图 4-11 所示。

2. URLEncode 与 UrlDecode 方法

URLEncode 用来转化字符串，可以将其中的特殊字符，如空格转化为相应的 URL 编码“＋”。使用该方法的原因有以下两个。

(1) 目前的操作系统允许文件名有空格等特殊字符，如使用IE浏览器就没有问题，因为浏览器会自动转化。但其他浏览器不一定支持空格，此时就要使用该方法进行转化。

(2) 使用Request对象的QueryString方法获取标识在后面的参数时，参数可能带有空格等特殊字符，如<a href="11.aspx? username=王 丽">。IE浏览器一般能够正确识别，其他浏览器可能无法识别空格后面的字符，会将username的值认为是"王"。这时就需要用该方法转化。<a href="11.aspx? username=<%=Server.UrlEncode("王 丽")%>">。在4-11.aspx中利用Server.UrlDecode(Request.QueryString["username"])进行解码。

3. MapPath方法

MapPath方法将虚拟路径转成物理路径。访问Access数据库文件时必须使用物理路径。

例如：

```
message.Text=Server.MapPath("4-11.aspx");
```

运行的结果为：

```
D: \aspx\4\4-11.aspx
```

4. Execute和Transfer方法

Execute停止执行当前网页，转到新的网页执行，执行完毕后返回原网页，继续执行Eecute方法后面的语句。

Transfer方法停止执行当前网页，转到新的网页执行，但执行完后不返回原网页。

Execute和Transfer方法都是在服务器端执行，客户端浏览器并不知道已进行一次页面跳转，其地址栏中的URL仍然是原页面的数据，这一点与Response对象的Redirect方法实现的页面跳转是有所不同的。

【例4-10】 Execute方法的使用。

(1) 程序4-14.aspx的代码如下。

```
<body>
    <form id="form1" runat="server">
    <div>
    欢迎光临我的主页
<%
      Server.Execute("4-15.aspx");
%>
<p>谢谢，再见

    </div>
    </form>
</body>
```

(2) 程序 4-15.aspx 的代码如下。

```
<body>
    <form id="form1" runat="server">
    <div>
    <p>敬请提出宝贵意见
    </div>
    </form>
    </body>
```

程序运行结果如图 4-12 所示。

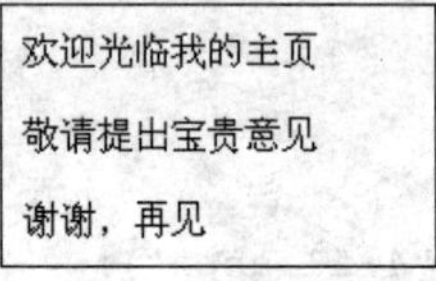

图 4-12　程序运行结果

4.9　综合设计

【例 4-11】　使用 Application 对象和 Session 对象，结合全局配置文件 Global.asax 和站点配置文件 Web.config，设计一个能统计当前在线人数的 Web 应用程序。程序运行时显示如图 4-13 所示的页面，当有新用户打开网页，或有用户退出时，页面中在线人数能自动更新。

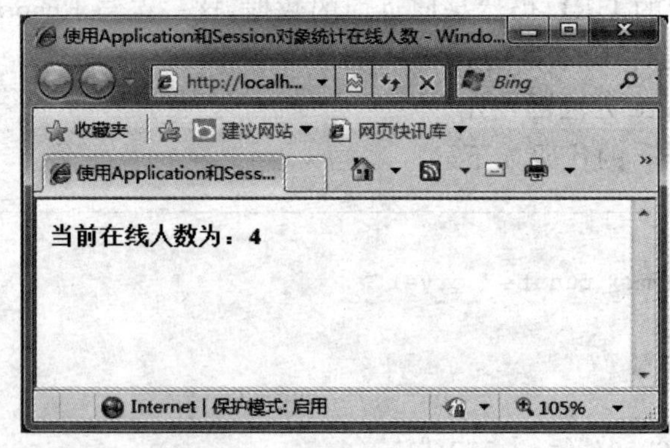

图 4-13　在线人数运行结果

【操作步骤】

(1) 编写全局配置文件

网站的全局文件 Global.asax 是一个可选文件，创建站点时系统并未自动生成该文件。创建站点后，用户可在"解决方案资源管理器"中右击项目名称，在弹出的快捷菜单中执行“添加新项”命令，在弹出的对话框中选择“全局应用程序类”模板后单击“添加”按钮。

Global.asax文件的作用是充分发挥Application对象和Session对象的作用，每个站点只能有一个Global.asax文件，且必须存放在站点根目录下。

Global.asax文件的代码如下。

```
<%@Application Language="C#" %>
<script runat="server">
    void Application_Start(object sender, EventArgs e)
    {
      // 在应用程序启动时运行的代码
      Application["online"]=0;
    }

    void Application_End(object sender, EventArgs e)
    {
      //应用程序关闭时运行的代码
    }
    void Application_Error(object sender, EventArgs e)
    {
      //出现未处理的错误时运行的代码
    }
    void Session_Start(object sender, EventArgs e)
    {
      //新会话启动时运行的代码

      Application.Lock();
      int iNum=(int)Application["online"]+1;
      Application.Set("online",iNum);
      Application.UnLock();
    }
    void Session_End(object sender, EventArgs e)
    {
      //会话结束时运行的代码。
      //注意：只有在 Web.config 文件中的 sessionstate 模式设置为
      //InProc 时，才会引发 Session_End 事件。如果会话模式设置为 StateServer
      //或 SQLServer，则不会引发该事件。
      Application.Lock();
      int iNum=(int)Application["online"]-1;
      Application.Set("online",iNum);
      Application.UnLock();
    }
      </script>
```

(2) 修改网站配置文件

在"解决方案资源管理器"窗口中打开 Web.config 文件，在<system.web>标记和</system.web>标记之间添加如下配置语句：

```
<sessionState mode="InProc" timeout="1" cookieless="false"/>
```

该配置表示设置 session 的模式为 InProc(在进程中)，超时时间为 1min；SessionID 值写入客户端 Cookie，而不是 URL 中。

(3) 编写程序 4-16.aspx。

程序 4-16.aspx 的代码清单如下。

```
protected void Page_Load(object sender, EventArgs e)
    {
      this.Title="使用 Application 和 Session 对象统计在线人数";
      Response.Write("<b>当前在线人数为："+Application["online"]+"</b>");
      Response.AddHeader("Refresh", "30");
    }
```

习　题　4

4.1　问答题

1. Page 对象的 IsPostBack 属性的功能是什么？

2. <%= "
您好！再见" %>表示什么意思？

3. Response.Redirect 的功能是什么？

4. 说明 Redirect 方法、Execute 方法、Transfer 方法、超链接之间的联系与区别。

5. 说明 Session 对象和 Application 对象各自的作用和主要区别。

6. 说明<a href="4－5.aspx? username＝李明 &age＝20">哈尔滨学院</a>语句的功能。

7. 如果要在页面输入 HTML 语句，应该用 Server 对象的什么方法？

8. Session 对象和 Application 对象的有效期默认各为多少？

9. 说明 Server.MapPath 的用法。

4.2　实验题

1. 开发一个页面，显示来访者的 IP。如果是以"210.180"开头，则显示欢迎信息，跳转到欢迎页面，否则显示"非法用户"，中止程序运行。

2. 开发一个页面，当用户第一次访问时，需要在线注册姓名、性别等信息，然后把信息保存到 Cookies 中，下次再访问时，则自动显示"＊＊，你好，欢迎你，你是第＊次光临本站"。

3. 编写一个聊天室程序。在聊天室首页设计一个登录框。

(1) 如果是第一次访问，则跳转到注册页面。再次访问时，输入的用户名和密码要和Cookies中的信息匹配，如果合法，进入聊天室。在聊天室中，显示发言人的用户名、发言的时间。

(2) 设置字体、字号、颜色的选项，由用户定义发言的颜色和字体字号。

(3) 显示在线人数和访问量。

第5章

数据库基础知识

主要内容：

- 了解数据库的基础知识
- 掌握 SQL 基本语句，会使用表的查询，利用 SQL 建立查询
- 掌握 Access 数据库的建立和使用方法
- 了解 SQL Server 2005 数据库的建立和使用方法

5.1 数据库基本概念

5.1.1 数据库管理技术的发展

数据库技术是现代信息科学与技术的重要组成部分，是计算机数据处理与信息管理系统的核心。数据库技术研究和解决了计算机信息处理过程中大量数据有效地组织和存储的问题，在数据库系统中减少数据存储冗余、实现数据共享、保障数据安全以及高效地检索数据和处理数据。

数据管理技术是对数据进行分类、组织、编码、输入、存储、检索、维护和输出的技术。从数据管理的角度看，数据库技术到目前共经历了人工管理阶段、文件系统阶段和数据库系统三个阶段。

1. 人工管理阶段

20 世纪 50 年代以前，计算机主要用于数值计算。从当时的硬件看，外存只有纸带、卡片和磁带，没有直接存取设备；从软件看(实际当时还未形成软件的整体概念)，没有操作系统以及管理数据的软件；从数据看，数据量小，数据无结构，由用户直接管理，而且数据间缺乏逻辑组织，数据依赖于特定的应用程序，缺乏独立性。

这一时期，数据库管理技术的特点如下。

数据的管理者：人；

数据面向的对象：某一应用程序；

数据的共享程度：无共享，冗余度极大；

数据的独立性：不独立，完全依赖于程序；

数据的结构化：无结构数据控制能力，应用程序自己控制。

2. 文件系统阶段

20 世纪 50 年代后期到 60 年代中期，出现了磁鼓、磁盘等数据存储设备。新的数据处理系统迅速发展起来，它把计算机中的数据组织成相互独立的数据文件，系统可以按照文件的名称对其进行访问，对文件中的记录进行存取，并可以实现对文件的修改、插入和删除，这就是文件系统。文件系统实现了记录内的结构化，即给出了记录内各种数据间的关系。但是，文件从整体来看却是无结构的，其数据面向特定的应用程序，因此数据共享性、独立性差，且冗余度大，管理和维护的代价也很大。

这一时期，数据库管理技术的特点如下：

数据的管理者：文件系统；

数据面向的对象：某一应用程序；

数据的共享程度：共享性差，冗余度大；

数据的独立性：独立性差数据的结构化即记录内有结构，整体无结构；

数据控制能力：应用程序自己控制。

3. 数据库系统阶段

20 世纪 60 年代后期，出现了数据库这样的数据管理技术。数据库的特点是数据不再只针对某一特定应用，而是面向全组织，具有整体的结构性，共享性高，冗余度小，具有一定的程序与数据间的独立性，并且对数据进行了统一的控制。

这一时期，数据库管理技术的特点如下：

数据的管理者：数据库管理系统；

数据面向的对象：整个应用系统；

数据的共享程度：共享性高，冗余度小；

数据的独立性：具有高度的物理独立性和逻辑独立性；

数据的结构化：整体结构化，用数据模型描述；

数据控制能力：由数据库管理系统提供数据安全性、完整性、并发控制和恢复能力。

5.1.2 数据模型

1. 数据模型的概念及要素

数据模型是现实世界在数据库中的抽象，也是数据库系统的核心和基础。数据模型通常包括以下 3 个要素。

(1) 数据结构。数据结构主要用于描述数据的静态特征，包括数据的结构和数据间的联系。

(2) 数据操作。数据操作是指在数据库中能够进行的查询、修改、删除现有数据或增加新数据的各种数据访问方式，并且包括数据访问相关的规则。

(3) 数据完整性约束。数据完整性约束由一组完整性规则组成。

2. 常用的数据模型

数据库理论领域中最常见的数据模型主要有层次模型、网状模型和关系模型3种。

(1) 层次模型(Hierarchical Model)。层次模型使用树形结构表示数据及数据之间的联系。

(2) 网状模型(Network Model)。网状模型使用网状结构表示数据及数据间的联系。

(3) 关系模型(Relational Model)。关系模型是一种理论最成熟、应用最广泛的数据模型。在关系模型中，数据存放在一种称为二维表的逻辑单元中，整个数据库又是由若干个相互关联的二维表组成。

3. 常用的数据模型

目前，已经有一些流行的、比较成熟的软件产品，能够很好地支持关系型数据模型，这些产品也因此称为关系型数据库管理系统(Relational DataBase Management System, RDBMS)。例如，微软公司的 Microsoft Access 和 MS-SQL Server、Sybase 公司的 Sybase、甲骨文公司的 Oracle 以及 IBM 公司的 DB2。其中，Microsoft Access 是一个中小型数据库管理系统，适用于一般的中小企业；MS-SQL Server、Sybase 和 Oracle 属于大中型的数据库管理系统；而 DB2 则属于大型的数据库管理系统，对计算机硬件有很高的专门要求。

5.1.3 数据库的基本术语

数据库就是按照一定的数据模型组织、存储在一起，能为多个用户共享，与应用程序相对独立、相互关联的集合。

关系模型中的数据逻辑结构就是一张二维表，由行和列组成。关系型数据库中常用的术语如下。

(1) 表。一个关系是一张二维表，由横行纵列组成，它分为表的框架和表中的数据。

(2) 字段。表中纵的一列叫做一个字段，即关系中的属性，同一字段的数值具有相同的属性。

(3) 记录。表中横的一行叫做一个记录，即关系中的元组，一条记录里包括一个对象的所有属性。

(4) 值。纵横交叉的地方叫做值。如某条记录中的某个字段具有值。

(5) 主键。表的字段中可以唯一确定值的字段。

(6) 数据库。用来组织管理表的，一个数据一般可以管理若干张表，每张表的数据是独立的。数据库不仅提供了存储数据的表，还包括规则、触发器、和表的关联等高级操作。

以图 5-1 为例，观察一下表、字段、记录、值的关系。

student ：表

	编号	sno	sname	sclass	sex	age
	1	09010101	李明	计算机09-1班	男	21
▶	2	09010102	张薇	计算机09-1班	女	21
	3	09010201	王敏	计算机09-2班	女	21
	4	09010202	刘晓波	计算机09-2班	男	22
*	(自动编号)					0

图 5-1　student 表数据

这是一个关系模型数据库的表，表名为 student，表中有编号、sno、sname、sclass、sex、age 5 个字段，表中选中的是一条记录。记录 2 的姓名字段的值是"张薇"，表的主键为 sno(学号)字段。

5.1.4　数据库管理系统

数据库管理系统(Database Management System)是一种操纵和管理数据库的大型软件，用于建立、使用和维护数据库，简称 DBMS。它对数据库进行统一管理和控制，以保证数据库的安全性和完整性。用户通过 DBMS 访问数据库中的数据，数据库管理员也通过 DBMS 进行数据库的维护工作，它使多个应用程序和用户用不同的方法同时或不同的建立、修改和询问数据库。DBMS 提供数据定义语言(Data Definition Language，DDL)与数据操作语言(Data Manipulation Language，DML)，供用户定义数据库的模式结构与权限约束，实现对数据的追加、删除等操作。

目前的数据库产品，如 Oracle、Sybase、Informix、MS SQL、DB2、SQL Server、Microsoft Access、Visual FoxPro 等，各有自己特有的功能，在数据库市场上占有一席之地。

1. Oracle

Oracle 是一个最早商品化的关系型数据库管理系统，应用广泛、功能强大。它作为一个通用的数据库管理系统，不仅具有完整的数据管理功能，还是一个分布式数据库系统，支持各种分布式功能，特别是支持 Internet 应用。作为一个应用开发环境，Oracle 提供了一套界面友好、功能齐全的数据库开发工具，使用 PL/SQL 语言执行各种操作，具有可开放性、可移植性、可伸缩性等功能。特别是 Oracle 8i，支持面向对象的功能，如类、方法、属性等，使 Oracle 产品成为一种对象/关系型数据库管理系统。

2. Microsoft SQL Server

Microsoft SQL Server 是一种典型的关系型数据库管理系统，可以在许多操作系统上运行，它使用 Transact-SQL 语言完成数据操作。由于是开放式的系统，其他系统可以与它进行完好的交互操作。目前最新版本的产品为 Microsoft SQL Server 2000，它具有可靠性、可伸缩性、可用性、可管理性等特点，为用户提供完整的数据库解决方案。

3. Microsoft Access

作为 Microsoft Office 组件之一的 Microsoft Access，是在 Windows 环境下非常流行的桌面型数据库管理系统。使用 Microsoft Access 无需编写任何代码，只需直观的可视化操作就可以完成大部分数据管理任务。该数据库包括许多组成数据库的基本要素，如存储信息的表、显示人机交互界面的窗体、有效检索数据的查询、信息输出载体的报表、提高应用效率的宏、功能强大的模块工具等。它不仅可以通过 ODBC 与其他数据库相连，实现数据交换和共享，还可以与 Word、Excel 等办公软件进行数据交换和共享，通过对象链接与嵌入技术，在数据库中嵌入和链接声音、图像等多媒体数据。

选择数据库管理系统时应从以下几个方面考虑。

(1) 构造数据库的难易程度

构造数据库的难易程度需要分析数据库管理系统有没有范式的要求，即是否必须按照系统所规定的数据模型分析现实世界，建立相应的模型；数据库管理语句是否符合国际标准，便于系统的维护、开发、移植；有没有面向用户的、易用的开发工具；所支持的数据库容量，因为它决定了数据库管理系统的使用范围。

(2) 程序开发的难易程度

有无计算机辅助软件工程工具 CASE，可以帮助开发者根据软件工程的方法提供各开发阶段的维护、编码环境，便于复杂软件的开发、维护。有无第四代语言的开发平台，具有非过程语言的设计方法，可以使用户不需编写复杂的过程性代码，易学、易懂、易维护。有无面向对象的设计平台可以使开发更接近人类的逻辑思维方式，便于开发和维护。对多媒体数据类型的支持必将减少应用程序的开发和维护工作。

(3) 数据库管理系统的性能分析

数据库管理系统的性能分析包括性能评估(响应时间、数据单位时间吞吐量)，性能监控(内外存使用情况、系统输入输出速率、SQL 语句的执行、数据库元组控制)，性能管理(参数设定与调整)。

(4) 对分布式应用的支持

对分布式应用的支持包括数据透明与网络透明程度。数据透明是指用户在应用中不需指出数据在网络的什么节点上，数据库管理系统可以自动搜索网络，提取所需数据；网络透明是指用户在应用中无需指出网络所采用的协议。数据库管理系统自动将数据包转换成相应的协议数据。

(5) 并行处理能力

并行处理能力支持多 CPU 模式系统(SMP、CLUSTER、MPP)，负载的分配形式，并行处理的颗粒度、范围。

(6) 可移植性和可扩展性

可移植性指垂直扩展和水平扩展能力。垂直扩展要求新平台能够支持低版本平台，数据库客户机/服务器机制支持集中式管理模式，保证用户以前的投资和系统；水平扩展要求满足硬件上的扩展，支持从单 CPU 模式转换成多 CPU 并行机模式(SMP、CLUSTER、MPP)。

(7) 数据完整性约束

数据完整性指数据的正确性和一致性保护，包括实体完整性、参照完整性、复杂的事务规则。

(8) 并发控制功能

对于分布式数据库管理系统，并发控制功能必不可少。因为它面临的是多任务分布环境，可能会有多个用户点在同一时刻，对同一数据进行读或写操作。为了保证数据的一致性，需要由数据库管理系统的并发控制功能来完成。

评价并发控制的标准应从下面几方面考虑：保证查询结果一致性方法；数据锁的颗粒度(数据锁的控制范围，表、页、元组等)；数据锁的升级管理功能；死锁的检测和解决方法。

(9) 容错能力

容错能力是异常情况下对数据的容错处理。评价标准有硬件的容错，有无磁盘镜像处理功能软件的容错，有无软件方法异常情况的容错功能。

(10) 安全性控制

安全性控制包括安全保密的程度(账户管理、用户权限、网络安全控制、数据约束)。

(11) 支持汉字处理能力

支持汉字处理能力包括数据库描述语言的汉字处理能力(表名、域名、数据)和数据库开发工具对汉字的支持能力。

(12) 当突然停电、出现硬件故障、软件失效、病毒或严重错误操作时，系统应提供恢复数据库的功能，如定期转存、恢复备份、回滚等，使系统有能力将数据库恢复到损坏以前的状态。

ASP.NET 中一般使用 SQL Server 和 Access 数据库。SQL Server 运行稳定、效率高、速度快，但配置起来繁琐，移植也较复杂，适合大型网站使用；Access 配置简单、移植方便，但效率较低，适合小型网站。

本书以 Access 为例，主要因为 Access 数据使用较简单，配置容易，可以把更多精力放在网站程序的开发上；对于一般的小型网站或个人网站，Access 数据库也能够满足需要；网站开发完成后，从 Access 数据库向 SQL Server 数据库的转化也比较简单，只要利用 SQL Server 的导入功能将 Access 数据库转化为 SQL Server 数据库即可。ASP.NET 中使用标准的 SQL 语言，读取两种数据库的语句基本一致，只需改写连接数据库的语句即可。事实上，许多大型网站都是先用 Access 数据库开发，然后再转化为 SQL Server 数据库。

5.2 创建 Access 数据库

开发网站必须建立数据库。建立数据库前要进行规划，根据需求分析、功能设计，尽量使数据库设计合理，既包含必要的信息，又能节省数据的存储空间。如果开发过程中再修改数据库，会带来许多麻烦。

5.2.1 启动 Access 数据库

启动 Access 2007，主界面如图 5-2 所示。

图 5-2　Access 2007 主界面

单击左上角 Office 按钮，在弹出的菜单中选择“新建”命令，如图 5-3 所示。在右下角处改变数据库存放路径，修改数据库名称。单击“创建”按钮，创建一个新数据库，数据库名称为“www.accdb”。进入创建表主界面，如图 5-4 所示。

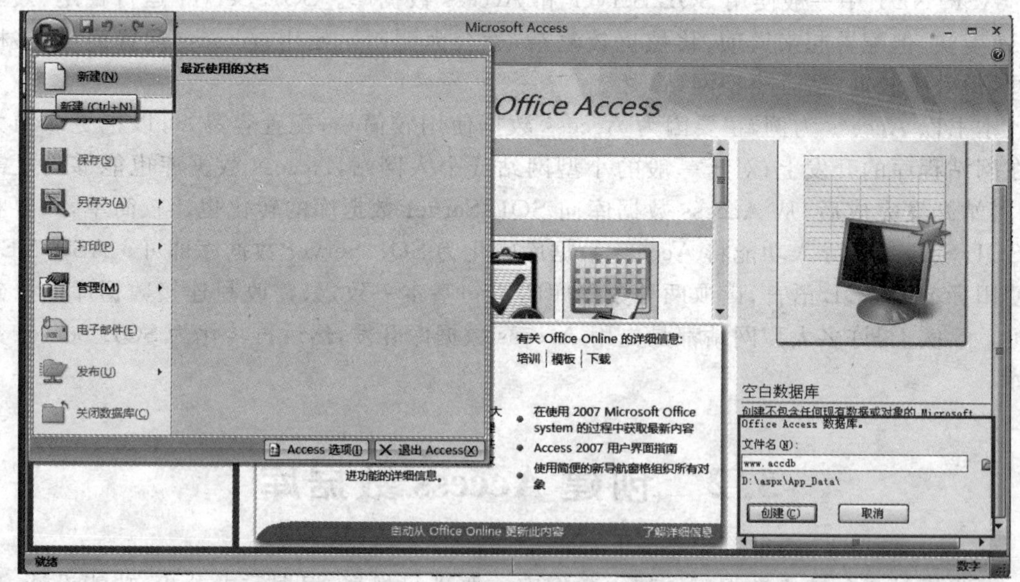

图 5-3　创建 Access 2007 数据库

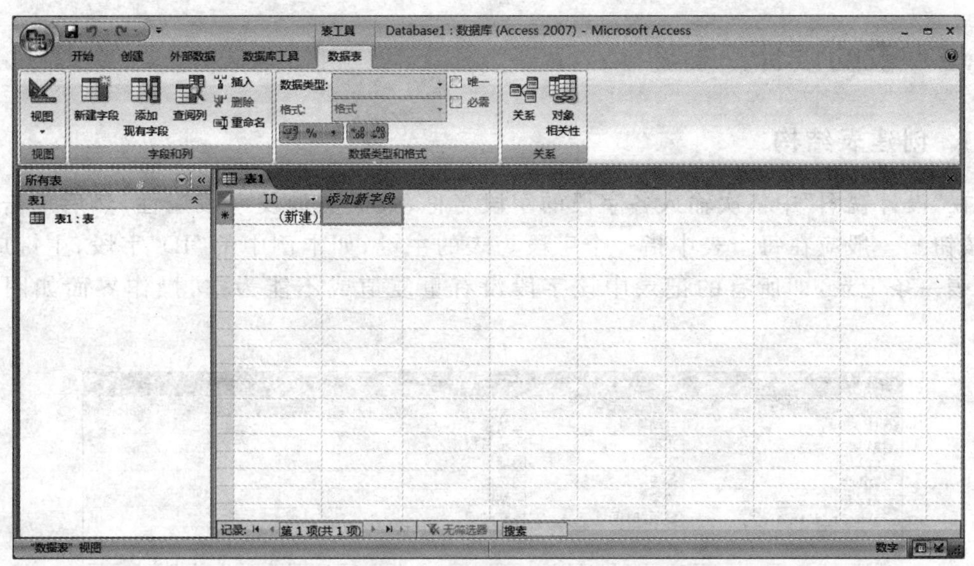

图 5-4　创建表主界面

要注意的是,Acccss 2007 的数据库扩展名为“.accdb”,而 Access 2003 版本以下的数据库扩展名为“*.mdb”,它们是不同的。

5.2.2　创建表

在左侧选中表 1,右击,在弹出的快捷菜单中选择“设计视图”命令,在弹出的“另存为”对话框中输入表名,表就建立了,并进入设计视图。新建表视图如图 5-5 所示。

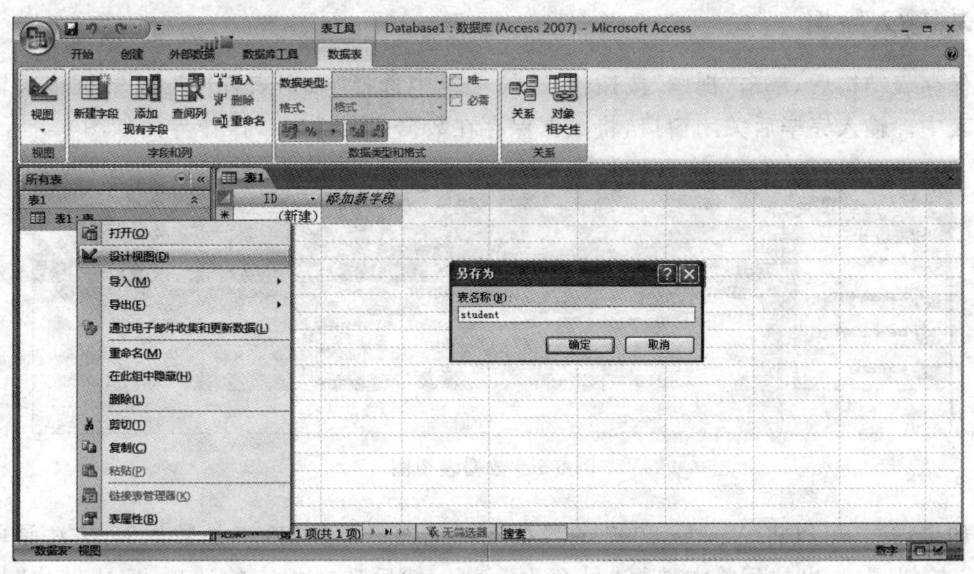

图 5-5　新建表界面

5.2.3 表的设计

1. 创建表结构

在“设计视图”中依次输入各字段的字段名称、数据类型及字段属性，然后单击“保存”按钮。一般应在每个表中指一个字段为表的主键，如本例中的“ID”字段，主键应唯一代表一条记录，即所有的记录中该字段没有重复值或不能为空，操作界面如图 5-6 所示。

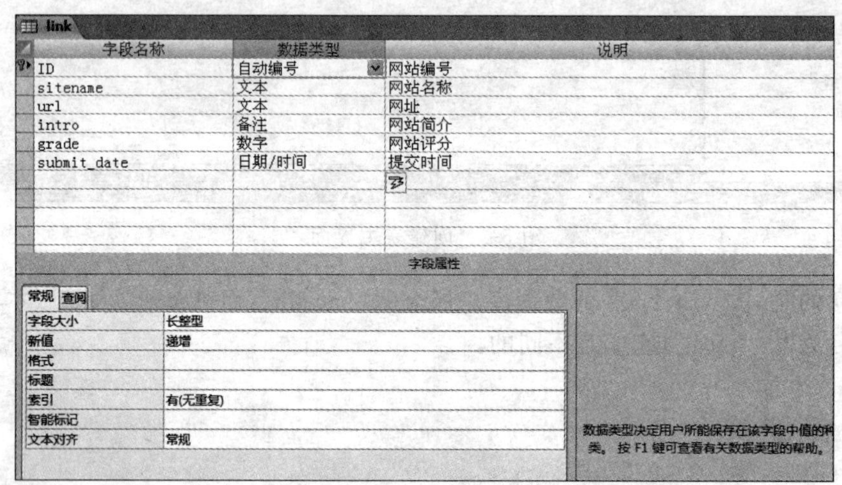

图 5-6 创建表结构

2. 输入数据

保存表结构后，单击“视图”按钮，在下拉菜单中选择“数据表视图”，将数据依次输入数据表中。输入完毕后关闭窗口，将数据保存在数据库文件中。操作界面如图 5-7 所示。

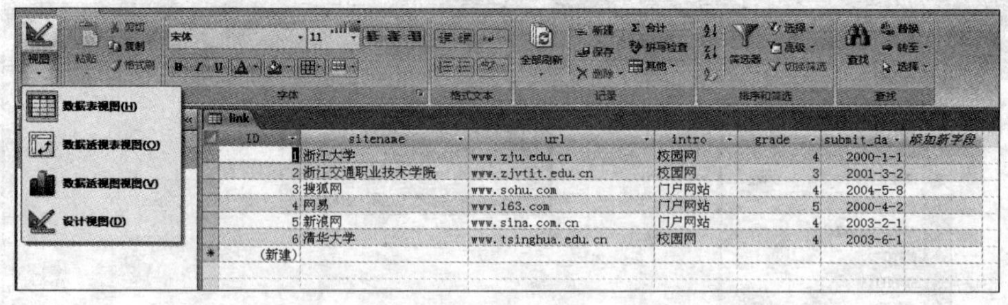

图 5-7 数据表视图

如果需要，可以将 Access 2007 的数据库转化为 Access 2003 的数据库，方法是单击 Office 按钮，在弹出的菜单中选择“另存为”命令，然后选择相应的选项，完成转化“另存为”操作，如图 5-8 所示。

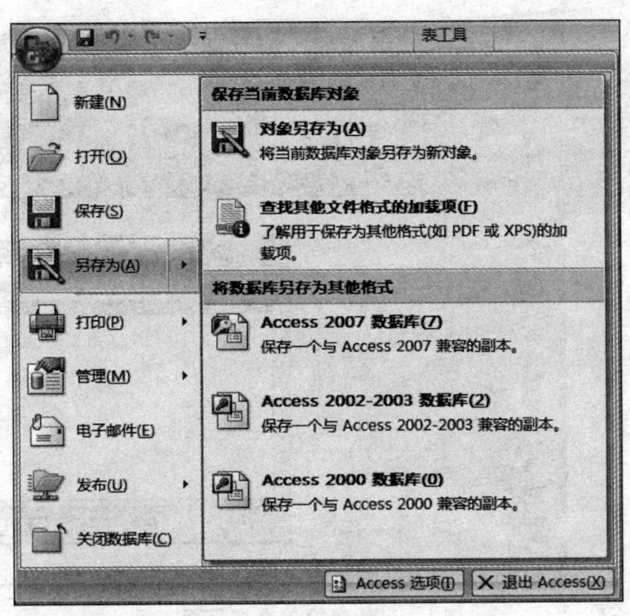

图 5-8　应用“另存为”菜单进行转化

5.2.4　查询操作

使用查询可以更方便地更改、分析和处理数据，它就好比一张虚拟的表，用户可以像在表里操作一样，输入数据或浏览数据。

需要显示部分字段或部分记录时就要用到查询。查询不仅可以用来显示数据，还可以用来插入、删除、更新记录。

查询包括简单查询、组合查询、计算查询和条件查询。

1. 新建简单查询

单击“创建”按钮，窗口上部会出现创表、窗体、报表、其他等面板，在“其他”中选择“查询设计”按钮，弹出“显示表”对话框，选中要建立查询的表，单击“添加”按钮，然后单击“关闭”按钮，进入查询设计界面，如图 5-9 所示。

将 link 表中的字段拖入下面的字段位置，如图 5-10 所示。

单击“运行”按钮，就会出现查询的运行结果，如图 5-11 所示。

单击新建的“查询 1”左上角的“视图”，会出现一种新的视图“SQL 视图”，单击它会出现查询 1 的 SQL 视图，如图 5-12 所示。

需要注意的是，查询是数据库的一个组成部分，它的内容是一段 SQL 语句。例中的查询 1 内容如下：

```
SELECT link.sitename,link.url FROM link;
```

而图 5-11 中的运行结果不是查询的内容，而是查询运行的结果，是一张临时表。

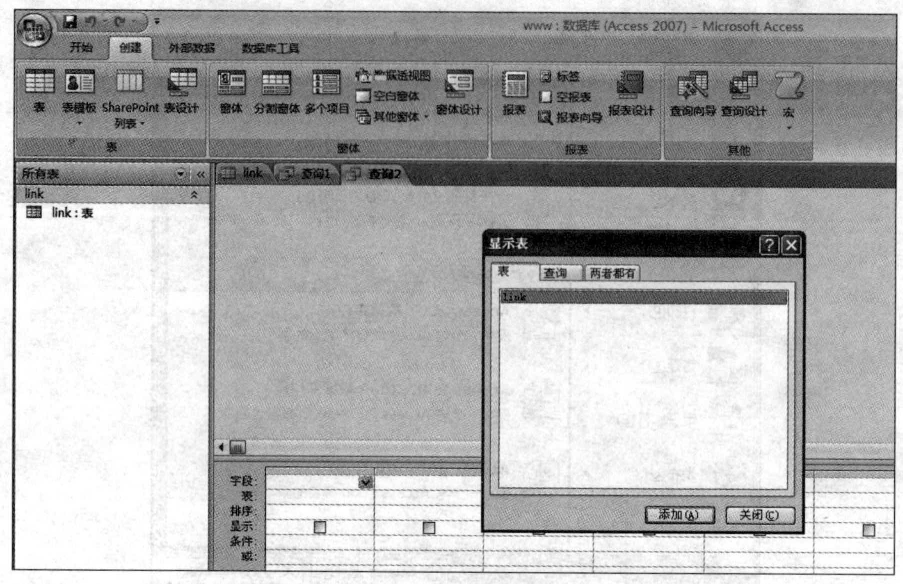

图 5-9　新建简单查询界面

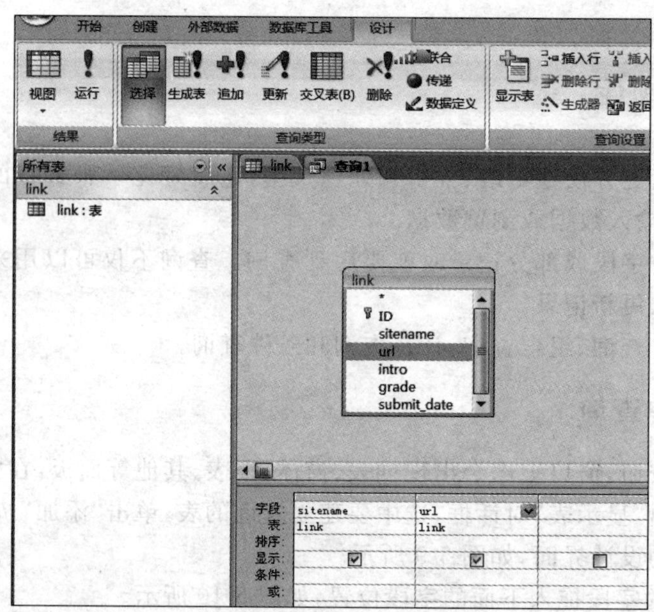

图 5-10　建立查询界面

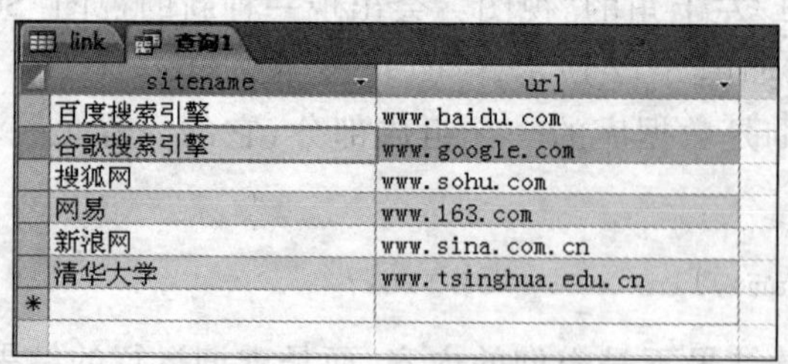

sitename	url
百度搜索引擎	www.baidu.com
谷歌搜索引擎	www.google.com
搜狐网	www.sohu.com
网易	www.163.com
新浪网	www.sina.com.cn
清华大学	www.tsinghua.edu.cn
*	

图 5-11　查询运行结果

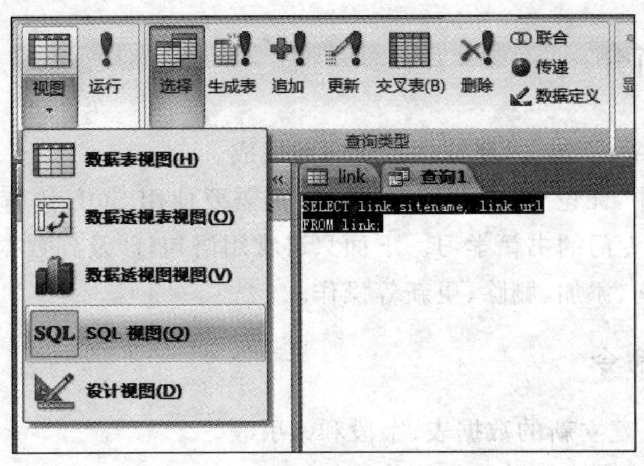

图 5-12　查询的 SQL 视图

2. 利用 SQL 语句建立查询

将“查询 1”中的 SQL 语句修改为如下语句。

```
SELECT link.sitename, link.grade FROM link where link.grade>4 ;
```

单击运行，结果如图 5-13 所示。

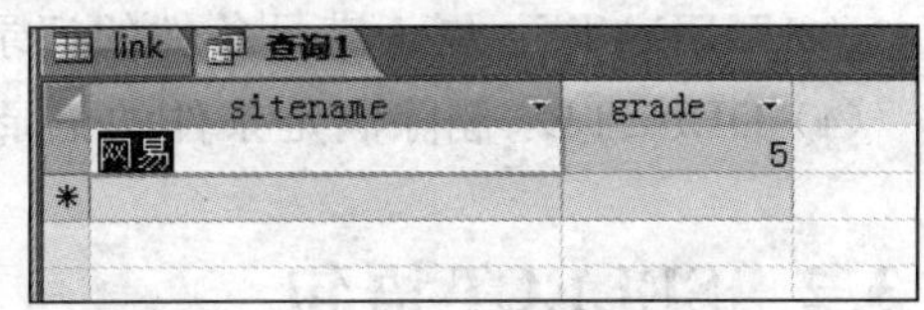

图 5-13　SQL 查询运行结果

这种方法既可用来学习 SQL 语句，也可以用来调试数据库程序。如果程序中的 SQL 语句出错，可以用 Response. Write 语句在页面上输出错误的 SQL 语句，并复制到图 5-12 中展示的查询视图中，然后单击“运行”查看结果，并调试找出错误。

5.3　SQL 语言基础

结构化查询语言（Structured Query Language，SQL）是操作数据库的标准语言，是一种数据库查询和程序设计语言，用于存取数据及查询、更新和管理关系数据库系统。

该语言最早是 IBM 的圣约瑟研究实验室为其关系数据库管理系统 SYSTEM R 开发的一种查询语言，它的前身是 SQUARE 语言。SQL 语言结构简洁、功能强大、简单易学，所以自从 IBM 于 1981 年推出以来，得到了广泛应用。如今，无论是像 Oracle、Sybase、DB2、Informix、SQL Server 这些大型的数据库管理系统，还是像 Visual Foxpro、PowerBuilder 这些 PC 上常用的数据库开发系统，都支持 SQL 语言作为查询语言。

5.3.1 SQL 简介

SQL 语言由命令、子句、运算符和统计函数组成。

在 ASP. NET 中,无论要访问哪种数据库,都需要使用 SQL 语言。它是一门比较复杂的语言,需要参照专门的书籍学习。下面只讲常用语句,涉及到数据库中数据定义的操作和表中数据的查询、添加、删除、更新等操作。

1. 数据定义命令

(1) CREATE: 建立新的数据表、字段和索引表。
(2) DROP: 从数据库删除数据表或索引。
(3) ALTER: 增加或修正字段属性。

2. 数据操作命令

(1) SELECT: 找出满足条件的记录。
(2) INSERT: 增加记录或合并两个数据表。
(3) UPDATE: 更正满足条件的记录。
(4) DELETE: 删除满足条件的记录。

5.3.2 SELECT 语句

SQL 语言的主要功能之一就是数据查询,可以使用 SELECT 语句来取得满足特定条件的记录集,也就是说可以从数据库中查询有关记录。

语法如下。

```
SELECT  [TOP(数值)]  [all|distinct]<字段名表|*>
  FROM  表名
  WHERE  查询条件
  GROUP  BY  分组字段(属性名)
  HAVING  分组条件
  ORDER  BY  字段[ASC|DESC]
```

SELECT 语句的含义如下:根据 WHERE 子句的查询条件表达式,从 FROM 子句指定的基本表(数据也可以来自多个表,表之间用逗号隔开)中找出满足条件的记录,再按 SELECT 子句中的字段列表(字段名之间用逗号隔开,字段来自不同表时,字段名前要加表名,以“.”分隔)形成结果表。如果有 GROUP 子句,将结果按字段值进行分组,值相等的记录为一个组,通常会在每组中使用集合函数;如果 GROUP 子句还有 HAVING 短语,则只有满足条件的组才会输出。如果有 ORDER BY 子句,结果表会按字段的值进行升序或降序排列,默认是升序。

其中：

- ＊：表示表中的所有字段。
- distinct：合并结果表中指定字段的重复值。
- 表中的列名可有别名，表也可以有别名，AS可以省略。
- TOP（数值型字段）：表示要选取前多少条记录，一般与ORDER BY属性配合使用。

1. 子句

SELECT语句第一部分：关于查询结果中字段的选择与设计，是一种列上的操作。其他子句的功能如下。

(1) FROM：指定查询来源的数据表。

(2) WHERE：设置查询的条件，能选择满足条件的记录，是一种行上的操作。

(3) GROUP BY：按照某个字段设置分组，一般和函数配合使用。

(4) HAVING：设置分组条件。

(5) ORDER BY：设置输出的排序字段，有时候与TOP参数配合使用。

2. 统计函数

统计函数一般是针对数值型的字段进行运算。

(1) AVG：求指定条件的平均值。

(2) COUNT：求指定条件的数量。

(3) SUM：求指定条件的和。

(4) MAX：求指定条件的最大值。

(5) MIN：求指定条件的最小值。

3. 运算符

逻辑运算符包括AND（与）、OR（或）、NOT（非）。

关系运算符包括＜（小于）、＜＝（小于等于）、＞（大于）、＞＝（大于等于）、＝（等于）、＜＞（不等于）、BETWEEN范围设置、like通配设置、IN集合设置。

建立2个表，举例说明SELECT语句的用法。

表内容如图5-14、图5-15所示。

student

编号	sno	sname	sclass	sex	age	入学总分
1	09010101	李明	计算机09-1班	男	21	520
2	09010102	张薇	计算机09-1班	女	20	480
3	09010201	王敏	计算机09-2班	女	21	510
4	09010202	刘晓波	计算机09-2班	男	22	490
5	09010203	赵阳阳	计算机09-2班	男	20	540

图5-14　student表的数据

score

ID	sno	subject	score
1	09010101	高等数学	68
2	09010101	计算机	79
3	09010101	专业英语	85
4	09010102	高等数学	95
5	09010102	计算机	88
6	09010102	专业英语	75
7	09010201	高等数学	87
8	09010201	计算机	88
9	09010201	专业英语	66
10	09010202	高等数学	89
11	09010202	计算机	76
12	09010202	专业英语	85
13	09010203	高等数学	94
14	09010203	计算机	95
15	09010203	专业英语	92
16	09010204	C语言	89

图 5-15　score 表的数据

查询1

sname	sclass
李明	计算机09-1班
张薇	计算机09-1班
王敏	计算机09-2班
刘晓波	计算机09-2班
赵阳阳	计算机09-2班

图 5-16　运行结果

【例 5-1】 列出 student 表中的学生姓名和班级。

```
SELECT student.sname,student.sclass FROM student;
```

运行结果如图 5-16 所示。

【例 5-2】 列出 student 表中的所有字段。

```
SELECT * FROM student;
```

【例 5-3】 列出 score 表中的科目。

```
SELECT distinct score.subject FROM score;
```

运行结果如图 5-17 所示。

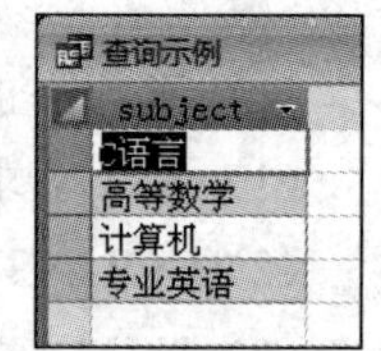
查询示例

subject
C语言
高等数学
计算机
专业英语

图 5-17　运行结果

【例 5-4】 查询男生的姓名、学号、性别。

```
SELECT student.sname,student.sno,student.sex FROM student where sex="男";
```

【例 5-5】 查询入学总分在 500 分以上的学生姓名、班级和总分。

```
SELECT sname,sclass,入学总分 FROM student WHERE 入学总分>500
```

查询入学总分在 500～520 之间的学生,程序语句如下。

```
SELECT sname,sclass,入学总分 FROM student WHERE 入学总分 between 500 and 520
```

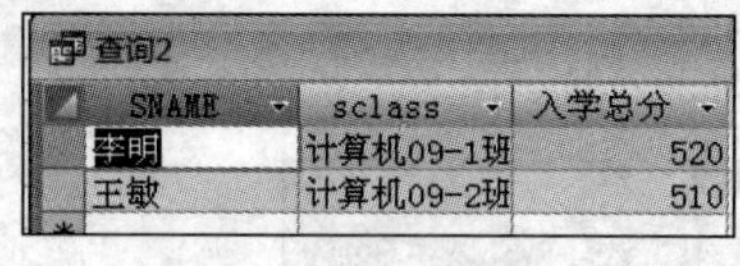
查询2

SNAME	sclass	入学总分
李明	计算机09-1班	520
王敏	计算机09-2班	510

图 5-18　运行结果

运行结果如图 5-18 所示。

【例 5-6】 谓词 IN 可以用来查找属性值属于指定集合的元组,如查询计算机不是 09-1 班的学生姓名、性别和班级。

```
SELECT sname,sex,sclass
  FROM student
  WHERE sclass NOT IN("计算机 09- 1 班")
```

运行结果如图 5-19 所示。

【例 5-7】 查询入学总分前 3 条记录。

```
SELECT top 3 sname,sclass,入学总分 FROM student ORDER BY 入学总分 DESC
```

运行结果如图 5-20 所示。

查询2

SNAME	SEX	sclass
王敏	女	计算机09-2班
刘晓波	男	计算机09-2班
赵阳阳	男	计算机09-2班
*		

图 5-19 运行结果

查询2

SNAME	sclass	入学总分
赵阳阳	计算机09-2班	540
李明	计算机09-1班	520
王敏	计算机09-2班	510

图 5-20 运行结果

【例 5-8】 按班级的入学总分平均分输出查询结果，并生成一个新的字段“平均分”。

```
SELECT sclass,avg(入学总分) AS 平均分 FROM student GROUP BY sclass
```

运行结果如图 5-21 所示。

查询2

sclass	平均分
计算机09-1班	500
计算机09-2班	513.3333333

图 5-21 运行结果

【例 5-9】 查询学生课程总分，并按总分降序排序。

```
SELECT student.sno,sum(score) AS 总成绩
  FROM student,score
  WHERE student.sno= score.sno
  GROUP BY student.sno
  ORDER BY sum(score) DESC
```

说明：当查询需要用到两个表时，FROM 子句中的两个表间用“,”分开，并且要指明两个表的链接条件，如 WHERE student. sno＝score. sno。这样将两个表连接成一个表进行查询。

运行结果如图 5-22 所示。

【例 5-10】 求各课程相应的选课人数。

```
SELECT subject,count(score) AS 人数 FROM score GROUP BY subject
```

运行结果如图 5-23 所示。

查询示例

SNO	总成绩
09010203	281
09010102	258
09010202	250
09010201	241
09010101	232

图 5-22 运行结果

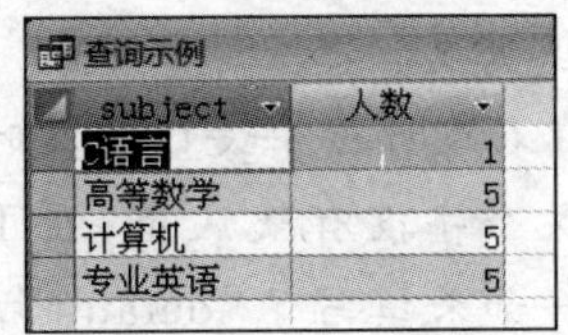

查询示例

subject	人数
C语言	1
高等数学	5
计算机	5
专业英语	5

图 5-23 运行结果

【例 5-11】 查询选修两门以上课程的学生学号。

```
SELECT sno ,count(score) AS 选课门数
FROM score
GROUP BY sno
```

```
HAVING count(score)>2
```

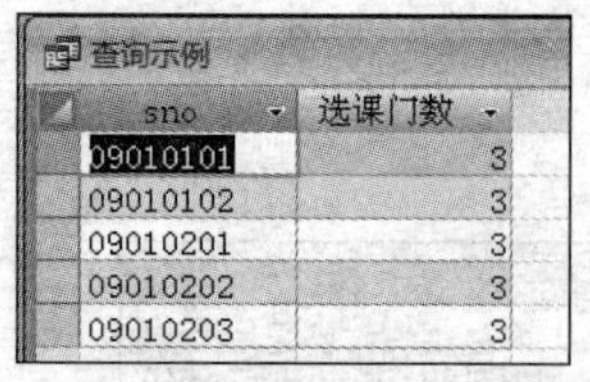

图 5-24 运行结果

运行结果如图 5-24 所示。

where 子句与 having 短语的区别是作用对象不同,如下所示。

(1) where 子句:作用于基本表或视图,从中选择满足条件的元组。

(2) having 短语:作用于组,从中选择满足条件的组。

5.3.3 数据插入 INSERT 语句

INSERT 语句主要是向数据库添加新的数据。在网站运行中,经常有用户通过注册页面注册、管理员通过添加页面添加新闻、论坛的发帖等操作,其实都是使用 INSERT 语句完成数据向数据表内的添加。

语法如下。

```
INSERT INTO 表名[(表的字段名表)]  VALUES(字段的值)
```

如新增字段 birthday,类型为日期型,向 student 表中添加一条新记录的语句如下。

```
INSERT INTO student(sno,sname,sclass,sex,age,入学总分,birthday)
VALUES("09010302","王小明","计算机 09-3 班","男",23,53,# 1992-05-06# );
```

说明:

(1) 利用上述语句给表中的全部或部分字段赋值,字段名表中字段的顺序要与字段的值一一对应,尤其是数据的类型更要符合,字段名表中的字段之间、字段值之间都用“,”隔开。

(2) 字段的类型为文本或备注型,则该字值的值两端加引号;若为日期型,则字段值的两端加“#”;若为布尔型,则该字段的值为 true 或 false;若为自动编号类型,则不需要给字段赋值,Access 数据库会自动加 1 或随机产生。

(3) 对于指定为主键的字段,INSERT 语句要求必须插入值,并且不能与此字段中任何原有的值重复。

(4) 在表设计器中设计字段时,有“默认值”、“允许空字符串”、“必填字段”等属性。

如果某个字段有默认值,在 INSERT 语句中要用默认值时,在该字段的值处填写“default”。如果填写了“default”,但字段没有设置默认值,且不是必填字段,则结果为“NULL”。

如果想输入的值为空,则在该字段的值处填写 Null,如果这个字段没设置“允许空字符串”,就不能用空字符串“”为其赋值。

如果某个字段既没有默认值,又是必填字段(不允许 NULL 值),而在 INSERT 语句中又没有给该字段赋值,就会出错。

(5) INSERT 语句可将查询结果,即一个 SELECT 语句的查询结果插到表中。语法如下。

```
INSERT INTO 基本表名  [(表的列名)]<SELECT 查询语句>
```

(6) 表的插入。INSERT 语句把表 2 的值插到表 1 中，语法如下：

```
INSERT INTO 表 1  [(表的列名)]     TABLE  表 2
```

NULL 与空字符串的区别：NULL 表示什么都没有，而空字符串却表示有内容，只不过是长度为 0 的字符串而已。

5.3.4 修改数据 UPDATE 语句

日常生活中，数据总在不断变化，如果已经存储在表中的数据需要修改，就可以使用 UPDATE 语句实现表中数据的更新。

语法如下。

```
UPDATE 表名 set 字段 1=值 1,字段 2=值 2,… [where 条件]
```

说明：

(1) UPDATE 命令可以更新表内部分或全部记录。其中的"where 条件"用来指定更新数据的范围，其用法同 SELECT 语句中的"where 条件"用法。凡是符合条件的记录都被更新，不符合条件的记录则不更新。

(2) 如果省略 where 条件，表中的全部记录都将被更新，所以一定要小心使用。

(3) 如果想更新数据，也可以先删除再添加。不过这样操作，自动编号字段的值就会改变，而一般情况下可能不允许改变。更新语句只是更新指定字段，所以一般使用 UPDATE 语句修改数据表中的数据。

【例 5-12】 将学生 09010101 的年龄改为 24 岁。

```
UPDATE  student   SET  age=24  WHERE  sno="09010101"
```

【例 5-13】 将所有学生的年龄增加 1 岁。

```
UPDATE  student       SET  age=age+1
```

【例 5-14】 将"计算机 09-1 班"全体学生的成绩置"0"，这里使用带有子查询的修改语句。

```
UPDATE score SET score=0
WHERE (SELECT  sclass  FROM  student  WHERE  student.sno=score.sno)="计算机 09-1
班";
```

【例 5-15】 把低于所有课程总平均成绩的女同学成绩提高 5%。

```
UPDATE    score  SET  score=score*1.05
WHERE  sno  IN (SELECT  sno  FROM  student  WHERE  sex='女')
  AND  score<(SELECT  avg(score)  FROM  score)
```

5.3.5 删除数据 DELETE 语句

数据库中的数据已经过时，或者不再需要了，就需要删除这些数据，SQL 语句中的 DELETE 语句可以删除表中无用的记录。

语法如下。

```
DELETE FROM 表 [WHERE 条件]
```

说明：

(1) DELETE 语句可以删除表内部分或全部记录，其中的“WHERE 条件”用来指定删除数据的范围，其用法同 SELECT 语句中的“WHERE 条件”用法。凡是符合条件的记录都被删除，不符合条件的记录则不删除。

(2) 如果省略 WHERE 条件，表中的全部记录将被全部删除，所以一定要小心使用。

【例 5-16】 删除 score 表中学号为“09010101”的学生记录。

```
DELETE FROM score WHERE sno="09010101"
```

【例 5-17】 利用带子查询删除语句，删除计算机 09-1 班所有学生的成绩。

```
DELETE FROM score WHERE(SELECT sclass FROM student WHERE student.sno=sc.sno)="计
算机 09-1 班"
```

习 题 5

5.1 问答题

1. 请简述如下概念：数据库、表、字段、记录、主键、自动编号。结合数据表明确各种概念。
2. 简述数据管理技术的 3 个发展阶段。
3. 论述为什么使用数据库来管理数据。
4. INSERT 语句中，能否为自动编号字段赋值？为什么？
5. 如果想在数据表中使用 INSERT 语句插入多条记录，该如何进行？
6. 执行 DELETE FROM student 命令后，将删除多少条记录？
7. 执行 UPDATE student SET SNO="1001010101"命令后，多少条记录被更新？

5.2 实验题

建立自己的学生表，建立查询，逐条验证各条例句。

第6章

存取数据库

主要内容：

- 了解数据源控件
- 重点掌握利用 GridView 控件连接数据库
- 掌握使用 Repeater 控件连接数据库
- 掌握使用其他控件连接数据的方法
- 重点掌握使用 ADO.NET 存取数据库
- 掌握使用含有参数的 SQL 语句
- 掌握存储过程
- 掌握 DataSet 对象

6.1 数据源控件的介绍

从 ASP.NET 2.0 开始，ASP.NET 在 ADO.NET 数据模型基础上实行了进一步的封装与抽象，提出了一个新的概念“数据源控件”(DataSource Control)。这些控件放置在 Visual Studio 2008 工具箱的“数据”选项卡中，以**** DataSource 形式命名。数据源控件中隐含了大量常用的数据库操作基层代码，使数据源控件配合数据绑定控件(如 GridView、Datalist 等)，可以方便地实现对数据库的常规操作，而不需要编写任何代码。程序运行时，数据控件不会被显示到屏幕上，但它却能在后台完成许多重要的工作。

数据源控件的类型主要有以下几种。

1. AccessDataSource

AccessDataSource 数据源控件专门为连接 Microsoft Access 数据库而设计，只能连接 mdb 结尾的 Access 数据库。

2. SqlDataSource

SqlDataSource 数据源控件专门为连接微软 SQL Server 数据库设计，在中等以上规模的 ASP.NET 网站中建议使用该数据库。使用 SqlDataSource 控件还能建立与 Oracle、ODBC、OLEDB 等数据库的连接，并对数据库执行查询、插入、编辑、删除等操作。

3. ObjectDataSource

当应用系统较复杂，需要使用三层分布式架构时，可以将中间层的逻辑功能封装到这个控件中，以便在应用程序中共享，通过 ObjectDataSource 控件可以连接和处理数据库、数据集、DataReader 或其他任意对象。

4. XmlDataSource

XML 文件通常用来描述层次型数据，XmlDataSource 数据源控件可以将一个 XML 文件绑定到一个用于显示层次结构的 TreeView 控件上，使用户方便、明了地访问 XML 文件中的数据。

5. LinqDataSource

LinqDataSource 支持通过标记文本在 ASP.NET 网页中使用语言集成查询(LINQ)，便于从数据对象中检索和修改数据。

6. SiteMapDataSource

SiteMapDataSource 提供了一个数据源控件，Web 服务器控件及其他控件可使用该控件绑定到分层的站点地图数据。

6.2 GridView 控件连接数据库

GridView 控件用于配合数据源控件，实现对数据库的浏览、编辑、删除等操作。数据源控件主要用于连接 Access 数据库的 AccessDataSource 和 SQL Server 数据库的 SqlDataSource。

【例 6-1】 利用 GridView 控件连接数据库。

程序运行后，浏览器中显示如图 6-1 所示的画面，其中显示数据源中所有记录。单击某列标题(字段名)，可使数据按此列排序(升序或降序)。

	sitename	url	intro	grade	submit_date
编辑 删除	哈尔滨学院	www.hrbu.edu.cn	校园网	4	2000-1-1 0:00:00
编辑 删除	百度	www.baidu.com	搜索引擎	4	2011-7-27 15:03:09
编辑 删除	搜狐网	www.sohu.com	门户网站	4	2004-5-8 0:00:00
编辑 删除	网易	www.163.com	门户网站	5	2000-4-2 0:00:00
编辑 删除	新浪网	www.sina.com.cn	门户网站	4	2003-2-1 0:00:00
编辑 删除	清华大学	www.tsinghua.edu.cn	校园网	4	2003-6-1 0:00:00
编辑 删除	微软主页	www.microsoft.com	微软公司主页，有很多技术文献	5	2011-7-20 19:19:03

图 6-1 利用 GridView 控件配合数据源控件生成的数据页面

单击页面中的“删除”,则所在行的数据记录将直接从数据库中删除。

单击页面中的“编辑”,则页面切换成如图 6-2 所示的编辑模式。修改数据后,可单击“更新”,将现有数据保存到数据库中,单击“取消”则放弃对数据的修改。

	sitename	url	intro	grade	submit date
编辑 删除	哈尔滨学院	www.hrbu.edu.cn	校园网	4	2000-1-1 0:00:00
编辑 删除	百度	www.baidu.com	搜索引擎	4	2011-7-27 15:03:09
更新 取消	搜狐网	www.sohu.com	门户网站	4	2004-5-8 0:00:00
编辑 删除	网易	www.163.com	门户网站	5	2000-4-2 0:00:00
编辑 删除	新浪网	www.sina.com.cn	门户网站	4	2003-2-1 0:00:00
编辑 删除	清华大学	www.tsinghua.edu.cn	校园网	4	2003-6-1 0:00:00
编辑 删除	微软主页	www.microsoft.com	微软公司主页，有很多技术文献	5	2011-7-20 19:19:03

图 6-2　编辑模型的数据页面

6.2.1　添加数据源控件

(1) 新建 Web 窗体 6-1.aspx,双击工具箱“数据”选项卡中的 AccessDataSource 控件图标,将 AccessDataSource 数据源控件添加到 Web 窗体上。数据源控件在程序运行时的客户端浏览页面是不可见的,所以可以放置在页面的任何位置。单击“AccessDataSource 任务”中的“配置数据源”链接,在弹出的“配置数据源”对话框中选择 Access 数据库,如图 6-3 所示。

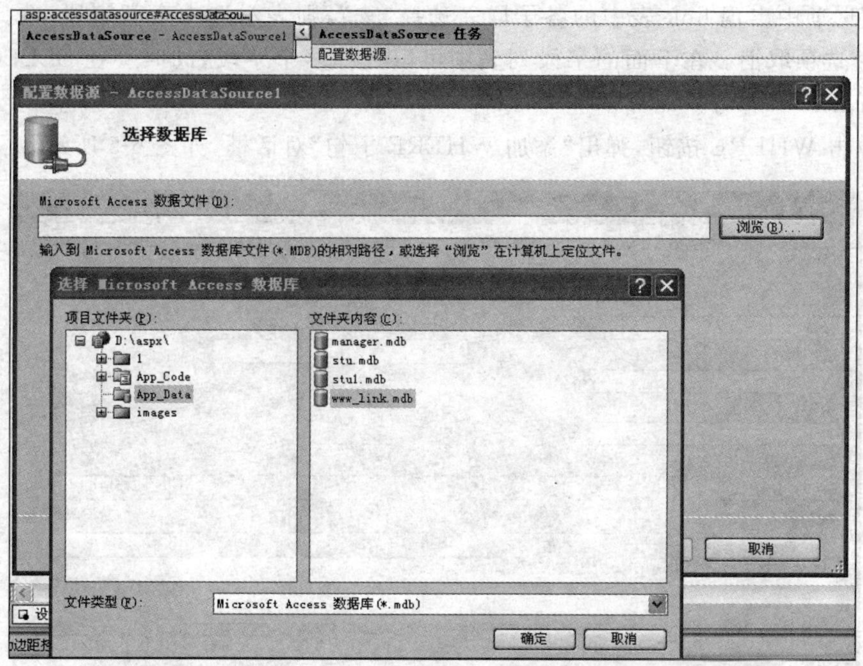

图 6-3　“配置数据源”界面 1

(2) 单击 www_link. mdb,单击“确定”按钮,选中的数据库将出现在文本框中。文件位置为“~/App_Data/www_link. mdb”,表示数据库在当前网站中的 App_Data 文件夹下。

单击“确定”按钮,进入“配置数据源”页面,配置 SELECT 语句,如图 6-4 所示。

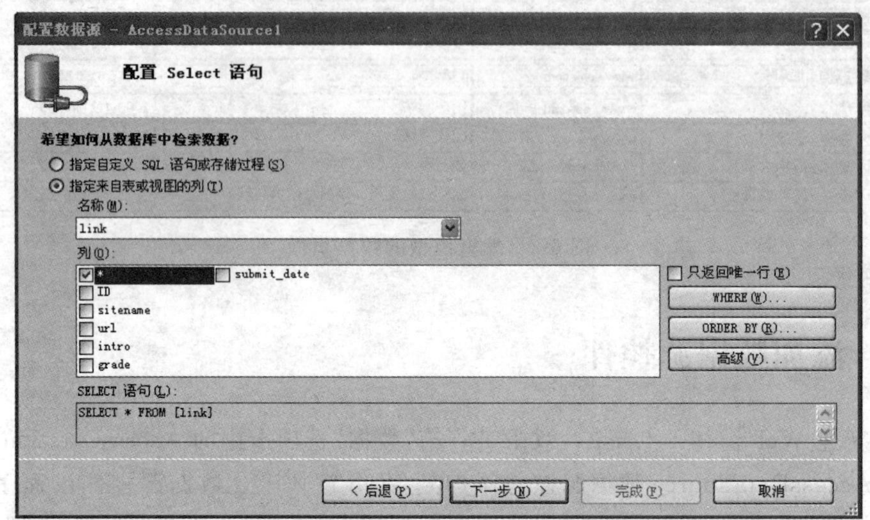

图 6-4 “配置数据源”操作界面 2——配置 SELECT 语句

首先,指定数据来自自定义语句、存储过程,还是表或视图。这里选择数据库中的表 link,“列”选项中出现 link 表中的各子段。选择“*”,则表示选中全部字段;选择其他字段,则“*”选项取消。在下面的字段列表中可以选择多个字段,同时会在 SELECT 语句处生成 SELECT 语句。

① 单击 WHERE 按钮,弹出“添加 WHERE 子句”对话框,如图 6-5 所示。

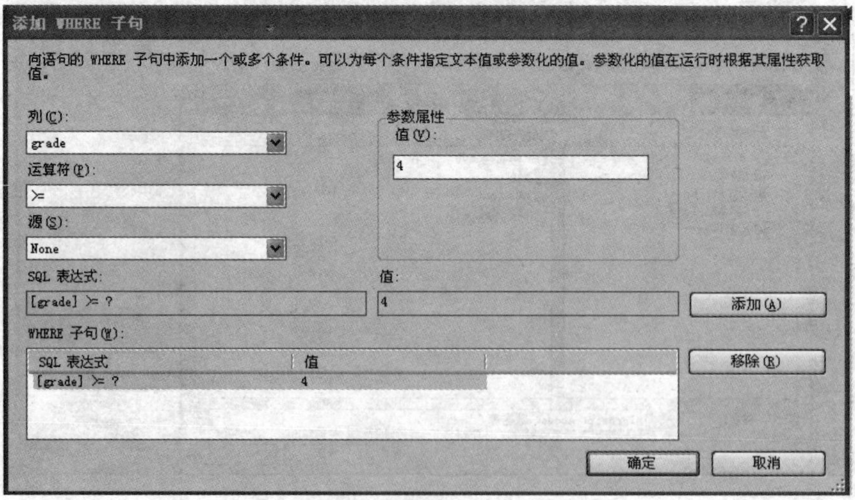

图 6-5 “添加 WHERE 子句”对话框

通过设置，可以获得 SQL 表达式的 WHERE 子句。

② 单击"ORDER BY 子句"按钮，弹出"添加 ORDER BY 子句"对话框，如图 6-6 所示。

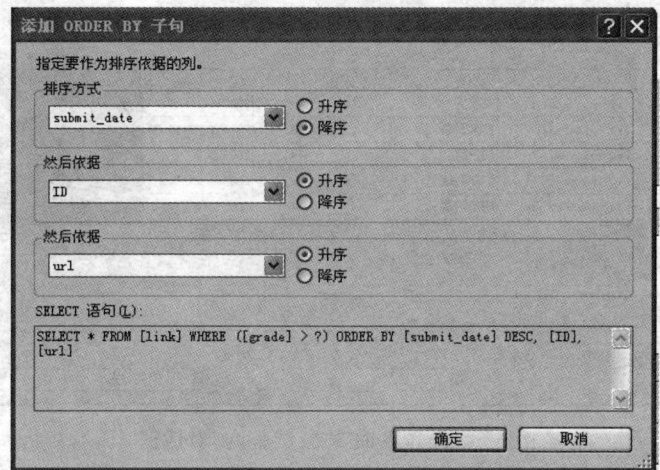

图 6-6 "添加 ORDER BY 子句"对话框

③ 单击"高级"按钮，弹出"高级 SQL 生成选项"，用户可选择是否自动生成用于添加记录、更新数据和删除记录的 SQL 语句，也可选择是否使用"开放式并发"，设置完毕后单击"确定"按钮，如图 6-7 所示。

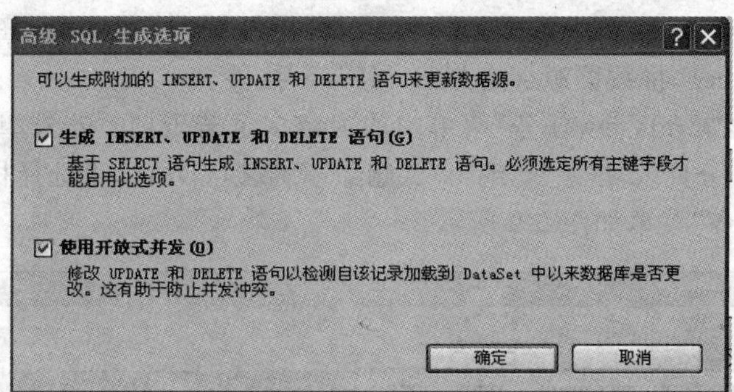

图 6-7 "高级 SQL 生成选项"对话框

(3) 单击"下一步"按钮，弹出"测试查询"对话框，单击"测试查询"按钮，查看查询结果(此结果为默认选择，没有做上几步的选项设置)，如图 6-8 所示。

(4) 切换到"源"视图。数据源控件的代码如下。

```
<asp: AccessDataSource ID="AccessDataSource1" runat="server"
    DataFile="~/App_Data/www_link.mdb"
SelectCommand="SELECT[sitename],[url],[intro],[grade],[submit_date]FROM
[link]">
</asp: AccessDataSource>
```

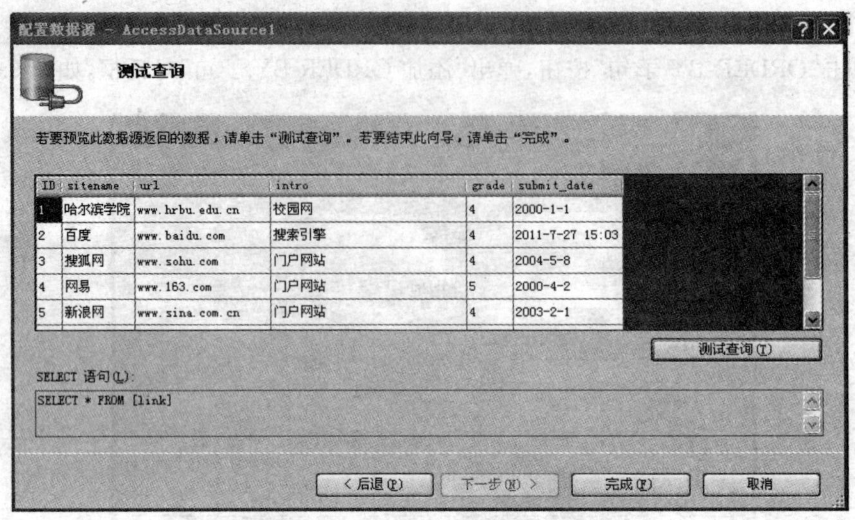

图 6-8　操作界面 3“测试查询”对话框

6.2.2　添加 GridView 控件

GridView 控件能以表格形式显示数据。

双击工具栏“数据”选项卡中的 GridView 图标，或拖入页面中。

在“GridView 任务”菜单中单击“选择数据源”下拉列表框，选择前面创建的数据源控件 AccessDataSource1，将数据源绑定到 GridView 控件。

选择数据源后，“GridView 任务”菜单中的内容多了若干项。若希望 GridView 控件页面呈现的内容中有“分页”、“排序”、“编辑”、“删除”等数据库功能，可选择相应用的复选框。

“GridView 任务”菜单如图 6-9 所示。

图 6-9　“GridView 任务”菜单

单击“自动套用格式”链接，弹出“自动套用格”对话框，在“选择架构”中选择适当的格式，这种预先设计好的格式就会自动美化 GridView 控件的外观，如图 6-10 所示。

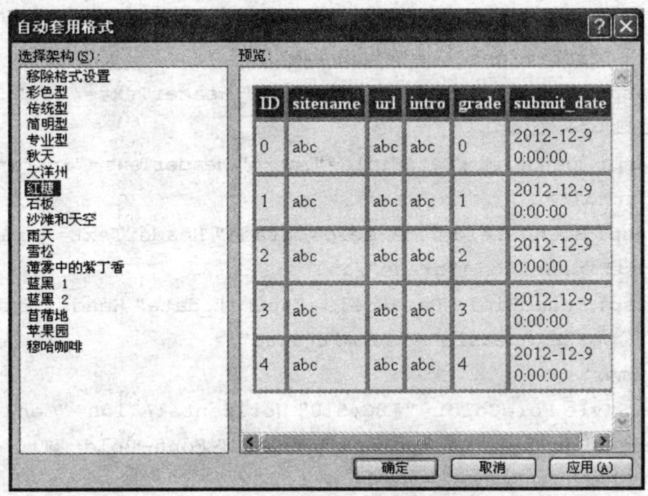

图 6-10　GridView 控件"自动套用格式"对话框

启动调试,浏览器中呈现 GridView 控件的数据表内容,样式已被应用了,如图 6-11 所示。

ID	sitename	url	intro	grade	submit_date
1	哈尔滨学院	www.hrbu.edu.cn	校园网	4	2000-1-1 0:00:00
2	百度搜索引擎	www.baidu.com	搜索引擎	4	2011-7-27 0:00:00
3	搜狐网	www.sohu.com	门户网站	4	2004-5-8 0:00:00
4	网易	www.163.com	门户网站	5	2000-4-2 0:00:00
5	新浪网	www.sina.com.cn	门户网站	4	2003-2-1 0:00:00
6	清华大学	www.tsinghua.edu.cn	校园网	4	2003-6-1 0:00:00
8	微软主页	www.microsoft.com	微软公司主页，有很多技术文献	5	2011-7-20 0:00:00

图 6-11　GridView 控件显示的数据表内容

程序 6-1.aspx 的代码清单如下。

```
<body>
   <form id="form1" runat="server">
   <div>
         <asp:AccessDataSource ID="AccessDataSource1" runat="server"
         DataFile="~/App_Data/www_link.mdb" SelectCommand="SELECT * FROM[link]">
      </asp:AccessDataSource>
      </div>
   <asp:GridView ID="GridView1" runat="server" AutoGenerateColumns="False"
      BackColor="#DEBA84" BorderColor="#DEBA84" BorderStyle=
      "None" BorderWidth="1px"
      CellPadding="3" CellSpacing="2" DataKeyNames="ID"
      DataSourceID="AccessDataSource1">
      <FooterStyle BackColor="#F7DFB5" ForeColor="#8C4510"/>
      <RowStyle BackColor="#FFF7E7" ForeColor="#8C4510"/>
      <Columns>
         <asp:BoundField DataField="ID" HeaderText="ID" InsertVisible="False"
            ReadOnly="True" SortExpression="ID"/>
```

```
            <asp: BoundField DataField="sitename" HeaderText="sitename"
                SortExpression="sitename"/>
            <asp: BoundField DataField="url" HeaderText="url" SortExpression=
            "url"/>
            <asp: BoundField DataField="intro" HeaderText="intro" SortExpression=
            "intro"/>
            <asp: BoundField DataField="grade" HeaderText="grade"
            SortExpression="grade"/>
            <asp: BoundField DataField="submit_date" HeaderText="submit_date"
                SortExpression="submit_date"/>
        </Columns>
        <PagerStyle ForeColor="#8C4510" HorizontalAlign="Center"/>
        <SelectedRowStyle BackColor="#738A9C" Font-Bold="True" ForeColor=
        "White"/>
        <HeaderStyle BackColor="#A55129" Font-Bold="True" ForeColor="White"/>
    </asp: GridView>
    </form>
</body>
```

说明：

(1) 一般情况下，Access 数据库放置在 App_Data 文件夹下，该文件夹中存放的文件无法直接通过 URL 访问，较好地保障了存有敏感数据的数据库文件的安全性。

(2) 如果连接 SQL Server 数据库，需要用 SqlDateSource 控件设置数据源。

(3) Access 2003 的数据库扩展名为 *.mdb，使用 AccessDataSource1 数据源控件连接。Access 2007 的数据库扩展名为 *.accdb，不能利用 AccessDataSource1 数据源控件连接，只能用 SqlDateSource 数据源控件连接。

(4) 虽然这些代码是自动生成的，但学会阅读代码对更深入地了解 ASP.NET 十分必要。

6.2.3 GridView 控件的分页与排序

1. 分页

在“GridView 任务”中选中“启用分页”选项，设置 GridView 控件的 PageSize 属性为 5，调试界面如图 6-12 所示。

ID	sitename	url	intro	grade	submit_date
1	哈尔滨学院	www.hrbu.edu.cn	校园网	4	2000-1-1 0:00:00
2	百度	www.baidu.com	搜索引擎	4	2011-7-27 15:03:09
3	搜狐网	www.sohu.com	门户网站	4	2004-5-8 0:00:00
4	网易	www.163.com	门户网站	5	2000-4-2 0:00:00
5	新浪网	www.sina.com.cn	门户网站	4	2003-2-1 0:00:00
1 2					

ID	sitename	url	intro	grade	submit_date
6	清华大学	www.tsinghua.edu.cn	校园网	4	2003-6-1 0:00:00
8	微软主页	www.microsoft.com	微软公司主页，有很多技术文献	5	2011-7-20 19:19:03
1 2					

图 6-12 分页示意图

说明：当 PageSize 的属性为 5 时，会自动将表中的内容按 5 条记录/页进行分页，并在底部生成页面的链接，单击相应的链接就会跳转到相应的页面。如单击“2”的链接时，就自动跳转到第 2 页，从第 6 条记录开始显示。

【例 6-2】 以文字方式显示分页链接的分页设置。

(1) 新建程序文件 6-2.aspx，拖放一个 GridView，在“GridView 任务”中选中“启用分页”选项，设置 GridView 控件的 PageSize 属性为“2”。

(2) GridView 的控件属性设置如图 6-13 所示。

运行界面如图 6-14 所示。

2. 排序

在“GridView 任务”中选中“排序”选项，运行界面如图 6-15 所示。

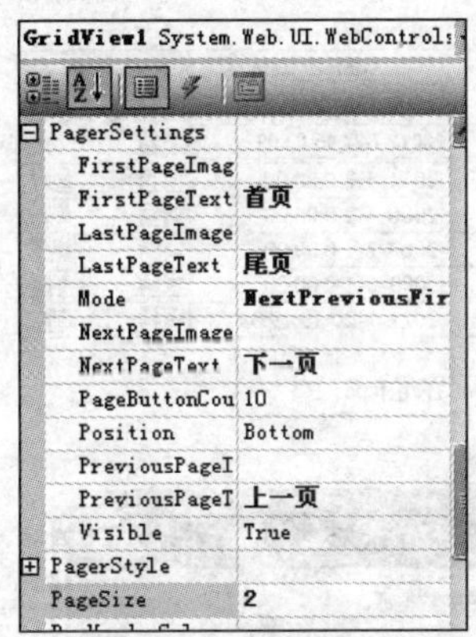

图 6-13 GridView 的控件属性设置

ID	sitename	url	intro	grade	submit_date
3	搜狐网	www.sohu.com	门户网站	4	2004-5-8 0:00:00
4	网易	www.163.com	门户网站	5	2000-4-2 0:00:00
首页 上一页 下一页 尾页					

图 6-14 分页示例

ID	sitename	url	intro	grade	submit_date
1	哈尔滨学院	www.hrbu.edu.cn	校园网	4	2000-1-1 0:00:00
2	百度	www.baidu.com	搜索引擎	4	2011-7-27 15:03:09
3	搜狐网	www.sohu.com	门户网站	4	2004-5-8 0:00:00
4	网易	www.163.com	门户网站	5	2000-4-2 0:00:00
5	新浪网	www.sina.com.cn	门户网站	4	2003-2-1 0:00:00
6	清华大学	www.tsinghua.edu.cn	校园网	4	2003-6-1 0:00:00
8	微软主页	www.microsoft.com	微软公司主页，有很多技术文献	5	2011-7-20 19:19:03

图 6-15 排序运行结果

单击带有链接的列名，就可以按此字段对表中数据进行排序。

6.2.4 编辑、选择、删除

【例 6-3】 编辑、选择、删除列练习。

新建程序文件 6-3.aspx，添加数据源控制和 GridView 控件，进行数据源的配置。

(1) 编辑列的添加

在“GridView 任务”中单击“编辑列”链接，打开“字段”对话框，在可用字段中单击 CommandField 项目，打开折叠，单击“编辑、更新、取消”、“选择”和“删除”，就会有新的字段出现在“选定字段”中。通过上下箭头调整各字段之间的顺序，单击“确定”按钮，完成设置，“字段”对话框如图 6-16 所示。

调试后的运行结果如图 6-17 所示。

(2) 自动添加 SQL 语句

在“GridView 任务”中单击“配置数据源”链接，打开“配置数据源”对话框，在“配置 Select 语句”对话框中单击“高级”按钮，进入“高级 SQL 生成选项”，选中“生成 INSERT、UPDATE 和 DELETE 语句”选项，单击“确定”按钮，完成设置，如图 6-18 所示。

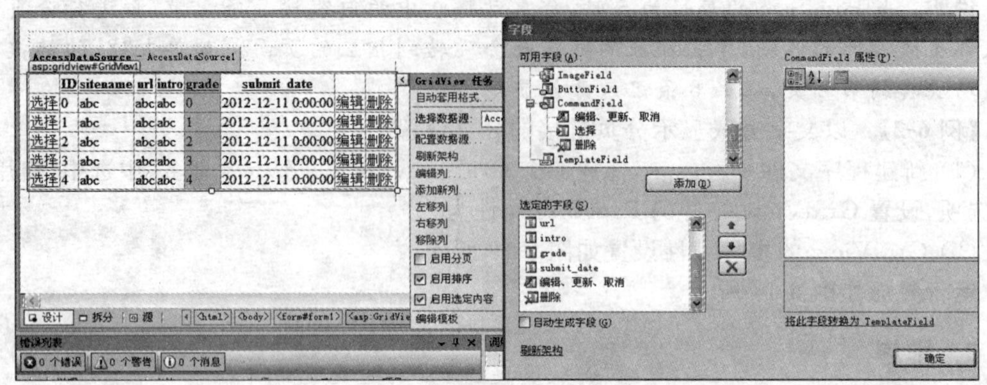

图 6-16 “字段”对话框

	ID	sitename	url	intro	grade	submit_date		
选择	1	哈尔滨学院	www.hrbu.edu.cn	校园网	4	2000-1-1 0:00:00	编辑	删除
	2	百度	www.baidu.com	搜索引擎	4	2011-7-27 15:03:09	更新 取消	
选择	3	搜狐网	www.sohu.com	门户网站	4	2004-5-8 0:00:00	编辑	删除
选择	4	网易	www.163.com	门户网站	5	2000-4-2 0:00:00	编辑	删除
选择	5	新浪网	www.sina.com.cn	门户网站	4	2003-2-1 0:00:00	编辑	删除
选择	6	清华大学	www.tsinghua.edu.cn	校园网	4	2003-6-1 0:00:00	编辑	删除
选择	8	微软主页	www.microsoft.com	微软公司主页，有很多技术文献	5	2011-7-20 19:19:03	编辑	删除

图 6-17 “编辑”、“选择”、“删除”字段运行界面

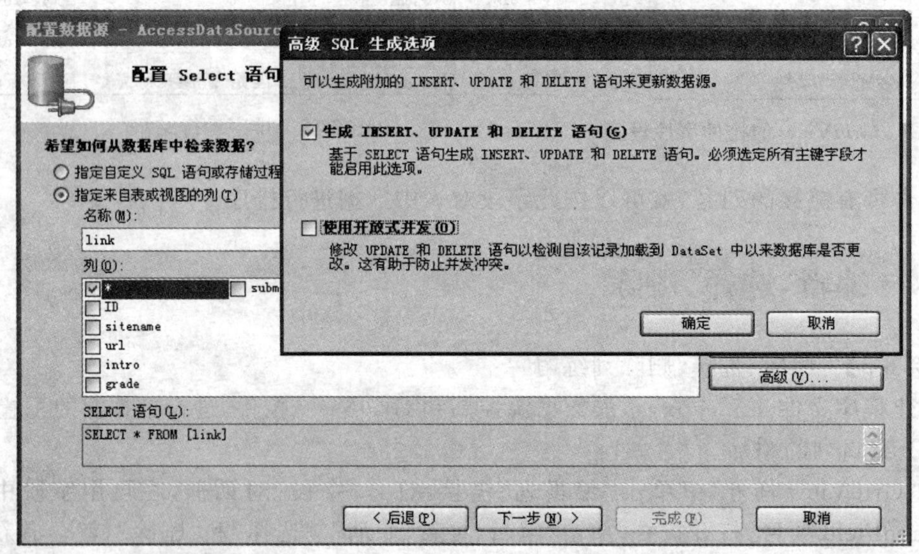

图 6-18 “生成 INSERT、UPDATE 和 DELETE 语句”选项

完成这个任务后，“GridView 任务”菜单就多了几项内容，如图 6-19 所示。

选择“启用编辑”、“启用删除”两个选项，GridView 控件的所有列前出现两个新列，分别为“编辑”和“删除”。要调整编辑、删除列的位置，可以单击“编辑列”链接，调整列的顺序。

	ID	sitename	url	intro	grade	submit_date
编辑 删除	0	abc	abc	abc	0	2012-12-13 0:00:00
编辑 删除	1	abc	abc	abc	1	2012-12-13 0:00:00
编辑 删除	2	abc	abc	abc	2	2012-12-13 0:00:00
编辑 删除	3	abc	abc	abc	3	2012-12-13 0:00:00
编辑 删除	4	abc	abc	abc	4	2012-12-13 0:00:00

图 6-19 “GridView 任务”菜单

(3) 编辑和删除的操作

在 GridView 控件中添加“编辑”、“删除”按钮后，就会自动为 GridView 控件添加相应的 UPDATE 和 DELETE 语句。需要注意的是，要给予保存数据库的文件夹写操作的权限。

单击“编辑”链接，进入编辑状态，如图 6-20 所示。

	ID	sitename	url	intro	grade	submit_date
编辑 删除	1	哈尔滨学院	www.hrbu.edu.cn	校园网	4	2000-1-1 0:00:00
更新 取消	2	百度	www.baidu.com	搜索引擎11	4	2011-7-27 15:03:09
编辑 删除	3	搜狐网	www.sohu.com	门户网站	4	2004-5-8 0:00:00
编辑 删除	4	网易	www.163.com	门户网站	5	2000-4-2 0:00:00
编辑 删除	5	新浪网	www.sina.com.cn	门户网站	4	2003-2-1 0:00:00
编辑 删除	6	清华大学	www.tsinghua.edu.cn	校园网	4	2003-6-1 0:00:00
编辑 删除	8	微软主页	www.microsoft.com	微软公司主页，有很多技术文献	5	2011-7-20 19:19:03

图 6-20 编辑状态

由图可见，“编辑”按钮变为两个按钮“更新”和“取消”，当前记录的字段都变成了文本框，这时可以修改一些记录的值(只读字段除外，如自动编号类型的字段或设置成只读的字段)。修改后单击“更新”，退出“编辑”状态，修改的内容就会存入数据表中，并在页面上显示出来。单击“取消”，取消修改的内容，退出“编辑”状态。

6.2.5 GridView 控件的字段类型

GridView 控件有 7 种字段类型，内容如下。

(1) BoundField，数据绑定字段，默认设置是在页面上以表格的形式显示数据表内容，一般都以数据绑定字段实现的。

(2) ButtonField，按钮字段，能在页面的表格中添加一列带有下划线的列。

(3) CommandField，命令字段，如编辑、删除、选择按钮。

(4) CheckBoxField、CheckBox 字段，以文本框的形式显示在页面中。

(5) ImageField，图像字段。

(6) HyperLinkField，超链接字段。

HyperLinkField 是将数据源字段显示为超链接形式,并可以另外指定 URL 字段,以作为导向实际的 URL 网址。

(7) TemplateField,模板字段。

TemplateField 显示用户定义的模板内容,在 7 种字段类型中功能最强大,可以放入各种需要的控件。

1. 在页面表格中为字段添加中文列标题

按默认设置,页面表格中的列标题来自数据表中的字段名。如果字段名是英文,而页面需要显示中文列标题,就需要修改 BoundField(数据绑定字段)的 HeaderText 属性。

在"GridView 任务"菜单中单击"编辑列"链接,在弹出的"字段"对话框的"选定的字段"列表框中选择要修改列标题的字段,在右侧的"属性"中修改 HeaderText 属性的值。数据区的 DataField 属性指定的是该列绑定的字段名。"字段"对话框的设置如图 6-21 所示。

图 6-21 "字段"对话框的设置

另一种方法,可以直接切换到"源"视图,在代码中直接修改 HeaderText 属性。

代码如下。

```
<asp: GridView ID="GridView1" runat="server" AutoGenerateColumns="False"
    DataKeyNames="ID" DataSourceID="AccessDataSource1">
    <Columns>
        <asp: CommandField ShowDeleteButton="True" ShowEditButton="True"/>
        <asp: BoundField DataField="ID" HeaderText="编号" InsertVisible=
        "False"
            ReadOnly="True" SortExpression="ID"/>
        <asp: BoundField DataField="sitename" HeaderText="网站名称"
            SortExpression="sitename"/>
        <asp: BoundField DataField="url" HeaderText="网址" SortExpression=
        "url"/>
```

```
            <asp: BoundField DataField="intro" HeaderText="网站简介"
            SortExpression="intro"/>
            <asp: BoundField DataField="grade" HeaderText="等级"
            SortExpression="grade"/>
            <asp: BoundField DataField="submit_date" HeaderText="注册日期"
               SortExpression="submit_date"/>
        </Columns>
    </asp: GridView>
```

运行结果如图 6-22 所示。

	编号	网站名称	网址	网站简介	等级	注册日期
编辑 删除	1	哈尔滨学院	www.hrbu.edu.cn	校园网	4	2000-1-1 0:00:00
编辑 删除	2	百度	www.baidu.com	搜索引擎11	4	2011-7-27 15:03:09
编辑 删除	3	搜狐网	www.sohu.com	门户网站	4	2004-5-8 0:00:00
编辑 删除	4	网易	www.163.com	门户网站	5	2000-4-2 0:00:00
编辑 删除	5	新浪网	www.sina.com.cn	门户网站	4	2003-2-1 0:00:00
编辑 删除	6	清华大学	www.tsinghua.edu.cn	校园网	4	2003-6-1 0:00:00
编辑 删除	8	微软主页	www.microsoft.com	微软公司主页，有很多技术文献	5	2011-7-20 19:19:03

图 6-22 修改列标题后的运行结果

2. 为数据表中的 URL 字段添加超链接

在页面中为表示网址的字段添加超链接，浏览时就能直接单击跳转到相应的页面，这需要用到超链接字段（HyperLinkField）。

【例 6-4】 添加 URL 超链接。

(1) 将程序文件 6-3.aspx 另存为 6-4.aspx。

(2) 在“GridView 任务”菜单中单击“编辑列”链接，打开“字段”对话框，在“选定的字段”列表框中删除网址字段。添加一个 HyperLinkField 字段，在“选定的字段”列表中将字段调整到适当位置，修改其属性，如图 6-23 所示。

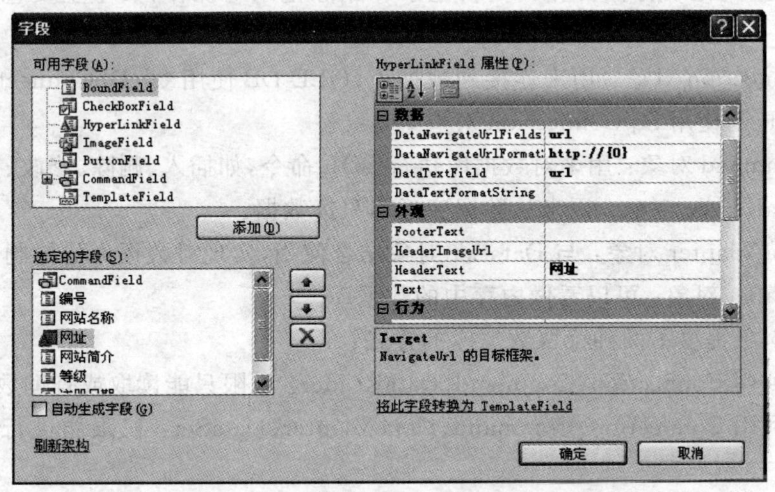

图 6-23 HyperLinkField 字段属性设置

代码由原来的

```
<asp: BoundField DataField="url" HeaderText="网址" SortExpression="url"/>
```

变为

```
<asp: HyperLinkField DataNavigateUrlFields="url"
    DataNavigateUrlFormatString=http://{0}
    DataTextField="url" HeaderText="网址"  Target="_blank"/>
```

说明：

(1) DataTextField＝"url"：在该列中显示的字段为 URL。

(2) DataNavigateUrlFormatString＝http://{0}：设置链接到 URL 地址。

(3) DataNavigateUrlFields＝"url"：设置链接字段，单击超链接时，会为该字段的内容替换"DataNavigateUrlFormatString＝http://{0}"中的"{0}"。

(4) Target＝"_blank"，表示单击超链接时，会在新的浏览器窗口打开新网址。

6.3 使用 ADO. NET 存取数据库

在 ASP. NET 中，除了可以使用数据控件完成数据库信息的浏览和操作外，还可以使用 ADO. NET 提供的各种对象，通过编写代码自由地实现数据库操作功能。

6.3.1 ADO. NET 简介

ADO. NET 是由很多类组成的一个类库，这些类提供了很多对象，分别用来完成数据库的连接、查询记录、插入记录、更新记录和删除记录等操作，其中主要包括如下 5 个对象。

(1) Connection 对象：用来连接到数据库(OLE DB 使用 OleDbConnection 对象，而 SQLSERVER 则使用 SqlConnection 对象)。

(2) Command 对象：用来对数据库执行 SQL 命令，如插入、删除、修改、查询。

(3) DataReader 对象：用来从数据库返回只读数据。

(4) DataAdapter 对象：与 DataSet 对象结合使用，实现对数据库的控制。

(5) DataSet 对象：可以看做内存中的数据库。

这五种对象提供了两种读取数据库的方式：

第一种利用 Connection、Command、DataReader：权限只能读取或查询数据库；

第二种利用 Connection、Command、DataAdapter、DataSet：权限能进行各种数据库的操作。

ADO. NET 五种对象读取数据库的方法如图 6-24 所示。

ADO. NET 提供了两套类库。

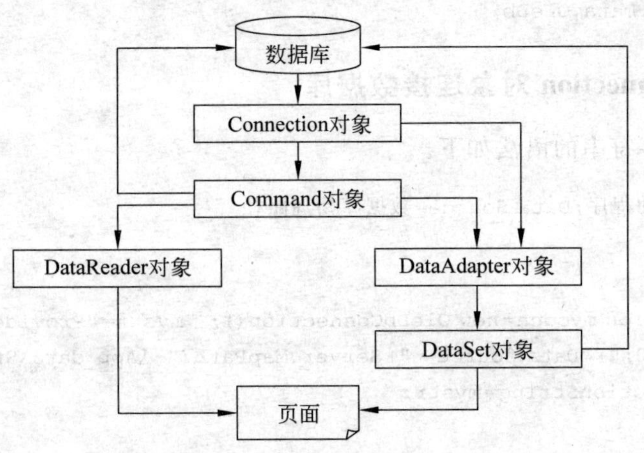

图 6-24　ADO.NET 五种对象读取数据库的方法

第 1 类库：存取所有基于 OLE DB 提供的数据库，如 Access、SQL Server、Oracle，这种方式需要在页面中导入相应的名称空间。

例如：在代码隐藏文件中，导入的名称空间为：

```
using System.Data;
using System.Data.OleDb;
```

第 2 类库：专门用来存取 SQL Server 数据库。这种方式需要在页面中导入相应的名称空间。

例如：在代码隐藏文件中，导入的名称空间为：

```
using System.Data;
using System.Data.SqlClient;
```

注意：对于 SQL Server，最好用第 2 套类。

6.3.2　查询记录(SELECT 语句)

要把数据库中的记录显示在页面上，就需要用到 SQL 语言的 SELECT 语句。

具体步骤如下。

1. 添加名称空间

在单文件的最前面添加相应的名称空间。

```
<%@Import Namespace="System.Data.OleDb" %>
<%@Import Namespace="System.Data" %>
```

在代码隐藏文件中添加相应的名称空间。

```
using System.Data;
```

```
using System.Data.OleDb;
```

2. 利用 Connection 对象连接数据库

数据库连接字符串的语法如下。

```
Provider=驱动程序;Data Source=数据库物理路径
```

例如：

```
OleDbConnection myconn=new OleDbConnection();  mystr="Provider=Microsoft.
Jet.OLEDB.4.0;"+"Data Source ="+Server.MapPath("~\App_data\Stud.mdb");
myconn.ConnectionString=mystr;
```

说明：

(1) 对于以 mdb 为扩展名的 Access 2003 数据库，驱动程序为 Microsoft. Jet. OLEDB. 4. 0。而以 accdb 为扩展名的 Access 2007 数据库，驱动程序为 Microsoft. ACE. OLEDB. 12. 0。

(2) 注意 Data Source 之间一般有一个空格，可以使用 Server. MapPath 方法，将虚拟路径转化为物理路径。

(3) 建立 Command 对象，执行查询语句命令。

(4) 利用 Connection 对象的 Open()方法打开数据库。

(5) 利用 Command 对象的 ExecuteReader 方法建立 DataReader 对象，从数据库中获取数据。

(6) DataReader 对象返回的数据可以看做一个记录集，记录集可以理解成一个虚拟的数据表，在记录集中移动记录指针可以依次访问所有的记录。

(7) 利用 Close 方法关闭数据库连接。

【例 6-5】 使用 ADO. NET 的 DataReader 对象显示数据库

新建程序文件 6-5. aspx，在页面中放入一个 Label 控件，ID 属性改为 message。

在单文件的最前面添加相应的名称空间。

```
<%@Import Namespace="System.Data.OleDb" %>
<%@Import Namespace="System.Data" %>
```

在代码隐藏文件中添加相应的名称空间：

```
using System.Data.OleDb;
using System.Data;
```

程序 6-5. aspx 的代码清单如下。

```
<%@Import Namespace="System.Data.OleDb" %>
<%@Import Namespace="System.Data" %>
<%@Page Language="C#" %>
...
protected void Page_Load(object sender, EventArgs e)
    {
```

```
    //建立 Connection 对象 conn
    OleDbConnection conn=new OleDbConnection("Provider=Microsoft.Jet.
    OLEDB.4.0;Data Source="+Server.MapPath("app_data/www_link.mdb"));
    //建立 Command 对象 com
    OleDbCommand cmd=new OleDbCommand("SELECT * FROM link", conn);
    //打开数据库连接
    conn.Open();
    //建立 DataReader 对象
    OleDbDataReader dr=cmd.ExecuteReader();
    //下面开始在页面显示数据,先显示标题行,在 Label 控件中添加<html>代码
    message.Text="<table width='80%' border='1' align='center'>
    <tr bgcolor='#CDCDCD'><td>ID</td><td>名称</td><td>网址</td><td>
    简介</td><td>评分</td><td>提交时间</td></tr>";
   //再利用循环显示每一条记录
    while (dr.Read())
    {
        message.Text+="<tr>";
        message.Text+="<td>"+dr["id"]+"</td>";
        message.Text+="<td>"+dr["siteName"]+"</td>";
        message.Text+="<td>"+dr["URL"]+"</td>";
        message.Text+="<td>"+dr["intro"]+"</td>";
        message.Text+="<td>"+dr["grade"]+"</td>";
        message.Text+="<td>"+dr["submit_date"]+"</td>";
        message.Text+="</tr>";
    }
    message.Text+="</table>";
    //关闭数据库
    conn.Close();
  }
</script>
```

程序运行结果如图 6-25 所示。

ID	名称	网址	简介	评分	提交时间
1	哈尔滨学院	www.hrbu.edu.cn	校园网	4	2000-1-1 0:00:00
2	百度	www.baidu.com	搜索引擎11	4	2011-7-27 15:03:09
3	搜狐网	www.sohu.com	门户网站	4	2004-5-8 0:00:00
4	网易	www.163.com	门户网站	5	2000-4-2 0:00:00
5	新浪网	www.sina.com.cn	门户网站	4	2003-2-1 0:00:00
6	清华大学	www.tsinghua.edu.cn	校园网	4	2003-6-1 0:00:00
8	微软主页	www.microsoft.com	微软公司主页，有很多技术文献	5	2011-7-20 19:19:03

图 6-25　运行结果

6.3.3　插入记录(INSERT 语句)

具体步骤如下。

(1) 利用 Connection 对象建立和数据库的连接。

(2) 建立 Command 对象,执行插入语句命令。

(3) 利用 Open()方法打开数据库。

(4) 利用 Command 对象的 ExecuteNonQuery 方法插入记录。

(5) 利用 Close 方法关闭数据库连接。

【例 6-6】 使用 ADO. NET 的 Command 对象的 ExecuteNonQuery()方法,在数据库添加数据。

程序 6-6. aspx 的代码清单如下。

```
<%@ Import Namespace="System.Data.OleDb" %>
<%@ Import Namespace="System.Data" %>
…
protected void Page_Load(object sender, EventArgs e)
    {
        //建立 Connection 对象 conn
        OleDbConnection conn=new OleDbConnection("Provider=Microsoft.Jet.
        OLEDB.4.0;Data Source="+Server.MapPath("app_data/www_link.mdb"));
        //建立 Command 对象 cmd
        OleDbCommand cmd=new OleDbCommand("INSERT Into link(sitename,URL,
        intro,grade,submit_date) Values('联想主页','www.lenovo.com.cn','联想公
        司主页,有很多技术文献',5,#"+System.DateTime.Now+"#)", conn);
        //执行操作,插入记录
        conn.Open();                                    //打开数据库
        cmd.ExecuteNonQuery();
        conn.Close();                                   //关闭数据库
        message.Text="成功添加,请打开数据库 www_link.mdb 查看结果或单击下面的链接
        查看";
    }
</script>
…
<body>
…
        <a href="6-5.aspx">显示</a>
…
</body>
</html>
```

6.3.4 更新记录(UPDATE 语句)

具体步骤如下。

(1) 利用 Connection 对象建立和数据库的连接。

(2) 建立 Command 对象,执行更新语句命令。

(3) 利用 Open()方法打开数据库。

(4) 利用 Command 对象的 ExecuteNonQuery 方法更新记录。

(5) 利用 Close 方法关闭数据库连接。

【例 6-7】 使用 ADO. NET 的 Command 对象的 ExecuteNonQuery()方法,在数据库修改数据。

程序 6-7. aspx 的代码清单如下。

```
<%@Import Namespace="System.Data.OleDb" %>
<%@Import Namespace="System.Data" %>
...
  protected void Page_Load(object sender, EventArgs e)
    {
        //建立 Connection 对象 conn
        OleDbConnection conn=new OleDbConnection("Provider=Microsoft.Jet.
        OLEDB.4.0;Data Source="+Server.MapPath("app_data/www_link.mdb"));
        //建立 Command 对象 cmd
        OleDbCommand cmd=new OleDbCommand("UPDATE link Set intro='一个不错的网
        站',grade=4 Where id=1", conn);
        //执行操作,更新记录
        conn.Open();                            //打开数据库
        cmd.ExecuteNonQuery();
        conn.Close();                           //关闭数据库
        message.Text="已经成功更新,请自己打开数据库 www_link.mdb 查看结果";
    }
```

6.3.5 删除记录(DELETE 语句)

具体步骤如下。

(1) 利用 Connection 对象建立和数据库的连接。

(2) 建立 Command 对象,执行删除语句命令。

(3) 利用 Open()方法打开数据库。

(4) 利用 Command 对象的 ExecuteNonQuery 方法删除记录。

(5) 利用 Close 方法关闭数据库连接。

【例 6-8】 使用 ADO. NET 的 Command 对象的 ExecuteNonQuery()方法,在数据库删除数据。

程序 6-8. aspx 的代码清单如下。

```
<%@Import Namespace="System.Data.OleDb" %>
<%@Import Namespace="System.Data" %>
```

```
…
protected void Page_Load(object sender, EventArgs e)
    {   //建立 Connection 对象 conn
        OleDbConnection conn=new OleDbConnection("Provider=Microsoft.Jet.
        OLEDB.4.0;Data Source="+Server.MapPath("app_data/www_link.mdb"));
        //建立 Command 对象 cmd
        OleDbCommand cmd=new OleDbCommand("DELETE FROM link Where id=9", conn);
        //执行操作,删除记录
        conn.Open();                                    //打开数据库
        cmd.ExecuteNonQuery();
        conn.Close();                                   //关闭数据库
        message.Text="已经成功删除,请自己打开数据库 www_link.mdb 查看结果";
    }
```

说明:例 6-6、例 6-7、例 6-8 采用的都是 Command 对象的 ExecuteNonQuery()方法,它直接利用 Command 对象操作数据库的数据。在实际操作中,对数据库的添加、更新、删除的值,往往来自页面的表单控件,因此就需要将 SQL 语句与表单控件的值结合起来,写成比较复杂的 SQL 语句,这是需要重点掌握的内容。

6.4 进一步探讨数据库数据的操作

6.4.1 使用 ADO.NET 和 GridView 控件显示记录

6.3.1 节中讲过两种读取数据库的方式。

第一种使用 Connection、Command、DataReader:权限只能读取或查询数据库。

第二种使用 Connection、Command、DataAdapter、DataSet:权限能进行各种数据库的操作。

利用 GridView 控件显示记录时,可以利用这两种方式,而将 DataReader 对象或 DataSet 指定为数据源,然后进行绑定。

【例 6-9】 使用 ADO.NET 的 DataReader 对象和 GridView 控件显示记录。

添加 GridView 控件,不要添加数据源,然后添加代码。

程序 6-9.aspx 的代码清单如下。

```
<%@ Import Namespace="System.Data.OleDb" %>
<%@ Import Namespace="System.Data" %>
…
protected void Page_Load(object sender, EventArgs e)
    {
        //建立 Connection 对象
```

```
    OleDbConnection conn=new OleDbConnection("Provider=Microsoft.Jet.
    OLEDB.4.0;Data Source="+Server.MapPath("app_data/www_link.mdb"));
    //建立 Command 对象
    OleDbCommand cmd=new OleDbCommand("select * from link", conn);
    conn.Open();                                //打开数据库连接
    //建立 DataReader 对象
    OleDbDataReader dr=cmd.ExecuteReader();
    //下面将 DataReader 对象绑定到 DataGrid 控件
    GridView1.DataSource=dr;                    //指定数据源
    GridView1.DataBind();                       //执行绑定
    conn.Close();                               //关闭数据库连接
}
```

【例 6-10】 使用 ADO.NET 的 DataAdapter 对象、DataSet 对象和 GridView 控件显示记录。

在程序代码最前面导入名称空间，代码如下。

```
<%@ Import Namespace="System.Data.OleDb" %>
<%@ Import Namespace="System.Data" %>
```

程序 6-10.aspx 的程序清单如下。

```
<%@ Import Namespace="System.Data.OleDb" %>
<%@ Import Namespace="System.Data" %>
…
<script runat="server">
   protected void Page_Load(object sender, EventArgs e)
   {   //建立 Connection 对象
       OleDbConnection conn=new OleDbConnection("Provider=Microsoft.Jet.
       OLEDB.4.0;Data Source="+Server.MapPath("app_data/www_link.mdb"));
       //建立 Command 对象
       OleDbCommand cmd=new OleDbCommand("Select * From link", conn);
       //建立 DataAdapter 对象
       OleDbDataAdapter adp=new OleDbDataAdapter(cmd);
       //建立 DataSet 对象
       DataSet ds=new DataSet();
       //填充 DataSet 对象
       adp.Fill(ds, "link");
       //绑定数据对象
       GridView1.DataSource=ds.Tables["link"].DefaultView;     //指定数据源
       GridView1.DataBind();                                   //执行绑定
   }
</script>
```

例 6-9 和例 6-10 的运行结果相同,如图 6-26 所示。

ID	sitename	url	intro	grade	submit_date
1	哈尔滨学院	www.hrbu.edu.cn	校园网	4	2000-1-1 0:00:00
2	百度	www.baidu.com	搜索引擎11	4	2011-7-27 15:03:09
3	搜狐网	www.sohu.com	门户网站	4	2004-5-8 0:00:00
4	网易	www.163.com	门户网站	5	2000-4-2 0:00:00
5	新浪网	www.sina.com.cn	门户网站	4	2003-2-1 0:00:00
6	清华大学	www.tsinghua.edu.cn	校园网	4	2003-6-1 0:00:00
8	微软主页	www.microsoft.com	微软公司主页,有很多技术文献	5	2011-7-20 19:19:03
13	联想主页	www.lenovo.com.cn	联想公司主页,有很多技术文献	5	2012-12-13 22:30:39

图 6-26 运行结果

说明:

(1) 例 6-9 使用 DataReader 对象,只能完成对数据库的读取;例 6-10 采用 DataAdapter 对象、DataSet 对象,完成对数据库的读取。因为生成了 DataSet 对象,不仅可以查询记录,还可以更新、删除、添加记录。

(2) DataSet 对象是内存中的数据库,建立 DataSet 对象后,就与原来的数据库断开,保证数据的安全性。

(3) adp.Fill(ds, "link")语句,DataAdapter 对象将数据库中查询到的数据填充进名为"ds"的 DataSet 对象中的一个表中,表名为"link",表 link 并不是数据库中的表。

(4) GridView1.DataSource=ds.Tables["link"].DefaultView;是将 DataSet 对象 link 表的默认视图指定为 GridView 控件的数据源。

(5) 有时候可以省略 Command 对象,直接建立 DataAdapter 对象。并不是不需要 Command 对象,而是隐含建立 Command 对象,但不能够用 Command 对象的一些子对象进行进一步的数据处理。

6.4.2 从页面控件向数据表中添加数据

【例 6-11】 显示添加页面,向数据表中添加数据。

设计添加数据页面,如图 6-27 所示。

网站名称:
网址:
简介:
等级: 1
添加
显示

图 6-27 添加数据页面

程序 6-11.aspx 的代码清单如下。

```
<%@ Import Namespace="System.Data.OleDb" %>
<%@ Import Namespace="System.Data" %>
...
    protected void Button1_Click(object sender, EventArgs e)
    {
        //建立 Connection 对象 conn
        OleDbConnection conn=new OleDbConnection("Provider=Microsoft.Jet.
        OLEDB.4.0;Data Source="+Server.MapPath("app_data/www_link.mdb"));
        //执行操作,插入记录
        conn.Open();                                            //打开数据库
        DateTime dt=DateTime.Now;
        //建立 Command 对象 mycmd,然后再指定 CommandText,CommandText 属性,不同于以
```

```
        前用构造函数建立对象的方式。
        OleDbCommand mycmd=new OleDbCommand();
        string sql="Insert Into [link](sitename,URL,intro,grade,submit_date)
        Values('"+TextBox1.Text+"','"+TextBox2.Text+"','"+TextBox3.Text+
        "',"+DropDownList1.SelectedItem.Value+",#"+dt.ToString()+"#)";
                             //将页面控件中的数据与 SQL 语句结合,写出完整的 SQL 语句
        mycmd.CommandText=sql;
        mycmd. Connection=conn;
        mycmd.ExecuteNonQuery();
        conn.Close();                                              //关闭数据库
    }
</script>
<html xmlns="http://www.w3.org/1999/xhtml">
<head runat="server">
    <title>无标题页</title>
</head>
<body>
    <form id="form1" runat="server">
    <div>
      网站名称: <asp: TextBox ID="TextBox1" runat="server"></asp: TextBox>
        <br/>
        网址: <asp: TextBox ID="TextBox2" runat="server"></asp: TextBox>
        <br/>
        简介: <asp: TextBox ID="TextBox3" runat="server"></asp: TextBox>
        <br/>
        等级: <asp: DropDownList ID="DropDownList1" runat="server">
            <asp: ListItem>1</asp: ListItem>
            <asp: ListItem>2</asp: ListItem>
            <asp: ListItem>3</asp: ListItem>
            <asp: ListItem>4</asp: ListItem>
            <asp: ListItem>5</asp: ListItem>
            </asp: DropDownList>
        <br/>
        <asp: Button ID="Button1" runat="server" onclick="Button1_Click" Text=
        "添加"/>
      </div>
    </form>
        <a href="6-10.aspx">显示</a>
</body>
</html>
```

在页面添加数据,单击“添加”按钮,然后单击显示链接,跳转到 6-10. aspx,查看添加结果,界面分别如图 6-28 和图 6-29 所示。

图 6-28　数据添加页面

ID	sitename	url	intro	grade	submit_date
1	哈尔滨学院	www.hrbu.edu.cn	校园网	4	2000-1-1 0:00:00
2	百度	www.baidu.com	搜索引擎11	4	2011-7-27 15:03:09
3	搜狐网	www.sohu.com	门户网站	4	2004-5-8 0:00:00
4	网易	www.163.com	门户网站	5	2000-4-2 0:00:00
5	新浪网	www.sina.com.cn	门户网站	4	2003-2-1 0:00:00
6	清华大学	www.tsinghua.edu.cn	校园网	4	2003-6-1 0:00:00
8	微软主页	www.microsoft.com	微软公司主页，有很多技术文献	5	2011-7-20 19:19:03
13	联想主页	www.lenovo.com.cn	联想公司主页，有很多技术文献	5	2012-12-13 22:30:39
14	腾讯	http://www.qq.com/	门户网站	4	2012-12-16 16:20:57

图 6-29　添加后的结果

6.4.3　事务处理

事务是一组合成逻辑工作单元的数据库操作，事务处理将控制和维护每个数据库的一致性和完整性。如果事务处理过程中没有遇到错误，事务中的所有修改都将永久成为数据库的一部分。如果遇到错误，则不会对数据库做出任何修改，事务处理的语法参见2.7节。

【例 6-12】 改写例 6-11，另存为 6-12.aspx。

程序 6-12.aspx 的程序清单如下。

```
protected void Button1_Click(object sender, EventArgs e)
{
    //建立 Connection 对象
    OleDbConnection conn=new OleDbConnection("Provider=Microsoft.Jet.OLEDB.4.0;
    Data Source="+Server.MapPath("app_data/www_link.mdb"));
    //执行操作，插入记录
    conn.Open();                        //打开数据库
    DateTime dt=DateTime.Now;
    //建立 Command 对象
    OleDbCommand mycmd=new OleDbCommand();
    string sql="Insert Into link(sitename,URL,intro,grade,submit_date) Values
    ('"+TextBox1.Text+"','"+TextBox2.Text+"','"+TextBox3.Text+"',"+
   DropDownList1.SelectedItem.Value+",#"+dt.ToString()+"#)";
    mycmd.CommandText=sql;
    mycmd.Connection=conn;
    bool dd=true;
    try                                 //将对数据库的操作放到 try 语句体中，并且捕获错误
    {
        mycmd.ExecuteNonQuery();
    }
    catch                               //如果发现错误，在这里进行处理
    {
        dd=false;
```

```
    }
    finally                 //没有发现错误,进行运行此语句块
    {
        mycmd.Dispose();    //释放对象所占用的资源
        conn.Close();
        conn.Dispose();
    }
    if (dd)                 //如果过程中没有出现错误,将直接将页面重定向到 6-10.aspx
    {
        Response.Redirect("6-10.aspx");
    }
}
```

说明：针对数据库的操作一般都需要应用事务处理来维护数据库中数据的完整性和安全性。

6.4.4 使用含有参数的 SQL 语句

在前面的示例中,SQL 语句比较难写,尤其是 INSERT 和 UPDATE 语句。

为了使程序便于理解,也可以使用含有参数的 SQL 语句,也就是说 SQL 语句中含有不确定值的参数,然后再给这些参数赋值。

下面就是一个最简单的参数化 SQL 语句,其中包含一个参数@sitename。

```
"Select * From link Where sitename=@sitename"
```

当需要给该参数赋值时,可以使用 Command 对象建立参数子对象,然后再赋值。

```
cmd.Parameters.Add(new OleDbParameter("@sitename", OleDbType.Char,20));
cmd.Parameters["@sitename"].Value=TextBox1.Text;
```

说明：

(1) 第 1 句是建立一个参数,并将其加入到 Command 对象的参数集合中,其中 OleDbType.Char 表示该参数是字符型类型,20 表示长度不超过 20 个字符。其他常用类型如下。

- OleDbType.VarChar：变长字符串类型,常用于"备注"字段。
- OleDbType.Integer：整数类型。
- OleDbType.Date：日期类型。
- OleDbType.Boolean：布尔类型(逻辑类型)。
- OleDbType.Single：单精度类型。

(2) 第 2 句就是给该参数赋值,注意要根据该参数的类型赋予适当的值。

【例 6-13】 使用参数的 SQL 语句对数据表进行操作。

设计界面如图 6-30 所示。

ID	sitename	url	intro	grade	submit_date
1	哈尔滨学院	www.hrbu.edu.cn	校园网	4	2000-1-1 0:00:00
2	百度	www.baidu.com	搜索引擎11	4	2011-7-27 15:03:09
3	搜狐网	www.sohu.com	门户网站	4	2004-5-8 0:00:00
4	网易	www.163.com	门户网站	5	2000-4-2 0:00:00
5	新浪网	www.sina.com.cn	门户网站	4	2003-2-1 0:00:00
6	清华大学	www.tsinghua.edu.cn	校园网	4	2003-6-1 0:00:00
8	微软主页	www.microsoft.com	微软公司主页，有很多技术文献	5	2011-7-20 19:19:03

请输入要查询的网站名称：哈尔滨学院 查询

请输入要删除的网站ID： 删除

图 6-30　使用参数进行数据表的操作

程序 6-13.aspx 的代码清单如下。

```
<%@ Import Namespace="System.Data.OleDb" %>
<%@ Import Namespace="System.Data" %>
…
    protected void Button1_Click(object sender, EventArgs e)
    {
        //建立 Connection 对象
        OleDbConnection conn=new OleDbConnection("Provider=Microsoft.Jet.
        OLEDB.4.0;Data Source="+Server.MapPath("app_data/www_link.mdb"));
    //建立 Command 对象
    OleDbCommand cmd=new OleDbCommand("Select * From link where sitename=
    @sitename", conn);
        cmd.Parameters.Add(new OleDbParameter("@sitename", OleDbType.Char,20));
        cmd.Parameters["@sitename"].Value=TextBox1.Text;
        //建立 DataAdapter 对象
        OleDbDataAdapter adp=new OleDbDataAdapter(cmd);
        //建立 DataSet 对象
        DataSet ds=new DataSet();
        //填充 DataSet 对象
        adp.Fill(ds, "link");
        //绑定数据对象
        GridView1.DataSource=ds.Tables["link"].DefaultView;          //指定数据源
        GridView1.DataBind();                                        //执行绑定
        conn.Close();
    }
    protected void Page_Load(object sender, EventArgs e)
    {
        //建立 Connection 对象
         OleDbConnection conn = new OleDbConnection ("Provider = Microsoft. Jet.
         OLEDB.4.0;Data Source="+Server.MapPath("app_data/www_link.mdb"));
        //建立 Command 对象
        OleDbCommand cmd=new OleDbCommand("Select * From link", conn);
```

```
        conn.Open();
        //建立 DataAdapter 对象
        OleDbDataAdapter adp=new OleDbDataAdapter(cmd);
        //建立 DataSet 对象
        DataSet ds=new DataSet();
        //填充 DataSet 对象
        adp.Fill(ds, "link");
        //绑定数据对象
        GridView1.DataSource=ds.Tables["link"].DefaultView;        //指定数据源
        GridView1.DataBind();                                       //执行绑定
        conn.Close();
        conn.Dispose();
    }
    protected void Button2_Click(object sender, EventArgs e)
    {
        OleDbConnection conn1=new OleDbConnection("Provider=Microsoft.Jet.
        OLEDB.4.0;Data Source="+Server.MapPath("app_data/www_link.mdb"));
        OleDbCommand cmd1=new OleDbCommand("Delete From link where sitename=
        @name", conn1);
        cmd1.Parameters.Add(new OleDbParameter("@name", OleDbType.Char, 20));
                                 //此处可换成其他字段,注意字段的类型与定义的类型相符。
        cmd1.Parameters["@name"].Value=TextBox2.Text;
        conn1.Open();
        cmd1.ExecuteNonQuery();
        OleDbCommand cmd2=new OleDbCommand("Select * From link", conn1);
        OleDbDataAdapter adp=new OleDbDataAdapter(cmd2);
        DataSet ds=new DataSet();
        adp.Fill(ds, "link");
        GridView1.DataSource=ds.Tables["link"].DefaultView;        //指定数据源
        GridView1.DataBind();
        cmd1.Dispose();
        cmd2.Dispose();
        conn1.Close();
        conn1.Dispose();
    }
</script>
<html xmlns="http://www.w3.org/1999/xhtml">
<head runat="server">
    <title>无标题页</title>
</head>
<body>
    <form id="form1" runat="server">
    <div>
```

```
        <asp: GridView ID="GridView1" runat="server">
        </asp: GridView>
        <br/>
        请输入要查询的网站名称：<asp: TextBox ID="TextBox1" runat="server">
        </asp: TextBox>
        <asp: Button ID="Button1" runat="server" onclick="Button1_Click" Text=
        "查询"/>

        <br/>
        请输入要删除的网站 ID:  
        <asp: TextBox ID="TextBox2" runat="server"></asp: TextBox>
        <asp: Button ID="Button2" runat="server" onclick="Button2_Click" Text=
        "删除"/>
    </div>
    </form>
</body>
</html>
```

6.4.5 对数据表的更新

在 6.2 节中，通过对 GridView 控件的设置，可以完成对数据表中数据的更新。但在此种更新中，所有字段都是以文本框的形式接受修改的数据，因此一些有特定值的字段容易产生录入错误，如在 grade 字段中输入了 1～5 以外的字符。本节介绍一种利用模板字段进行数据更新的方法，避免这个问题。

TemplateField(模板字段)在 6.2.5 节提及，本节进行详细介绍。TemplateField 显示用户定义的模板内容，在 7 种字段类型中功能最强大，可以放入各种需要的控件。

TemplateField(模板字段)包含 5 种可编辑部分。

(1) ItemTemplate：字段项目模板。

(2) AlternatingItemTemplate：字段间隔项目模板，设置这个字段后，奇数行会显示 ItemTemplate，偶数行显示为 AlternatingItemTemplate。

(3) EditItemmTemplate：编辑模式模板，就是进入“编辑”状态时当前字段的外观。

(4) HeaderTemplate：表头模板。

(5) FooterTemplate：表尾模板。

【例 6-14】 利用模板字段完成数据的更新。

(1) 新建 6-14. aspx 文件，在页面放置一个 GridView 控件，建立数据源控件，将数据源指定为 app_data/www_link. mdb 数据库，添加“编辑”与“删除”按钮列。

(2) 在“GridView 任务”菜单中单击“编辑列”，添加一个 TemplateField 字段，在“选定的字段”中删除 grade 字段，并将 TemplateField 字段放置到 intro 之前(这里没按数据表的顺序放置)，将 HeaderText 属性设为“网站评分”。

(3) 在“GridView 任务”菜单中单击“编辑模板”，选择“Colunm[4]-网站评分”的 ItemTemplate 项目，从工具箱中拖入一个 Label 标签，如图 6-31 所示，并将标签的 Text 属性设为 Eval(“grade”)，如图 6-32 所示。

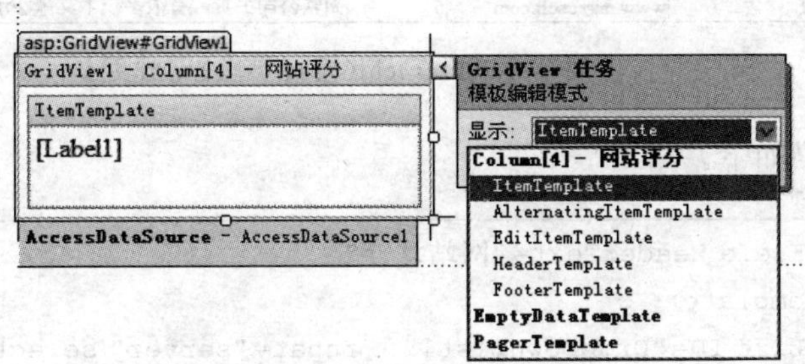

图 6-31　GridView 任务“编辑模板”的 ItemTemplate 项目

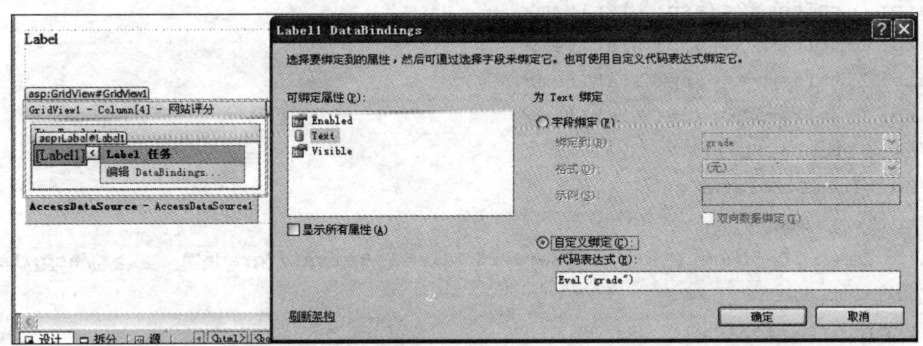

图 6-32　ItemTemplate 项目中标签的“自定义绑定”

(4) 选择“Colunm[4]-网站评分”的 EditItemTemplate 项目，从工具箱中拖入一个下拉列表框，为下拉列表框添加项 1～5，并将下拉列表框的 SelectedIndex 属性设为(int) Eval("grade")-1，如图 6-33 所示。

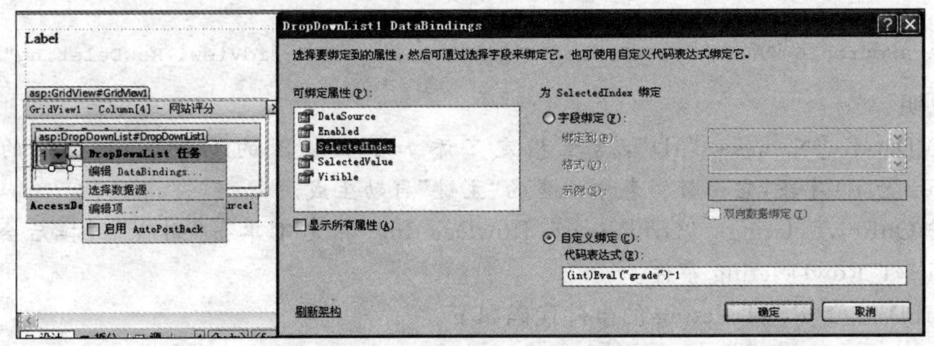

图 6-33　EditItemTemplate 项目的自定义绑定

这时页面如图 6-34 所示。

	ID	sitename	url	网站评分	intro	submit_date
编辑 删除	1	哈尔滨学院	www.hrbu.edu.cn	4	校园网	2000-1-1 0:00:00
编辑 删除	2	百度	www.baidu.com	4	搜索引擎	2011-7-27 15:03:09
更新 取消	3	搜狐网	www.sohu.com	4	门户网站	2012-12-17 10:53:39
编辑 删除	4	网易	www.163.com	5	门户网站	2000-4-2 0:00:00
编辑 删除	5	新浪网	www.sina.com.cn	4	门户网站	2012-12-17 10:54:00
编辑 删除	6	清华大学	www.tsinghua.edu.cn	4	校园网	2003-6-1 0:00:00
编辑 删除	8	微软主页	www.microsoft.com	5	微软公司主页，有很多技术文献	2011-7-20 19:19:03

图 6-34 使用 TemplateField(模板字段)完成更新

对应的静态代码如下。

```
<asp: TemplateField HeaderText="网站评分">
    <EditItemTemplate>
<asp: DropDownList ID="DropDownList1"   runat="server" selectedindex=
'<%#(int)Eval("grade")-1%>'>
<asp: ListItem>1</asp: ListItem>
<asp: ListItem>2</asp: ListItem>
<asp: ListItem>3</asp: ListItem>
<asp: ListItem>4</asp: ListItem>
<asp: ListItem>5</asp: ListItem>
</asp: DropDownList>
</EditItemTemplate>
<ItemTemplate>
<asp: Label ID="Label1" runat="server" Text='<%#Eval("grade") %>'></asp: Label>
</ItemTemplate>
</asp: TemplateField>
```

(5) 如果想完成删除功能，必须添加相应的动态代码。

切换到“源”视图，选中 GridView，在“事件”中选择 RowDeleting(删除前发生)，这时页面部分 GridView 的定义部分会添加相应的事件。

```
<asp: GridView ID="GridView1" runat="server" AutoGenerateColumns="False"
DataKeyNames="ID"
DataSourceID="AccessDataSource1"  OnRowDeleting="GridView1_RowDeleting">
```

说明：

① DataKeyNames="ID"，这里指定了添加了数据源的 GridView 控件的主键 DataKey 为 ID 字段，它由数据表中设置的“主键”自动生成。

② OnRowDeleting="GridView1_RowDeleting"指定了单击“删除”链接后会调用 GridView1_RowDeleting 事件。

GridView1_RowDeleting 的事件代码如下。

```
protected void GridView1_RowDeleting(object sender, GridViewDeleteEventArgs e)
    {  OleDbConnection conn=new OleDbConnection("Provider=Microsoft.Jet.
    OLEDB.4.0;Data Source="+Server.MapPath("app_data/www_link.mdb"));
```

```
        string strsql;
        strsql="Delete from link  Where id="+GridView1.DataKeys[e.RowIndex].
        Value.ToString()+"";
        OleDbCommand mycmd=new OleDbCommand();
        mycmd.CommandText=strsql;
        mycmd.Connection=conn;
        try
        {
            conn.Open();
            mycmd.ExecuteNonQuery();
            conn.Close();
            conn.Dispose();
        }
        catch
        {
            Label2.Text =strSql;        }
}
```

说明：

① 在事件的参数 GridViewDeleteEventArgs e 里，e 是 EventArgs 的缩写，表示事件参数，系统自动生成的事件方法中通常会使用它，这里就是指定了 GridView 控件的 Delete 事件里产生的事件参数为 e。e. RowIndex 获取了单击"删除"链接时单击的行数，GridView1. DataKeys[e. RowIndex]. Value 则获取了单击行的主键的值，即 ID 字段的值。

② 在页面中添加一个标签 Label2，程序出错时被 Catch 语句捕获，则将生成的 SQL 语句 strSql 显示在页面上。这样就方便在编程过程中调试，因为 SQL 语句的书写比较复杂，尤其是 INSERT 语句和 UPDATE 语句，将生成的语句复制到 Access 数据库的查询中运行，即可查看有没有错误。这是一种常用的检查 SQL 是否书写正确的方法，程序调试成功后，这句并不运行。

(6) 更新的实现

切换到"源"视图，选中 GridView，在"事件"中选择 RowUpdating(更新前发生)。这时页面部分 GridView 的定义部分会添加相应的事件。

```
<asp: GridView ID="GridView1" runat="server" AutoGenerateColumns="False"
DataKeyNames="ID" DataSourceID="AccessDataSource1"  OnRowDeleting=
"GridView1_RowDeleting" OnRowUpdating="GridView1_RowUpdating">
```

GridView1_RowUpdating 事件的程序代码如下：

```
protected void GridView1_RowUpdating(object sender, GridViewUpdateEventArgs e)
    {
        OleDbConnection conn=new OleDbConnection("Provider=Microsoft.Jet.
        OLEDB.4.0;Data Source="+Server.MapPath("app_data/www_link.mdb"));
```

```
//获取文本框中的值
TextBox txtSiteName, txtURL, txtIntro;
            //声明文本框控件变量,用来接收 GridView 控件中各文本框字段的数据
txtSiteName= (TextBox)GridView1.Rows[e.RowIndex].Cells[2].Controls[0];
                                                        //获取网站名称
txtURL= (TextBox)GridView1.Rows[e.RowIndex].Cells[3].Controls[0];
                                                        //获取网站地址
txtIntro= (TextBox)GridView1.Rows[e.RowIndex].Cells[5].Controls[0];
                                                        //获取网站简介
//获取下拉列表框中的值
DropDownList txtGrade;                                  //声明下拉列表框
txtGrade= (DropDownList)GridView1.Rows[e.RowIndex].Cells[4].Controls[1];
//获取网站评分列中第二个控件,即 EditItemTemplate 状态下的控件的值
string strSql;
strSql="Update link Set sitename='"+txtSiteName.Text+"',URL=
'"+txtURL.Text+"',intro='"+txtIntro.Text+"',grade="+Convert.
ToInt16(txtGrade.SelectedItem.Text)+",submit_date=#"+System.
DateTime.Now+"#Where id="+GridView1.DataKeys[e.RowIndex].Value+"";
//建立 Command 对象
OleDbCommand cmd=new OleDbCommand();
cmd.CommandText=strSql;
cmd.Connection=conn;
//执行更新操作
try
{
   conn.Open();
   cmd.ExecuteNonQuery();
   conn.Close();
   conn.Dispose();
}
catch{
   Label2.Text =strSql;
}   }
```

说明:txtSiteName=(TextBox)GridView1. Rows[e. RowIndex]. Cells[2]. Controls[0];在 GridView 控件中,行和列的索引号都是从 0 开始,所以“编辑”、“删除”是第 0 列,id 是第 1 列,sitename 是第 2 列,以此类推。GridView1. Rows[e. RowIndex]获取了单击“编辑”行的索引号,Cells[2]指第 3 列;Controls[0],如果存在 ItemTemplate 和 EditItemTemplate,即正常和编辑模式的模板,则 Controls[0]表示 ItemTemplate 正常状态下控件 TextBox1 的值,Controls[1]表示 EditItemTemplate 编辑状态 DropdownList1 的值。

注意:Command 对象的 ExecuteNonQuery()方法一次只能处理一条数据,对数据表

的插入、删除、更新的操作只能一条一条地进行。如果涉及一个数据关键字在两个表中的插入、删除、更新，只能一个表一个表地进行。而 SELECT 语句本身是可以进行多表联合查询的。

6.4.6 详细页的链接

如果一个数据表有许多字段，且都显示在页面中，就会有许多列，看起来不方便，通常做法是显示若干重要字段，然后单击一个“详细”超链接，打开一个详细页面，在其中看到所有的字段。如现在论坛的主界面也是只列出帖子的题目，单击题目就可打开页面查看帖子内容。

【例 6-15】 详细页的链接。

运行结果如图 6-35、图 6-36 所示。

sitename	网址URL	详细
哈尔滨学院	www.hrbu.edu.cn	详细
百度	www.baidu.com	详细
搜狐网	www.sohu.com	详细
网易	www.163.com	详细
新浪网	www.sina.com.cn	详细
清华大学	www.tsinghua.edu.cn	详细
微软主页	www.microsoft.com	详细

图 6-35 6-15.aspx 的运行结果

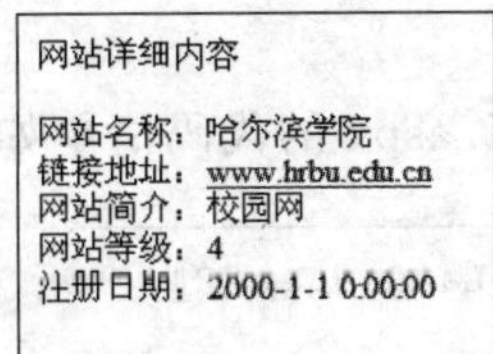

图 6-36 跳转到 6-16.aspx 的运行结果

(1) 新建 6-15.aspx，在页面拖放入一个 GridView 控件，设置数据源，在数据源中添加 sitename、url、id 等 3 个字段。

(2) 在“GridView 任务”中单击“编辑列”，添加两个 HyperLinkField 字段，在“选定的字段”中删除 id、url，设置两个 HyperLinkField 字段的属性，target 的属性为“_blank”。其他如图 6-37、图 6-38 所示，运行结果如图 6-35 所示。

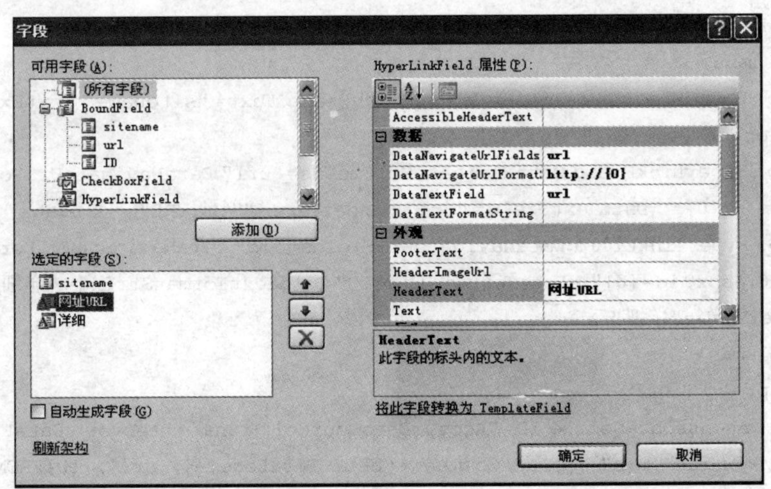

图 6-37 网址字段设置

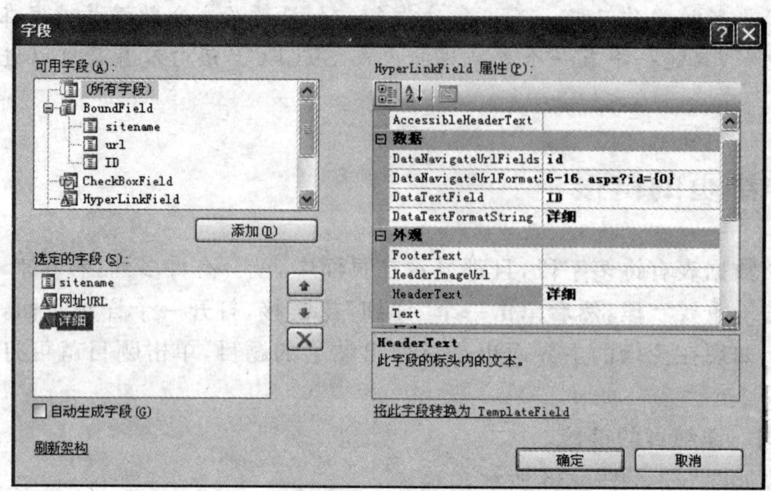

图 6-38　详细字段设置

程序 6-15.aspx 的代码清单如下。

```
<%@Page Language="C#" %>
…
<html xmlns="http://www.w3.org/1999/xhtml">
<head runat="server">
   <title>无标题页</title>
</head>
<body>
   <form id="form1" runat="server">
   <div>
   <asp:GridView ID="GridView1" runat="server" AutoGenerateColumns="False"
   DataKeyNames="ID"  DataSourceID="AccessDataSource1">
   <Columns>
   <asp:BoundField DataField="sitename" HeaderText="sitename" SortExpression=
   "sitename"/>
   <asp:HyperLinkField DataNavigateUrlFields="url" DataNavigateUrlFormatString=
   "http://{0}"  DataTextField="url" HeaderText="网址 URL"   Target="_blank"/>
   <asp:HyperLinkField DataNavigateUrlFields="id" DataNavigateUrlFormatString=
   "6-16.aspx?id={0}"  DataTextField="ID" DataTextFormatString="详细"
   HeaderText="详细"/>
   </Columns>
   </asp:GridView>
   <asp:AccessDataSource ID="AccessDataSource1" runat="server" DataFile="~/App_
   Data/www_link.mdb"  SelectCommand="SELECT[sitename],[url],[ID]FROM[link]">
     </asp:AccessDataSource>
       </div>
   </form>
```

```
</body>
</html>
```

说明：

① 通过 HyperLinkField 字段的设置，可以观察到如何将 GridView 中的字段设置成链接的方式，可以链接到外部网址或网站内的网页，并完成页面信息的传递。

② DataNavigateUrlFields＝"id" DataNavigateUrlFormatString＝"6-16. aspx? id＝{0}"，即生成一个链接到 6-16. aspx，并传递过去一个变量 id，值为当前 id 字段的值。如单击第 1 条记录，则把第 1 条记录 id 字段的值 1 传递给 6-16. aspx 页面。

(3) 新建 6-16. aspx 网页，拖入一个 Label，id 属性为"message"。

程序 6-16. aspx 的代码清单如下。

```
<%@Import Namespace="System.Data.OleDb" %>
<%@Import Namespace="System.Data" %>
...
protected void Page_Load(object sender, EventArgs e)
    {
        OleDbConnection conn=new OleDbConnection("Provider=Microsoft.Jet.OLEDB.
        4.0;Data Source="+Server.MapPath("app_data/www_link.mdb"));
                                                            //建立 Connection 对象
        OleDbCommand cmd=new OleDbCommand();                //建立 Command 对象
        string sql="SELECT * FROM link  WHERE id="+Request.QueryString["id"];
        cmd.CommandText=sql;
        cmd.Connection=conn;
        conn.Open();                                        //打开数据库连接
        OleDbDataReader dr=cmd.ExecuteReader();             //建立 DataReader 对象
        dr.Read();                 //只有一条记录,所以不会循环,直接读取
           message.Text+="<p>网站详细内容</p>";
           message.Text+="网站名称: "+dr["siteName"]+"<br>";
           message.Text+="链接地址: <a href='http://"+dr["URL"]+"' targer=
           '_blank'>"+dr["URL"]+"</a><br>";
           message.Text+="网站简介: "+dr["intro"]+"<br>";
           message.Text+="网站等级: "+dr["grade"]+"<br>";
           message.Text+="注册日期: "+dr["submit_date"]+"<br>";
         //关闭数据库
        conn.Close();
    }
```

说明：

① string sql＝"SELECT ∗ FROM link WHERE id＝"＋Request. QueryString["id"]；利用 Request 对象的 QueryString 方法，从上一个页面传递过去的 id 变量中提取值，如上一个页面单击第一条记录，则将第一条记录的 id 字段的值 1 传递过来，并提取出来。SQL 语句

就变成了：string sql="SELECT * FROM link WHERE id=1。

② message. Text += "链接地址：<a href='http://" + dr["URL"] + "'targer='_blank'>"+dr["URL"]+"</a>
";在页面生成了一个链接。

6.4.7 案例：登录页面的设计

通过登录页面的设计，探讨数据库数据的读取、判定方法，介绍 SQL 注入及防御的方法。

【例 6-16】 登录页面的设计。

(1) 在数据库 stu. mdb 中建立一个表 user，结构如图 6-39 所示。

添加相应的内容，如图 6-40 所示。

(2) 新建文件 6-17. aspx，拖入两个文本框、一个下拉列表框、一个按钮，页面设计如图 6-41 所示。

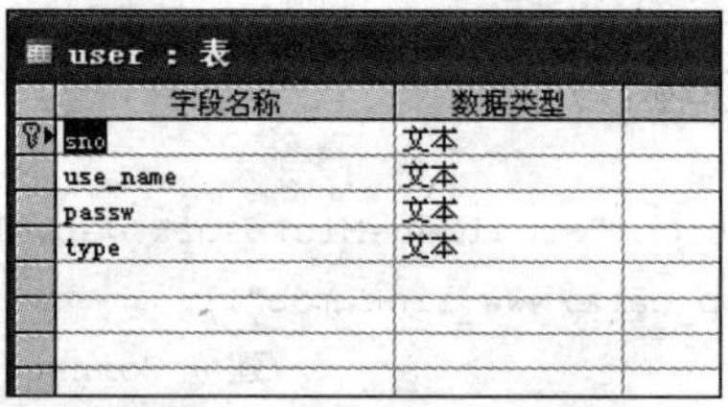

user ：表

字段名称	数据类型	
sno	文本	
use_name	文本	
passw	文本	
type	文本	

图 6-39 user 表设计视图

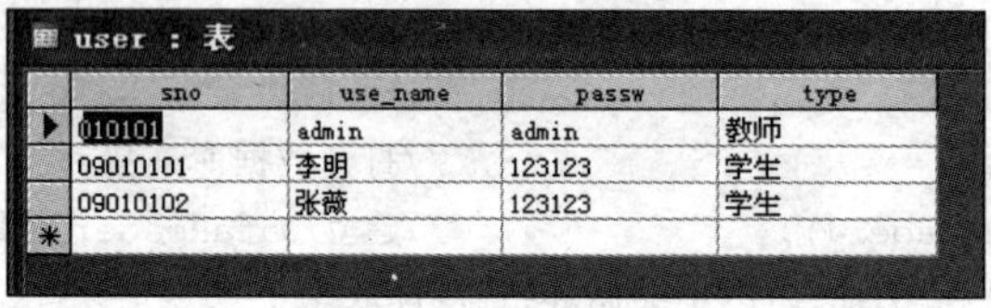

user ：表

sno	use_name	passw	type
010101	admin	admin	教师
09010101	李明	123123	学生
09010102	张薇	123123	学生

图 6-40 user 表内容

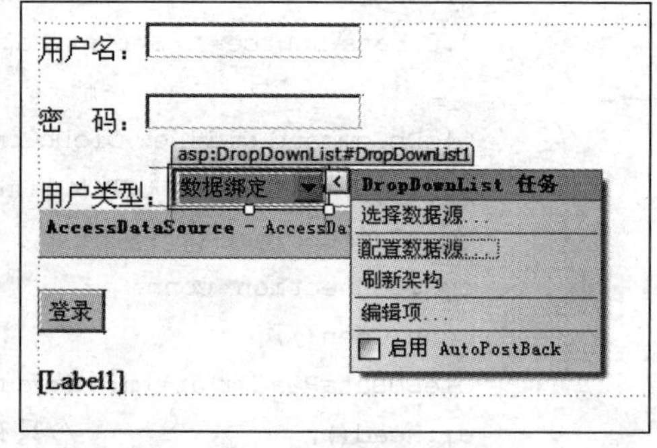

图 6-41 登录框设计界面

单击 DropDownList1 控件的“DropDownList 任务”中“配置数据源”链接，为下拉列表框添加数据源，选择数据库为 app_data 文件夹下的 www_link. mdb，配置 SELECT 语句，选中 type 字段，选择右侧的“只返回唯一行”选项，如图 6-42 所示。

程序 6-17. aspx 的代码清单如下。

```
<%@ Import Namespace="System.Data.OleDb" %>
<%@ Import Namespace="System.Data" %>
...

    protected void Button1_Click(object sender, EventArgs e)
    {
        string name=TextBox1.Text;
        string pasw=TextBox2.Text;
```

```
    string mystr;
    OleDbConnection myconn=new OleDbConnection();
    mystr="Provider=Microsoft.Jet.OLEDB.4.0;Data Source ="+Server.MapPath("~\
    App_data\Stu.mdb");
    myconn.ConnectionString=mystr;
    myconn.Open();
    string sql;
    sql="Select use_name From [user] Where sno='"+name+"' and passw='"+pasw+"'";
    OleDbCommand mycmd=new OleDbCommand();
    mycmd.CommandText=sql;
    mycmd.Connection=myconn;
    OleDbDataReader rs=mycmd.ExecuteReader();
    rs.Read();
    if( rs.HasRows)     {
                        //判断 DataReader 对象 rs 是否包含一行或多行,返回值为布尔型
        Session["name"]=rs["use_name"];
        Session["type"]=DropDownList1.SelectedItem.Value;
        Response.Redirect("6-18.aspx");
    }
    else
    {
        Response.Redirect("6-17.aspx");
    }
  }
</script>
```

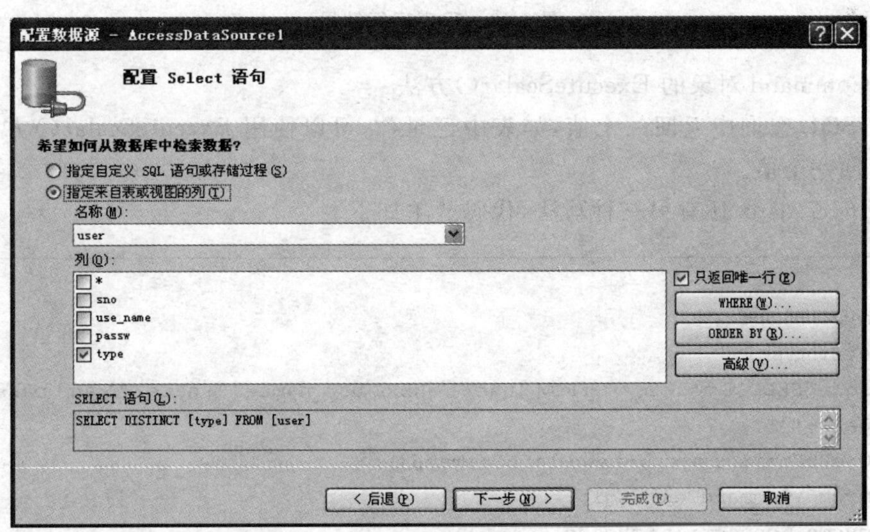

图 6-42 配置 SELECT 语句,为 DropDownList1 添加数据源

(3) 新建文件 6-18.aspx,在页面拖入一个 Label 和一个按钮。

程序 6-18.aspx 的程序清单如下。

```
protected void Page_Load(object sender, EventArgs e)
    {
        if (Session["name"]!=null)
        {
            Label1.Text=Session["type"].ToString()+Session["name"]+"欢迎光临!";
        }
        else {
            Response.Redirect("6-17.aspx");
        }
    }
    protected void Button1_Click(object sender, EventArgs e)
    {
        Session.Abandon();
        Response.Redirect("6-17.aspx");
    }
```

运行结果如图 6-43 所示。

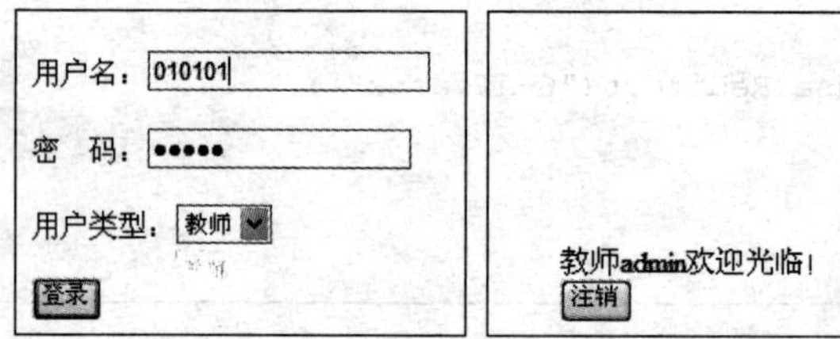

图 6-43　程序运行结果

(4) Command 对象的 ExecuteScalar()方法

要从 SQL 查询中返回一个值,如表中记录数,可以使用 ExecuteScalar()方法,这个方法只返回一个值。

程序 6-17.aspx 还有另一种写法,代码清单如下。

```
...
    myconn.Open();
    string sql;
    sql="SELECT count(*) FROM [user] WHERE use_name='"+name+"' and passw='"+
    pasw+"'";
    OleDbCommand mycmd=new OleDbCommand();
    mycmd.CommandText=sql;
    mycmd.Connection=myconn;
    int count=(int)mycmd.ExecuteScalar();
    if (count ==1)
```

```
{
    ...
}
```

(5) 知识链接：SQL 注入

所谓 SQL 注入，就是通过把 SQL 命令插入到 Web 表单递交，或输入域名及页面请求的查询字符串，最终欺骗服务器执行恶意的 SQL 命令。比如先前的很多网站泄露 VIP 会员密码，大多就是通过 Web 表单递交查询字符暴露的，这类表单特别容易受到 SQL 注入式攻击。

当应用程序使用输入内容构造动态 SQL 语句以访问数据库时，会发生 SQL 注入攻击。如果代码使用存储过程，而这些过程作为包含未筛选的用户输入的字符串来传递，也会发生 SQL 注入，它可能导致攻击者使用应用程序登录在数据库中执行命令，相关的 SQL 注入可以通过测试工具 PANGOLIN 进行。如果应用程序使用特权过高的帐户连接到数据库，这种问题就会变得很严重。在某些表单中，用户输入的内容直接构造动态 SQL 命令，或作为存储过程的输入参数，它们特别容易受到 SQL 注入的攻击。而许多网站程序编写时，如果没有对用户输入的合法性进行判断，或程序中本身的变量处理不当，就会使应用程序存在安全隐患。用户提交一段数据库查询的代码，根据程序返回的结果获得一些敏感信息或控制整个服务器，SQL 注入就发生了。

避免 SQL 注入的常见方法如下。

(1) 不要信任用户的输入。对用户的输入进行校验，可以通过正则表达式，或限制长度；对单引号和双“-”进行转换等。

(2) 不要使用动态拼装 SQL，可以使用参数化的 SQL 或直接使用存储过程进行数据查询存取。

(3) 不要使用管理员权限的数据库连接，为每个应用使用单独的权限和有限的数据库连接。

(4) 不要直接存放机密信息，加密或 hash 掉密码和敏感的信息。

(5) 应用的异常信息应该给出尽量少的提示，最好使用自定义的错误信息，对原始错误信息进行包装。

(6) SQL 注入的检测方法一般采取辅助软件或网站平台检测，软件一般采用 SQL 注入检测工具 jsky，网站平台有亿思网站安全平台检测工具 MDCSOFT SCAN 等，采用 MDCSOFT-IPS 可以有效防御 SQL 注入、XSS 攻击等操作。

程序 6-19.aspx 给出一种带参数的 SQL 进行操作，部分代码清单如下。

```
...
    OleDbCommand cmd=new OleDbCommand();
    cmd.CommandText="SELECT count(*) FROM [user] WHERE use_name=@uid and passw
    =@pwd ";
    cmd.Parameters.Add("@uid", OleDbType.VarChar, 5).Value=TextBox1.Text;
                                                                  //设置参数值
    cmd.Parameters.Add("@pwd", OleDbType.VarChar, 5).Value=TextBox2.Text;
```

```
                                                        //设置参数值
    cmd.Connection=myconn;
    int  count=(int)cmd.ExecuteScalar();
    if(count==1)
    {…}
…
```

6.5 进一步探讨数据库的读取

6.5.1 利用 ADO.NET 访问两种数据之间的转换

【例 6-17】 应用 ADO.NET 进行 SQL Server 数据库。

程序 6-20.aspx.cs 的代码清单如下。

```
…
    protected void Page_Load(object sender, EventArgs e)
    {
        //建立 Connection 对象
        SqlConnection conn=new SqlConnection("Server=localhost;Database=www_
        link;Uid=admin;Pwd=admin");
        //建立 Command 对象
        SqlCommand cmd=new SqlCommand("Insert Into link(sitename,URL,intro,
        grade,submit_date) Values('微软主页','www.microsoft.com','微软公司主页,
        有很多技术文献',5,'"+System.DateTime.Now+"')", conn);
        //执行操作,插入记录
        conn.Open();                                    //打开数据库
        cmd.ExecuteNonQuery();
        conn.Close();                                   //关闭数据库
        message.Text="已经成功添加,请自己打开数据库 www_link 查看结果";
                                                        //message 是标签
    }
```

由 Access 数据库转为 SQL Server 数据库时应注意以下几点。

(1) 数据库从 Access 转为 SQL Server,利用 SQL Server 导入功能。

(2) 程序当中的时间常量由#改为'定义。

(3) 使用第二套类库(ADO.NET 的五个对象;使用含有参数的 SQL 语句)。

(4) 主键都必须重新设置过,凡是表中用到 ID 自动编号的要重新设置;

(5) 新建 SQL Serevr 登录名和登录密码,例如新建登录名和登录密码为 admin。

6.5.2 在 Web.config 中配置数据库连接

可以在 Web.config 文件中保存用于连接数据库的连接字符串，再对 Web.config 文件加密，达到保护连接字符串的目的。在整个网站中配置了数据库，网站中所有页面都可以直接使用，简化了开发和数据库的管理。

1. 连接 Access 数据库

(1) 在 Web.config 文件<configuration>节中插入以下代码。

```
<connectionStrings>
<add name="myconnstring" connectionString="Provider=Microsoft.Jet.OLEDB.4.0;
Data Source=|DataDirectory|Stud.mdb" providerName="System.Data.OleDb"/>
</connectionStrings>
```

(2) 程序文件代码自动获取 Web.config 文件中的连接字符串 myconnstring。

```
string mystr=ConfigurationManager.ConnectionStrings["myconnstring"].ToString();
    OleDbConnection myconn=new OleDbConnection();
    myconn.ConnectionString=mystr;
    myconn.Open();
```

说明：

(1) 将连接字符串配置在 Web.config 文件中。

(2) 借助 ConfigurationManager 取得连接字符串。

(3) 利用 OleDbConnection 建立连接。

2. 连接 SQL Server 数据库

在 Web.config 文件<configuration>节中插入以下代码(需要注意的是，要根据自己的系统进行配置)。

```
<connectionStrings>
<add name="connectString" connectionString="server=WWW-E2BDCCB29F0\SQLEXPRESS;
uid=yang;pwd=1234;database=bookstore" providerName="System.Data.SqlClient"/>
</connectionStrings>
```

6.5.3 DataSet 对象再探讨

前面示例多次用到 DataSet 对象，它利用 DataAdapter 对象从数据库取出数据，填充到 DataSet 中，然后绑定到 GridView 控件，这是一种常用方法，但并没有发挥出 DataSet 的强大功能。

DataSet 是完全独立于数据库的对象，它可以从数据库中填充数据，也可以从 XML 文件中填充数据，还可以完全手工建立并填充数据。从数据源中建立 DataSet 对象后，它就和数据源完全断开了。它像一个内存中的数据库，也是由若干表(DataTable 对象)组成的，每个表由若干列(DataColumn 对象)和若干行(DataRow 对象)组成。使用表对象、行对象、列对象，就可以对 DataSet 对象进行各种操作，如增加、删除表中的行，增加、删除表中的列，对表进行筛选和排序，并对表建立不同的视图(DataView)，甚至还可以对两个表建立关系(DataRelation)。

1. 建立 DataSet 对象

【例 6-18】 建立 DataSet 对象，手工建立一个表。

分析：要想建立 DataSet 对象，可以建立一个表格，定义每一列的类型和表的主键，并添加到每一行，最后将表格加入到 DataSet 对象中，再将 DataSet 对象指定为 GridView 控件中。

程序 6-21.aspx 的代码清单如下。

```
<%@Import Namespace="System.Data.OleDb" %>
<%@Import Namespace="System.Data" %>
...
    protected void Page_Load(object sender, EventArgs e)
    {
        DataTable dt=new DataTable();                       //声明并建立 DataTable 对象
        DataColumn dc;                                      //声明 DataColumn 对象变量
        DataRow dr;                                         //声明 DataRow 对象变量
        //下面开始建立 dt 表格中的第 0 列
        dc=new DataColumn();                                        //新建一列
        dc.DataType=System.Type.GetType("System.Int32");            //定义类型
        dc.ColumnName="link_id";                                    //定义列的名称
        dc.AutoIncrement=true;                                      //设置为自动增长列
        dc.AutoIncrementSeed=1;                                     //从 0 开始
        dc.AutoIncrementStep=1;                                     //每次加 1
        dt.Columns.Add(dc);                                         //将该列加到表 dt 中
        //建立第 1 列
        dc=new DataColumn();
        dc.DataType=System.Type.GetType("System.String");
        dc.ColumnName="sitename";
        dt.Columns.Add(dc);
        //建立第 2 列
        dc=new DataColumn();
        dc.DataType=System.Type.GetType("System.String");
        dc.ColumnName="URL";
```

```
    dt.Columns.Add(dc);
    //下面两句设立关键字段为 link_id
    DataColumn[]dcKey={ dt.Columns["link_id"]};
                                    //使用一个列数组作为 DataTable 的 PrimaryKey(主键)
    dt.PrimaryKey=dcKey;
    //下面给该表格的第 0 行赋值
    dr=dt.NewRow();                                    //新建一行,注意和新建列的区别
    dr["sitename"]="搜狐";                             //赋值
    dr["URL"]="www.sohu.com";
    dt.Rows.Add(dr);                                   //将该行加到表 dt 中
    //给第 1 行赋值
    dr=dt.NewRow();
    dr["sitename"]="网易";
    dr["URL"]="www.netease.com";
    dt.Rows.Add(dr);
    //下面将 dt 表填充到 DataSet 对象中,命名为 link
    DataSet ds=new DataSet();
    ds.Tables.Add(dt);                                 //将表 dt 添加到 DataSet 中
    ds.Tables[0].TableName="link";                     //将表 dt 命名为 link
    //下面将 DataSet 对象绑定到 DataGrid
    GridView1.DataSource=ds.Tables["link"].DefaultView;
                                                      //指定数据源为 link 表的默认视图
    GridView1.DataBind();                             //执行绑定
}
```

程序运行效果如图 6-44 所示。

link_id	sitename	URL
1	搜狐	www.sohu.com
2	网易	www.netease.com

图 6-44　运行结果

2. 对 DataSet 对象的操作

对 DataSet 对象的操作包括增加删除行、增加删除列、修改值、筛选和排序、对表建立视图、给两个表建立关系等,而每一种操作还可能有多种方法,比较复杂。

(1) 删除列的一般方法如下。

```
dt.Columns.Remove("submit_date");
```

(2) 删除行的一般方法是首先定位到该行,然后使用 DELETE 方法。

```
dr=dt.Rows[行编号];
dr.Delete();
```

(3) 修改值的一般方法是首先定位到该行,然后对指定列赋值。

```
dr=dt.Rows[行编号];
dr["列名称"]=5;
```

【例 6-19】 对 DataSet 对象的操作。

说明：先从数据填充一个 DataSet 对象，然后绑定到 GridView 控件，随后对 DataSet 对象进行一些基本操作，再绑定到另一个 GridView 控件。

程序 6-22.aspx 的代码清单如下。

```
<%@Import Namespace="System.Data.OleDb" %>
<%@Import Namespace="System.Data" %>
...
protected void Page_Load(object sender, EventArgs e)
{
    OleDbConnection conn=new OleDbConnection("Provider=Microsoft.Jet.OLEDB.
    4.0;Data Source="+Server.MapPath("app_data/www_link.mdb"));
    //建立 Connection 对象
    OleDbDataAdapter adp=new OleDbDataAdapter("select * from link", conn);
                                                       //建立 DataAdapter 对象
    DataSet ds=new DataSet();                          //建立 DataSet 对象
    adp.Fill(ds, "link");                              //填充 DataSet 对象
    //将原始数据绑定到 DataGrid1
    GridView1.DataSource=ds.Tables["link"].DefaultView;    //指定数据源
    GridView1.DataBind();                                  //执行绑定
    //下面建立一个 DataTable 对象,令其为 DataSet 对象中的表 link
    DataTable dt=new DataTable();
    dt=ds.Tables["link"];
    //删除 submit_date 列
    dt.Columns.Remove("submit_date");
    //下面 3 条语句删除第 2 行
    DataRow dr;                                            //定义 DataRow 对象
    dr=dt.Rows[2];                                         //定位到第 2 行
    dr.Delete();                                           //将该行删除
    //修改第 0 行的网站评分值
      dr=dt.Rows[0];                                       //定位到第 0 行
      dr["grade"]=5;                                       //修改值
      //将修改后的 DataSet 对象绑定到 DataGrid2
      GridView2.DataSource=ds.Tables["link"].DefaultView;  //指定数据源
      GridView2.DataBind();                                //执行绑定
    }
```

程序运行结果如图 6-45 所示。

3. 将 DataSet 对象中的更新重新写回到数据库

建立 DataSet 对象后，就和数据库断开了联系，如果 DataSet 对象改变了，如何把这些更新写回到数据库呢？这就需要用到 DataAdapter 对象——它像一座桥梁，负责在数据库和 DataSet 对象之间传递数据。

ID	sitename	url	intro	grade	submit_date
1	哈尔滨学院	www.hrbu.edu.cn	校园网	4	2000-1-1 0:00:00
2	百度	www.baidu.com	搜索引擎	4	2011-7-27 15:03:09
3	搜狐网	www.sohu.com	门户网站	4	2012-12-17 10:53:39
4	网易	www.163.com	门户网站	5	2000-4-2 0:00:00
5	新浪网	www.sina.com.cn	门户网站	4	2012-12-17 10:54:00
6	清华大学	www.tsinghua.edu.cn	校园网	4	2003-6-1 0:00:00
8	微软主页	www.microsoft.com	微软公司主页，有很多技术文献	5	2011-7-20 19:19:03

ID	sitename	url	intro	grade
1	哈尔滨学院	www.hrbu.edu.cn	校园网	5
2	百度	www.baidu.com	搜索引擎	4
4	网易	www.163.com	门户网站	5
5	新浪网	www.sina.com.cn	门户网站	4
6	清华大学	www.tsinghua.edu.cn	校园网	4
8	微软主页	www.microsoft.com	微软公司主页，有很多技术文献	5

图 6-45　程序运行结果

之前多次讲到数据表的插入、更新和删除记录，是使用了 Command 对象的 ExecuteNonQuery 方法，但它只能一次执行一条 SQL 语句。而利用 DataAdapter 对象就可以一次执行多条 SQL 命令，也就是先在 DataSet 对象中操作，最后把所有的修改写回数据库。

要利用 DataAdapter 对象修改数据库，需要借助 OleDbCommandBuilder 对象，它可以根据 DataSet 对象和数据库之间的变化自动完成这些命令。

程序示例如下。

```
OleDbConnection conn=new OleDbConnection("Provider=Microsoft.Jet.OLEDB.4.0;
Data Source="+Server.MapPath("app_data/www_link.mdb"));
OleDbCommand cmd=new OleDbCommand();                        //建立 Command 对象
OleDbDataAdapter adp=new OleDbDataAdapter(cmd);
DataSet ds=new DataSet();
adp.Fill(ds, "link");
…                                               //在 DataSet 对象中进行数据的操作
OleDbCommandBuilder ocb=new OleDbCommandBuilder(adp);
adp.UpdateCommand=ocb.GetUpdateCommand();
adp.DeleteCommand=ocb.GetDeleteCommand();
adp.Update(ds, link);
```

6.6　使用其他控件连接数据库

在 ASP. NET 中，除了 GridView 控件，还有其他数据控件来连接数据库。GridView 控件能以表格形式显示数据表中的数据，而其他类型的控件则提供了更丰富的形式显示数据。这些数据控件一般都需要指定数据源，还可以定义多种模板，使用方法与 GridView 控件大同小异，这里只讲它们的页面设计过程，有些操作需要添加代码，则参照 GridView 控件。

6.6.1 使用 DataList 控件连接数据库

1. 使用 DataList 控件连接数据库

GridView 控件一般只能以表格形式显示数据，但 DataList 控件就可以用更自由的方式显示数据，比如可以在一行显示多条记录。不过 GridView 控件没有 GridView 控件功能强大，如不支持分页和排序等。

DataList 控件也可以绑定在数据库中，可以用来修改和删除数据，基本语法如下。

```
<asp: DataList  id="控件名称"
    RepeatDirection="Vertical|Horizontal,表示垂直显示还是水平显示"
    RepeatColumns="Table|Flow,表示是否以表格的形式显示数据"
    OnEditCommand="单击编辑按钮时的事件名称"
    OnUpdateCommand="单击更新按钮时的事件名称"
    OnCancelCommand="单击取消按钮时的事件名称"
    OnDeleteCommand="单击删除按钮时的事件名称"
    OnItemCommand="单击其他按钮时的事件名称"
    DataKeyField="关键字段,类似于数据库表的主键"
    runat="server">
    …模板列
</ asp: DataList>
```

在该控件中，需要自己定义模板列，这些模板列也可以使用 HTML 标记和服务器控件自己定义内容和布局。

DataList 控件的模板列包含以下 7 种。

(1) ItemTemplate：字义列表中的项目内容和布局，该项必选。

(2) AlternatingItemTemplate：定义该模板后，奇数行会显示 ItemTemplate，偶数行会显示 AlternatingItemTemplate，交替显示内容与布局。

(3) SeparatorTemplate：如果定义该模板，则各个项目之间呈现分隔符。

(4) SelectedItemTemlpate：如果定义该模板，则确定选中项目的内容和布局。

(5) EditItemTemplate：如果定义该模板，则确定正在编辑项目的内容和布局。

(6) HeaderTemplate：如果定义该模板，则确定列表标题的内容和布局。

(7) FooterTemplate：如果定义该模板，则确定列表脚注的内容和布局。

【例 6-20】 使用 DataList 控件浏览数据库中的信息，程序运行时能直接将数据库的记录显示到 HTML 表格中，运行结果如图 6-46 所示。

【操作步骤】

(1) 建立 6-23. axpx 文件，建立数据源，具体步骤同 6.2.1 节。

(2) 添加 DataList 控件。

在“设计”视图中双击工具箱“数据”选项卡中的 DataList 控件图标，向 Web 页面中添加一个 DataList 控件，单击其右上角的智能标记，在弹出的“DataList 任务”菜单中选择

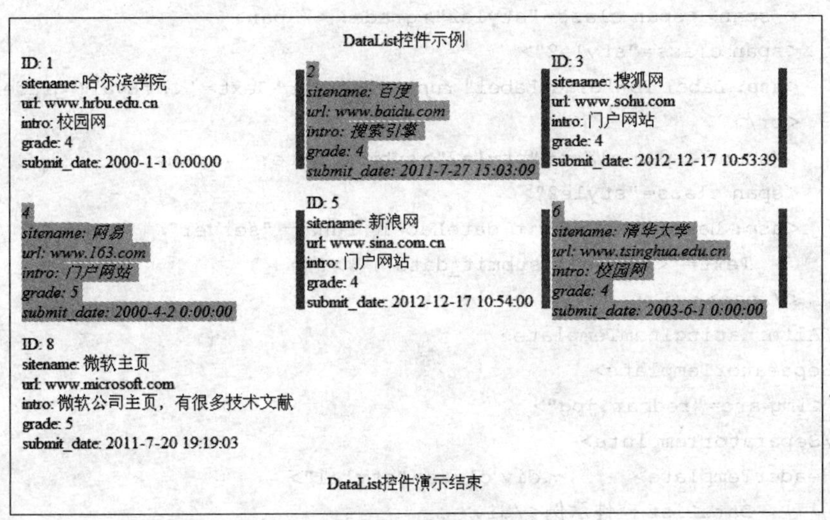

图 6-46　DataList 控件运行结果

数据源为前面的 AccessDataSource 数据源 AccessDataSource1。

(3) 设置 RepeatColumns 属性为 3。

(4) 单击“DataList 任务”菜单中的“编辑模板”，分别为 7 种模板设置相应的样式和内容。

如这个例子设置了 AlternatingItemTemplate 模板，为斜体，背景为灰色。

程序 6-23.aspx 的页面部分代码清单如下。

```
<asp:DataList ID="DataList1" runat="server" DataKeyField="ID"
    DataSourceID="AccessDataSource1" RepeatColumns="3" RepeatDirection=
    "Horizontal">
    <AlternatingItemTemplate>
        <i><span class="style2">
        <asp:Label ID="IDLabel" runat="server" Text='<%#Eval("ID") %>'/>
        <br/>
        </span><span class="style2">sitename:</span>
        <span class="style2">
        <asp:Label ID="sitenameLabel" runat="server" Text=
        '<%#Eval("sitename") %>'/>
        <br/>
        </span><span class="style2">url:</span>
        <span class="style2">
        <asp:Label ID="urlLabel" runat="server" Text='<%#Eval("url") %>'/>
        <br/>
        </span><span class="style2">intro:</span>
        <span class="style2">
        <asp:Label ID="introLabel" runat="server" Text='<%#Eval("intro") %>'/>
        <br/>
```

```
        </span><span class="style2">grade: </span>
        <span class="style2">
        <asp: Label ID="gradeLabel" runat="server" Text='<%#Eval("grade") %>'/>
        <br/>
        </span><span class="style2">submit_date: </span>
        <span class="style2">
        <asp: Label ID="submit_dateLabel" runat="server"
           Text='<%#Eval("submit_date") %>'/>
        </span></i>
    </AlternatingItemTemplate>
    <SeparatorTemplate>
      <img src="redbar.jpg">
    </SeparatorTemplate>
    <HeaderTemplate>        <div class="style1">
           DataList控件示例</div>
    </HeaderTemplate>
    <FooterTemplate>
        <div class="style1">
           DataList控件演示结束</div>
    </FooterTemplate>
    <ItemTemplate>
        ID:
        <asp: Label ID="IDLabel" runat="server" Text='<%#Eval("ID") %>'/>
        <br/>
        sitename:
        <asp: Label ID="sitenameLabel" runat="server" Text=
        '<%#Eval("sitename") %>'/>
        <br/>
        url:
        <asp: Label ID="urlLabel" runat="server" Text='<%#Eval("url") %>'/>
        <br/>
        intro:
        <asp: Label ID="introLabel" runat="server" Text='<%#Eval("intro") %>'/>
        <br/>
        grade:
        <asp: Label ID="gradeLabel" runat="server" Text='<%#Eval("grade") %>'/>
        <br/>
        submit_date:
        <asp: Label ID="submit_dateLabel" runat="server"
           Text='<%#Eval("submit_date") %>'/>
        <br/>
        <br/>
    </ItemTemplate>
</asp: DataList>
```

2. 进一步探讨 DataList 控件

【例 6-21】 利用 DataList 控件连接数据库，不使用数据源控件，使有大部分模板列，在页面显示主要项目，并有“详细”链接，链接到内容页。

建立 6-24.aspx 页面，添加 DataList 控件，设置其属性如图 6-47 所示。

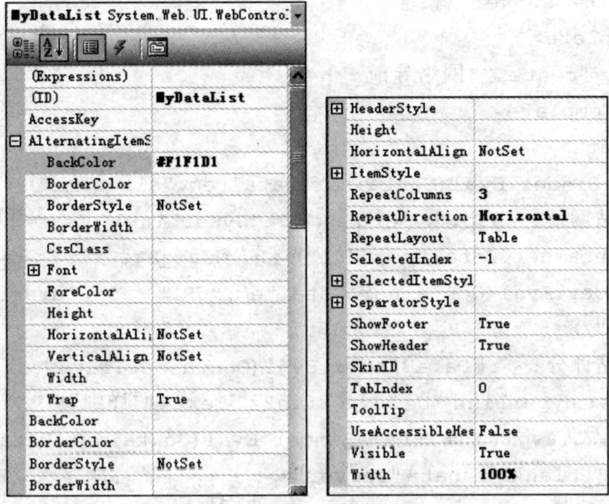

图 6-47 DataList 控件属性设置

在“源”视图添加模板列，程序 6-24.aspx 的代码清单如下。

```
<%@Import Namespace="System.Data.OleDb" %>
<%@Import Namespace="System.Data" %>
...
    protected void Page_Load(object sender, EventArgs e)
    {
        OleDbConnection conn=new OleDbConnection("Provider=Microsoft.Jet.
        OLEDB.4.0;Data Source="+Server.MapPath("app_data/www_link.mdb"));
                                                            //建立 Connection 对象
        OleDbCommand cmd=new OleDbCommand("select * from link", conn);
                                                            //建立 Command 对象
        conn.Open();                                        //打开数据库连接
        OleDbDataReader dr=cmd.ExecuteReader();             //建立 DataReader 对象
        MyDataList.DataSource=dr;                           //指定数据源
        MyDataList.DataBind();                              //执行绑定
        conn.Close();                                       //关闭数据库连接
    }
</script>
<html xmlns="http://www.w3.org/1999/xhtml">
<head runat="server">
    <title>无标题页</title>
```

```
</head>
<body>
    <form id="form1" runat="server">
    <div>
      <asp: DataList id="MyDataList" width="80%" RepeatDirection="Horizontal"
            RepeatColumns="3" AlternatingItemStyle-BackColor="#f1f1f1"
            runat="server">
    <HeaderTemplate>
      <h4 align="center">网络导航</h4><hr>
      </HeaderTemplate>
    <ItemTemplate>
    <b><%#DataBinder.Eval(Container.DataItem,"sitename") %></b>
        <br>网站网址: <asp: HyperLink ID="HyperLink1" Text='<%#DataBinder.
        Eval(Container.DataItem,"URL") %>' NavigateUrl='<%#"http://"+
        DataBinder.Eval(Container.DataItem,"URL") %>' Target="_blank" runat=
        "server"/>
        <br>网站评分: <%#DataBinder.Eval(Container.DataItem,"grade") %>
        <p><asp: HyperLink ID="HyperLink2" Text="“详细”"  NavigateUrl=
        '<%#"6-25.aspx?id="+DataBinder.Eval(Container.DataItem,"id")%>'
        Target="_blank" runat="server"/>
    </ItemTemplate>
    <AlternatingItemTemplate>
        <i><%#DataBinder.Eval(Container.DataItem,"sitename") %></i>
        <br>网站网址: <asp: HyperLink ID="HyperLink3" Text='<%#DataBinder.
        Eval(Container.DataItem,"URL") %>' NavigateUrl='<%#"http://"+
        DataBinder.Eval(Container.DataItem,"URL") %>' Target="_blank" runat=
        "server"/>
        <br>网站评分: <%#DataBinder.Eval(Container.DataItem,"grade") %>
        <p><asp: HyperLink ID="HyperLink4" Text="“详细”"  NavigateUrl=
        '<%#"6-25.aspx?id="+DataBinder.Eval(Container.DataItem,"id") %>'
        Target="_blank" runat="server"/>
    </AlternatingItemTemplate>
    <SeparatorTemplate>
        <img src="redbar.jpg">
    </SeparatorTemplate>
    <footerTemplate>
        <hr><p align="center">如有优秀站点,欢迎向我推荐。</p>
    </footerTemplate>
    </asp: DataList>

            </div>
        </form>
    </body>
    </html>
```

说明：

(1) ＜％# DataBinder. Eval(Container. DataItem,"URL") ％＞和数据表 URL 字段进行绑定。

(2) 该实例设置为水平排列，每行有 3 列，每个模板中可以使用任意 HTML 标记和服务器控件。

程序运行效果如图 6-48 所示。

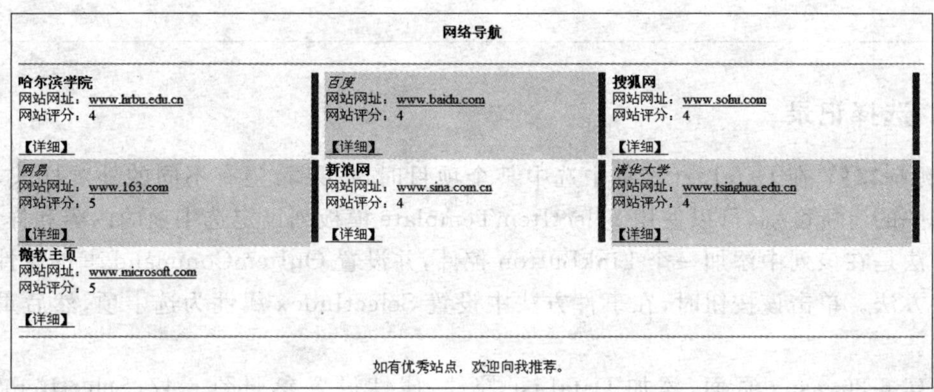

图 6-48　运行结果

单击“详细”链接时，跳转到 6-25.aspx 页面，页面效果如图 6-49 所示。

网站编号：5
网站名称：新浪网
网站地址：www.sina.com.cn
网站简介：门户网站
网站评分：4
提交时间：2012-12-17 10:54:00

图 6-49　详细页面运行结果

程序 6-25.aspx 的程序清单如下。

```
protected void Page_Load(object sender, EventArgs e)
{
    OleDbConnection conn=new OleDbConnection("Provider=Microsoft.Jet.OLEDB.
    4.0;Data Source="+Server.MapPath("app_data/www_link.mdb"));
                                                            //建立 Connection 对象
    //建立 SQL 语句,请注意要获取传递过来的 link_id 的值
    string strSql;
    strSql="SELECT * FROM link WHERE id="+Request.QueryString["id"];
    OleDbCommand cmd=new OleDbCommand(strSql, conn);        //建立 Command 对象
    conn.Open();
    OleDbDataReader dr=cmd.ExecuteReader();                 //建立 DataReader 对象
    //下面开始显示数据
    dr.Read();                    //肯定只有一个记录,直接读取就可以了
    message.Text="网站编号："+dr["id"];
```

```
    message.Text+="<br>网站名称："+dr["sitename"];
    message.Text+="<br>网站地址：<a href=//http://"+dr["URL"]+"//target=
    //_blank//>"+dr["URL"]+"</a>";
    message.Text+="<br>网站简介："+dr["intro"];
    message.Text+="<br>网站评分："+dr["grade"];
    message.Text+="<br>提交时间："+dr["submit_date"];
    conn.Close();
}
```

3. 选择记录

【例 6-22】 在 DataList 控件中选中某个项目时，如果希望有不同的外观样式，与其他未选中的有所区别，可以使用 SelectItemTemplate 模板列设定选中项的内容和样式。

方法是在该列中添加一个 LinkButton 控件，并设置 OnItemCommand 事件属性对应的事件方法。单击该按钮时，在事件方法中设置 SelectIndex 属性为选中项，然后重新绑定数据。

新建 6-26.aspx 页面，添加 DataList 控件，属性设置参照图 6-47，SelectItemStyle-BackColor 属性设为 yellow。

在"源"视图添加 DataList 控件的各列模板。6-26.aspx 页面部分的代码如下。

```
<asp:DataList ID="MyDataList" runat="server"
      onitemcommand="MyDataList_ItemCommand" RepeatColumns="3"
      RepeatDirection="Horizontal" Width="80%">
      <SelectedItemStyle BackColor="Yellow"/>
      <HeaderTemplate>
      <h4 align="center">网络导航</h4><hr>
   </HeaderTemplate>
   <ItemTemplate>
      <b><%#DataBinder.Eval(Container.DataItem,"sitename")%></b>
      <br>网站网址：<asp:HyperLink ID="HyperLink1" Text='<%#DataBinder.
      Eval(Container.DataItem,"URL")%>' NavigateUrl='<%#"http://"+
      DataBinder.Eval(Container.DataItem,"URL")%>' Target="_blank" runat=
      "server"/>
      <br>网站评分：<%#DataBinder.Eval(Container.DataItem,"grade")%>
      <p><asp:LinkButton id="button1" Text="【详细】" CommandName="select"
      runat="server"/>
   </ItemTemplate>
   <SelectedItemTemplate>
      <b><%#DataBinder.Eval(Container.DataItem,"sitename")%></b>
      <br>网站编号：<%#DataBinder.Eval(Container.DataItem,"id")%>
      <br>网站网址：<asp:HyperLink ID="HyperLink2" Text='<%#DataBinder.
      Eval(Container.DataItem,"URL")%>' NavigateUrl='<%#"http://"+
```

```
        DataBinder.Eval(Container.DataItem,"URL") %>' Target="_blank" runat="
        server"/>
        <br>网站简介：<%#DataBinder.Eval(Container.DataItem,"intro") %>
        <br>网站评分：<%#DataBinder.Eval(Container.DataItem,"grade") %>
        <br>提交时间：<%#DataBinder.Eval(Container.DataItem,"submit_date") %>
        <p><asp: LinkButton id="button2" Text=""关闭"" CommandName="close"
        runat="server"/>
    </SelectedItemTemplate>
    <SeparatorTemplate>
        <img src="redbar.jpg">
    </SeparatorTemplate>
    </asp: DataList>
```

在 DataList 控件的属性面板中单击“事件”，双击 ItemCommand 事件，添加相关代码。程序 6-26.aspx 部分代码如下。

```
protected void Page_Load(object sender, EventArgs e)
    {
        if (!IsPostBack)
        {
            BindData();                                          //绑定数据
        }
    }
    protected void MyDataList_ItemCommand(object source,
    DataListCommandEventArgs e)
    {
        if (((LinkButton)e.CommandSource).CommandName =="select")
        {
            MyDataList.SelectedIndex=e.Item.ItemIndex;    //设定选择项
        }
        else if (((LinkButton)e.CommandSource).CommandName =="close")
        {
            MyDataList.SelectedIndex=-1;                   //取消选择项
        }
        BindData();
    }
    private void BindData()
    {
        OleDbConnection conn=new OleDbConnection("Provider=Microsoft.Jet.
        OLEDB.4.0;Data Source="+Server.MapPath("app_data/www_link.mdb"));
                                                    //建立 Connection 对象
        OleDbCommand cmd=new OleDbCommand("SELECT * FROM link", conn);
                                                    //建立 Command 对象
```

```
        conn.Open();
        OleDbDataReader dr=cmd.ExecuteReader();            //建立 DataReader 对象
        MyDataList.DataSource=dr;                          //指定数据源
        MyDataList.DataBind();                             //执行绑定
        conn.Close();
    }
```

说明:

(1) 单击"详细"按钮时,就会执行 ItemCommand 事件方法的 CommandName 值为 select 时的语句,利用 MyDataList. SelectedIndex=e. Item. ItemIndex 语句设置选择项,就会按照 SelectedItemTemplate 模板列定义的内容和样式显示;单击"关闭"按钮时,就会执行 ItemCommand 事件方法的 CommandName 值为 Close 时的语句,利用 MyDataList. SelectedIndex=-1 取消选择项。

(2) 页面刚刚加载和取消选择时,需要重新显示数据表的内容,所以把利用 ADO. NET 相关对象连接数据库、对数据库进行检索、建立数据源等操作放置在 BindData()事件中,需要时调用。

程序 6-26. aspx 的运行结果如图 6-50 所示。

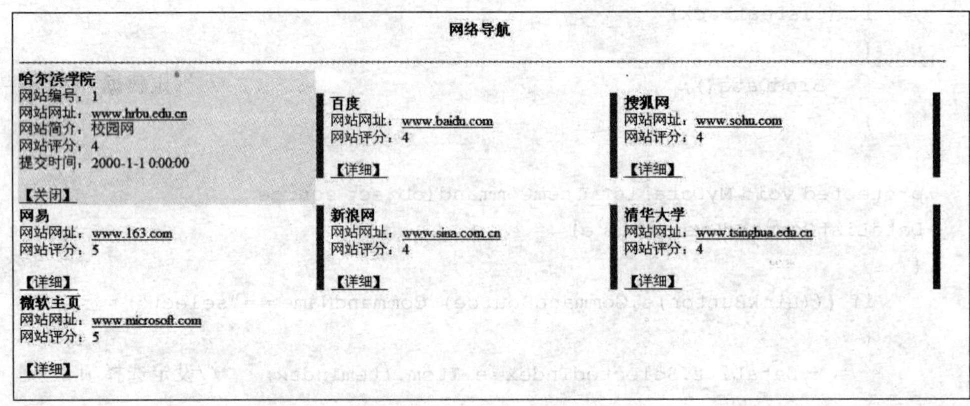

图 6-50 运行结果

4. 更新和删除记录

【例 6-23】 利用 DataList 控件更新和删除记录。

完成这些功能,需要在 EditItemTemplate 列中定义编辑时的内容和样式,还要添加 ondeletecommand、oneditcommand、onupdatecommand、oncancelcommand 事件属性,分别对应单击"删除""编辑""更新""取消"按钮时的事件方法,同时还要使用 DatakeyField 属性设置关键字段。

在 EditItemTemplate 和 ItemTemplate 分别添加相关按钮。单击这些按钮就会触发相应的事件过程。

新建 6-27.aspx 页面，添加 DataList 控件，属性设置参照图 6-47，EditItemStyle-BackColor 属性设为 yellow。

在“源”视图添加 DataList 控件的各列模板，6-27.aspx 页面部分的代码如下。

```
<asp: DataList ID="MyDataList" runat="server" DataKeyField="id"
      RepeatColumns="3"
      RepeatDirection="Horizontal" Width="80%"
      oncancelcommand="MyDataList_CancelCommand"
      ondeletecommand="MyDataList_DeleteCommand"
      oneditcommand="MyDataList_EditCommand"
      onupdatecommand="MyDataList_UpdateCommand">
      <EditItemStyle BackColor="Yellow"/>
   <HeaderTemplate>
   <h4 align="center">网络导航</h4><hr>
</HeaderTemplate>
<ItemTemplate>
   <b><%#DataBinder.Eval(Container.DataItem,"sitename") %></b>
   <br>网站网址：<asp: HyperLink ID="HyperLink1" Text='<%#DataBinder.
   Eval(Container.DataItem,"URL") %>' NavigateUrl='<%#"http://"+DataBinder.
   Eval(Container.DataItem,"URL") %>' Target="_blank" runat="server"/>
   <br>网站简介：<%#DataBinder.Eval(Container.DataItem,"intro") %>
   <br>网站评分：<%#DataBinder.Eval(Container.DataItem,"grade") %>
   <br>提交时间：<%#DataBinder.Eval(Container.DataItem,"submit_date") %>
   <p><asp: LinkButton id="button1" Text="【编辑】" CommandName="edit" runat=
   "server"/>
     <asp: LinkButton id="button2"  Text="【删除】" CommandName=
   "Delete" runat="server"/>
</ItemTemplate>
<EditItemTemplate>
<br>网站名称：<asp: textBox id="theSiteName" Text='<%#DataBinder.
Eval(Container.DataItem,"sitename") %>' runat="server"/>
<br>网站网址：<asp: textBox id="theURL" Text='<%#DataBinder.Eval(Container.
DataItem,"URL") %>' runat="server"/>
   <br>网站简介：<asp: textBox id="theIntro" Text='<%#DataBinder.
   Eval(Container.DataItem,"intro") %>' runat="server"/>
   <br>网站评分：<asp: textBox id="theGrade" Text='<%#DataBinder.
   Eval(Container.DataItem,"grade") %>' runat="server"/>
   <p><asp: LinkButton id="Button3" runat="server" Text="【更新】"
   CommandName="update"/>
     <asp: LinkButton id="button4" runat="server" Text="【取消】"
   CommandName="cancel"/>
   </EditItemTemplate>
```

```
<SeparatorTemplate>
    <img src="redbar.jpg">
</SeparatorTemplate>
</asp: DataList>
```

在 DataList 控件的属性面板单击“事件”按钮，分别双击 ondeletecommand、oneditcommand、onupdatecommand、oncancelcommand 事件，添加相关代码。

程序 6-27.aspx 的部分清单如下。

```
OleDbConnection conn;
//声明 Connection 对象变量为页面级变量，这样可以在各个事件中应用 Connection 对象变量
    protected void Page_Load(object sender, EventArgs e)
    {
        conn=new OleDbConnection("Provider=Microsoft.Jet.OLEDB.4.0;Data
        Source="+Server.MapPath("app_data/www_link.mdb"));
                                                        //建立 Connection 对象
        if (!IsPostBack)
        {
          BindData();                                   //绑定数据
        }
    }
    protected void MyDataList_UpdateCommand(object source,
    DataListCommandEventArgs e)
    {
        //建立 Command 对象
        TextBox txtSiteName, txtURL, txtIntro, txtGrade;  //声明文本框控件变量
        txtSiteName=(TextBox)e.Item.FindControl("theSiteName");
                                                        //查找 theSiteName 控件
        txtURL=(TextBox)e.Item.FindControl("theURL");
        txtIntro=(TextBox)e.Item.FindControl("theIntro");
        txtGrade=(TextBox)e.Item.FindControl("theGrade");
        string strSql;
        strSql="Update link Set sitename='"+txtSiteName.Text+"',URL='"+
        txtURL.Text+"',intro='"+txtIntro.Text+"',grade="+Convert.
        ToInt16(txtGrade.Text)+",submit_date=#"+System.DateTime.Now+
        "#Where id="+MyDataList.DataKeys[e.Item.ItemIndex];
        OleDbCommand cmd=new OleDbCommand(strSql, conn);
        conn.Open();
        cmd.ExecuteNonQuery();                          //执行更新操作
        conn.Close();
        MyDataList.EditItemIndex=-1;
        BindData();                                     //绑定数据
```

```
}
protected void MyDataList_CancelCommand(object source,
DataListCommandEventArgs e)
{
    MyDataList.EditItemIndex=-1;
    BindData();
}
protected void MyDataList_EditCommand(object source,
DataListCommandEventArgs e)
{
    MyDataList.EditItemIndex=e.Item.ItemIndex;
    BindData();                                         //绑定数据
}
protected void MyDataList_DeleteCommand(object source,
DataListCommandEventArgs e)
{
    //建立 Command 对象
    string strSql;
    strSql="DELETE FROM link WHERE id="+MyDataList.DataKeys[e.Item.ItemIndex];
    OleDbCommand cmd=new OleDbCommand(strSql, conn);
    conn.Open();
    cmd.ExecuteNonQuery();                              //执行删除操作
    conn.Close();                                       //绑定数据
    MyDataList.EditItemIndex=-1;
    BindData();
}
private void BindData()
{
OleDbConnection conn=new OleDbConnection("Provider=Microsoft.Jet.OLEDB.
4.0;Data Source="+Server.MapPath("app_data/www_link.mdb"));
                                                        //建立 Connection 对象
OleDbCommand cmd=new OleDbCommand("select * from link", conn);
                                                        //建立 Command 对象
    conn.Open();
    OleDbDataReader dr=cmd.ExecuteReader();             //建立 DataReader 对象
    MyDataList.DataSource=dr;                           //指定数据源
    MyDataList.DataBind();                              //执行绑定
    conn.Close();
}
```

说明：

(1) 当 CommandName 为 edit、update、cancle、delete 时，都有专门的事件方法属性，如 oneditcommand、onupdatecommand、oncancelcommand、ondeletecommand 事件。

(2) 要注意更新方法中获取控件的语句,如 e. Item. FindControl("theSiteName")表示 EditItemTemplate 模板列中的文本框控件 theSiteName。

程序运行效果如图 6-51 所示。

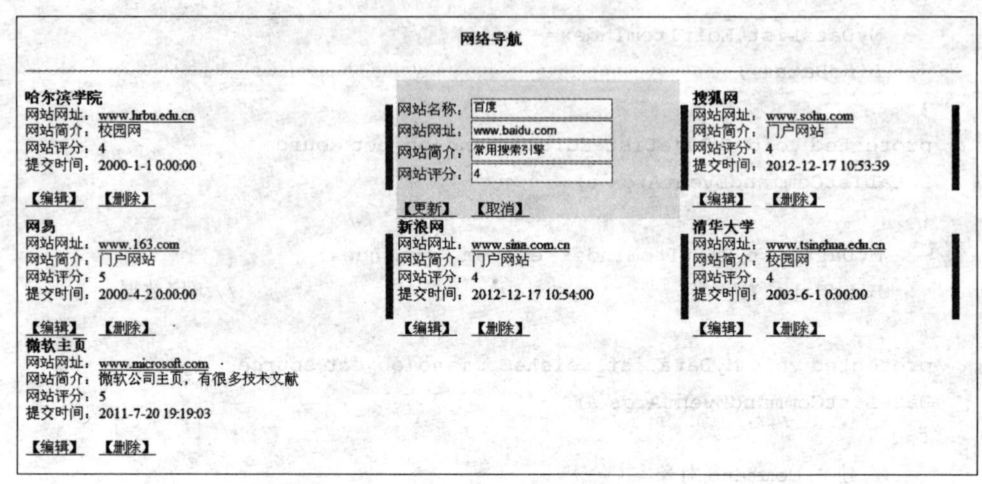

图 6-51 运行结果

6.6.2 使用 Repeater 控件连接数据库

Repeater 控件最常用的是制作留言板。

Repeater 控件的基本语法如下。

```
<asp: Repeater id="控件名称"
    OnItemCommand="单击其中按钮时的事件名称"
    Runat="server"/>
        模板列
</asp: Repeater>
```

在该控件中,需要自己定义模板列,这些模板列中也可以使用 HTML 标记和服务器控件定义内容和布局。

Repeater 控件的模板列包含以下 5 种。

(1) ItemTemplate：字义列表中项目的内容和布局,该项必选。

(2) AlternatingItemTemplate：定义该模板,奇数行显示 ItemTemplate,偶数行显示 AlternatingItemTemplate,交替显示内容与布局。

(3) SeparatorTemplate：定义该模板,则在各项目之间呈现分隔符。

(4) HeaderTemplate：定义该模板,则确定列表标题的内容和布局。

(5) FooterTemplate：定义该模板,则确定列表脚注的内容和布局。

【例 6-24】 使用 Repeater 控件浏览数据库中的信息,程序运行时能将数据库的记录直接显示到 HTML 表格中,运行结果如图 6-52 所示。

网址大全

网站编号	1
网站名称	哈尔滨学院
网址	www.hrbu.edu.cn
网站简介	校园网
网站评分	4
提交时间	2000-1-1 0:00:00
网站编号	2
网站名称	百度
网址	www.baidu.com
网站简介	搜索引擎
网站评分	4
提交时间	2011-7-27 15:03:09
网站编号	3
网站名称	搜狐网
网址	www.sohu.com
网站简介	门户网站
网站评分	4
提交时间	2012-12-17 10:53:39
网站编号	4
网站名称	网易
网址	www.163.com
网站简介	门户网站
网站评分	5
提交时间	2000-4-2 0:00:00
网站编号	5
网站名称	新浪网
网址	www.sina.com.cn
网站简介	门户网站
网站评分	4
提交时间	2012-12-17 10:54:00
网站编号	6
网站名称	清华大学
网址	www.tsinghua.edu.cn
网站简介	校园网
网站评分	4
提交时间	2003-6-1 0:00:00
网站编号	8
网站名称	微软主页
网址	www.microsoft.com
网站简介	微软公司主页，有很多技术文献
网站评分	5
提交时间	2011-7-20 19:19:03

网址大全 2011-5-20

图 6-52 Repeater 控件运行结果

程序 6-28.aspx 的代码清单如下所示。

```
<asp: Repeater ID="Repeater1" runat="server" DataSourceID="AccessDataSource1">
    <HeaderTemplate>
            <h2  align="center">网址大全</h2>
        </HeaderTemplate>
        <ItemTemplate>
            <table border="0" width ="80%"  align="center" style="background-
            color: #D9D9D9">
            <tr>
                <td width="30%"><b>网站编号</b></td>
                <td><%#Eval("id") %></td>
            </tr>
            <tr>
                <td>网站名称</td>
                <td><%#Eval("sitename") %></td>
```

```
            </tr>
            <tr >
                <td>网址</td>
                <td><%#DataBinder.Eval(Container.DataItem,"url") %></td>
            </tr>
            <tr>
                <td>网站简介</td>
                <td><%#DataBinder.Eval(Container.DataItem,"intro") %></td>
            </tr>
            <tr>
                <td>网站评分</td>
                 <td><%#DataBinder.Eval(Container.DataItem,"grade") %></td>
            </tr>
            <tr>
                <td>提交时间</td>
                <td><%#DataBinder.Eval(Container.DataItem,"submit_date") %>
                </td>
            </tr>
          </table>
        </ItemTemplate>
        <FooterTemplate>
          <center><hr    width ="80%">
                网址大全 2011-5-20</center>
        </FooterTemplate>
    </asp: Repeater>
    <asp: AccessDataSource ID="AccessDataSource1" runat="server"
            DataFile="~/App_Data/www_link.mdb" SelectCommand="SELECT *
            FROM[link]">
    </asp: AccessDataSource>
```

【操作步骤】

(1) 添加数据源控件

设置 AccessDataSource 数据源与数据库 www_link 中的表 link 相连，具体步骤同 6.2.1 节。

(2) 添加 Repeater 控件

在“设计”视图中双击工具箱“数据”选项卡中的 Repeater 控件图标，向 Web 页面中添加一个 Repeater 控件，单击其右上角的智能标记，在弹出的“Repeater 任务”菜单中选择数据源为前面的 AccessDataSource 数据源 AccessDataSource1。

(3) 在“源”视图中编写模板代码

切换到页面的“源”视图。在<asp:Repeater>和 </asp:Repeater>标记之间编写 5 种模板。

说明：

(1) <%# Eval("id") %>：与 ID 字段进行绑定。

(2) <%# DataBinder.Eval(Container.DataItem,"url") %>：与 URL 字段进行绑定。

注意：利用 Repeater 控件显示记录与修改和删除记录的方法基本类似。

6.6.3 使用 FormView 控件连接数据库

FormView 控件与 GridView 控件相似，用于浏览或操作数据库的数据控件，不同的是，FormView 中的数据记录是分页显示的，每页只显示一条记录。

使用 FormView 控件，配合数据源控件创建一个用于浏览和操作数据库的页面，运行结果如图 6-53 所示。单击页面下面的数字链接，可跳转到相应的记录页面，单击“删除”链接，将从数据库中删除当前记录。

单击“编辑”链接，可以编辑修改数据，修改完毕后单击“更新”链接保存结果，单击“取消”链接放弃修改。修改数据界面如图 6-54 所示。

单击“新建”链接，可输入新记录的各字段，单击“插入”链接，将数据保存到数据库，单击“取消”链接，返回浏览页面。插入数据界面如图 6-55 所示。

ID: 6
网站名称: 清华大学
网址: www.tsinghua.edu.cn
网站简介: 校园网
等级: 4
注册日期: 2003-6-1 0:00:00
编辑 删除 新建
123456

图 6-53 浏览数据界面

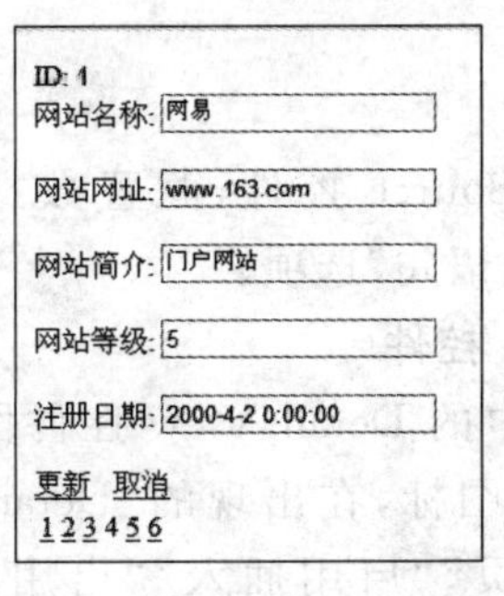

图 6-54 修改数据界面

网站名称:
网站网址:
网站简介:
网站等级:
注册日期:
插入 取消

图 6-55 添加数据

【操作步骤】

(1) 添加数据源控件

新建页面，添加 AccessDataSource 控件，配置数据源，选中“高级”选项中的“生成 INSERT、UPDATE 和 DELETE 语句”选项。

(2) 添加并设置 FormView 控件

双击工具箱中“数据”选项卡中的 FormView 控件图标，或者将 FormView 控件拖入页面中，单击其右上角的智能图标，在出现的“FormView 任务”菜单中选中前面配置好的数据源，并且设置“分页”。

如果需要修改 FormView 控件的样式，可单击“FormView 任务”菜单中的“编辑模板”。在弹出的模样设计器的“显示”下拉列表框中修改显示模板(ItemTemplate)、编辑模板(EditItemTemplate)、插入模板(InsertItemTemplate)进行修改。

为了使页面整齐美观，可向模板中添加一个 HTML 表格，用于页面定位。此外，页面中所有字段默认为相应的英文字段名，在模板显示窗口可以修改为中文显示。

模板设计器如图 6-56 所示。

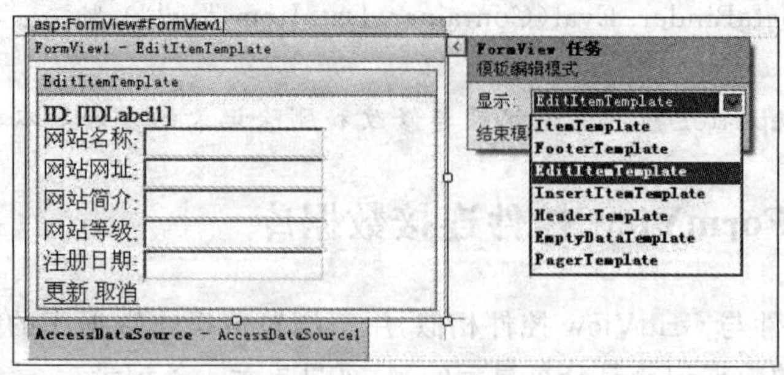

图 6-56 模板设计器界面

6.6.4 使用 DetailsView 控件连接数据库

DetailsView 控件是将数据表的数据源以单一数据行的方式显示内容值，本身具有 SELECT、INSERT、UPDATE、DELETE 等功能，可以让用户编辑、维护数据记录，而且 DetailsView 常和 GridView 做 Master-Detail 的功能性搭配，发挥彼此的长处。

【操作步骤】

（1）添加数据源控件

新建页面，添加 AccessDataSource 控件，配置数据源，选中“高级”选项中的““成 INSERT、UPDATE 和 DELETE 语句”选项。

（2）添加并设置 DetailsView 控件

双击工具箱“数据”选项卡中的 DetailsView 控件图标，或者将 DetailsView 控件拖入页面中，单击其右上角的智能图标，在出现的“DetailsView 任务”菜单中选中前面配置好的数据源，并选中“启动分页”“启用插入”“启用编辑”和“启用删除”，如图 6-57 所示。

DetailsView 控件的运行效果如图 6-58 所示。

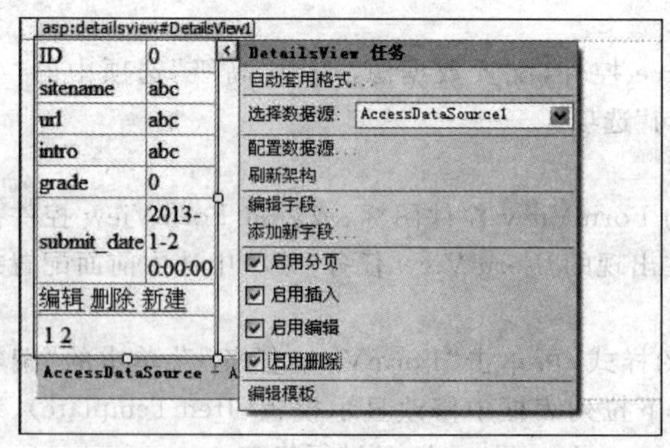

图 6-57 “DetailsView 任务”菜单

图 6-58 DetailsView 控件运行效果图

习 题 6

6.1 问答题

1. 简述 ADO.NET 中的五大对象的功能。

2. 简述常用的数据源控件。

3. 简述配置数据源控件的基本步骤。高级选项是为了完成什么功能的?

4. 一般采用 Command 对象的什么方法来完成对数据的插入、删除、更新操作? 这种方法的功能是什么? 有什么优缺点? 如果让其更安全地操作数据库,该如何做?

5. 在页面中能读取数据表,但不能更新和插入,原因是什么?

6. 使用 ADO.NET 对象时,必须先导入什么名称空间? 分别叙述单文件模式和代码隐藏模式导入名称空间的方法。

7. 简述页面常用的数据控件,比较其优缺点。

8. 简述页面数据控件中各种模板的功能。

9. 简述使用 ADO.NET 对象为 GridView 绑定数据的两种方法,比较异同。

10. 简述事务处理的概念,如何在程序中进行事务处理?

11. 如何利用含有参数的 SQL 语句进行查询?

12. 如何完成 Access 和 SQL Server 两种数据库之间的转换?

13. 简述使用存储过程的思想。

14. 简述 DataSet 对象的操作方法。

15. 为什么 DataSet 对象不像 Connection 对象一样分为 OleDbDataSet 和 SqlDataSet?

6.2 实验题

1. 开发一个简单的留言板程序,可以显示、添加、删除信息。

2. 分别应用 Cookies 对象、数据库来开发一个网页计数器。

3. 建立一个在线考试,将考试题目的答案放在数据库中,可从数据库中读取,学生完成考试后,进行在线评分,然后将成绩保存回数据库中。

4. 开发一个新闻浏览网站。一般用户可以浏览新闻页面,单击新闻链接进行新闻阅读。管理员可以登录到管理界面,对新闻进行发布、修改和删除。

5. 设计一个注册系统,要求用户进入网站必须注册。注册后,将注册信息保存在数据库中,下次访问时可以使用用户名和密码登录,登录后可以浏览网站内容,如果没有登录直接访问其他页面,则重定向到注册页面。

6. 设计一个教学管理网站。教师登录后可以添加学生的学号、姓名、成绩;可以浏览全体学生的成绩;可以根据学号查询学生成绩。在教师为其添加学号后,学生可以登录系统,进入学生页面,查看自己的成绩。

第7章

用户界面设计

主要内容：

- 了解主题的应用
- 掌握母版页的使用方法
- 了解站点地图与页面导航

界面设计是网站设计的重要部分。第6章介绍的页面控件和基于ADO.NET的数据控件，为用户界面设计提供了强大支持。ASP.NET中还提供了主题、母版和站点地图等，可以使设计者站在全局的角度设计和维护网站，大大节省空间，提高开发效率。

7.1 主 题

ASP.NET的主题和外观特性使开发者能够把样式和布局信息存放到一组独立的文件中，统称为主题(Theme)。通过改变主题内容，而不用改变站点的单个页面，就可以轻易地改变站点样式。

7.1.1 概述

ASP.NET的主题是定义网站中页面和控件外观的属性集合。主题可以包括外观文件(定义ASP.NET Web服务器控件的属性设置)，还可以包括级联样式表文件(.css文件)和图形资源等。应用主题可以为网站中的页面提供一致的外观。

1. 外观文件

外观文件的文件扩展名为skin，它包含各类控件(如Button、Label、TextBox或Calendar等)的属性设置。控件外观设置类似控件标记本身，但除了runat属性外，只包含控制外观的属性。

例如，下面是Button控件的控件外观。

```
<asp: Button runat="server" BackColor="lightblue" ForeColor="black"/>
```

一个 skin 文件可以包含一个或多个控件类型的一个或多个控件外观。有两种类型的控件外观：默认外观和已命名外观。如果控件外观没有 SkinID 属性，则是默认外观，它自动应用于同一类型的所有控件。如为 Calendar 控件创建一个默认外观，则它适用于使用本主题的页面上的所有 Calendar 控件；已命名外观是设置了 SkinID 属性的控件外观，它不会自动应用于控件，只有将控件的 SkinID 属性设置为指定属性值时，此外观才应用于该控件。通过创建已命名外观，可以为应用程序中同一类型控件的不同实例设置不同外观。

2. 级联样式表

主题还可以包含级联样式表(.css 文件)。将 css 文件放在主题文件夹中，样式表自动作为主题的一部分加以应用。尽管样式表可以作为主题的一部分，但由于主题中还包含着外观文件及其他资源，因此主题与样式表是不同的：主题可以定义控件或网页的许多属性，而不仅仅是样式属性，还可以包括图形。每页只能应用一个主题，但可以应用多个样式表。

3. 主题中的图形和其他资源

主题还可以包含图形和其他资源。例如，若页面主题中包含 TreeView 控件的外观，可以在主题中包括用于表示展开按钮和折叠按钮的图形。

通常，主题的资源文件与该主题的外观文件位于同一个文件夹中，但它们也可以位于 Web 应用程序中的其他地方，如主题文件夹的某个子文件夹中。如果主题资源放在应用程序的其他文件夹中，则可以使用格式为“～/子文件夹/文件名”的路径来引用这些资源文件。

7.1.2 创建主题

创建主题的步骤如下。

(1) 右击要为之创建主题的网站项目，在弹出的菜单中选择“添加 ASP.NET 文件夹”→“主题”命令，此时该网站项目下会添加一个名为 App_Themes 的文件夹，并自动添加一个待命名的主题。为主题命名，这里为 MyTheme。

(2) 右击上一步添加的主题，在弹出的菜单中选择“添加新项”命令，打开“添加新项”对话框。选择“外观文件”模板并命名，这里为 MySkinFile.skin，如图 7-1 所示，单击“添加”按钮，就会创建外观文件。

(3) 建好的外观文件有一段注释代码，是外观文件编写的说明性文字，告诉程序员以何种格式编写控件的外观属性定义。

```
<%--
默认的外观模板。以下外观仅作为示例提供。
1. 命名的控件外观。SkinId 的定义应唯一，因为在同一主题中不允许一个控件类型有重复的
   SkinId。
```

```
<asp: GridView runat="server" SkinId="gridviewSkin" BackColor="White">
<AlternatingRowStyle BackColor="Blue"/>
</asp: GridView>
2. 默认外观。未定义 SkinId。在同一主题中,每个控件类型只允许有一个默认的控件外观。
<asp: Image runat="server" ImageUrl="~/images/image1.jpg"/>
--%>
```

(4) 按照说明格式编写控件的外观。

```
<asp: Button runat="server" BackColor="#FFFFC0"/>
<asp: Button runat="server" SkinID="green" BackColor="#00FFC0"/>
```

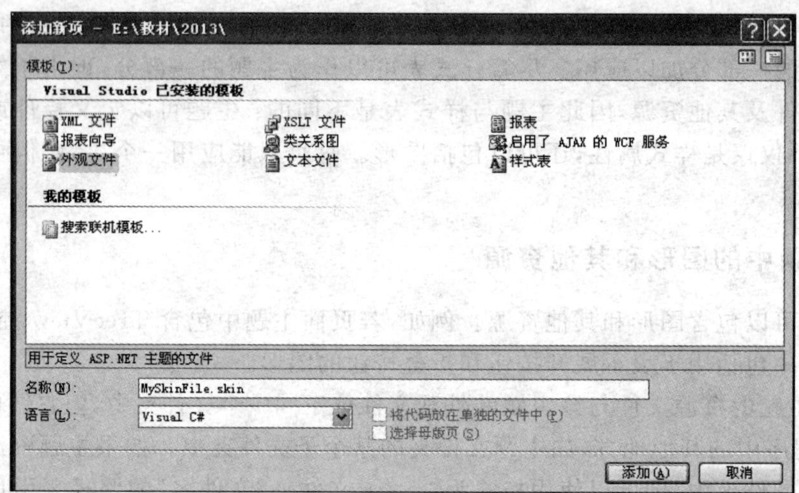

图 7-1 主题外观文件建立

7.1.3 应用主题

主题可以应用到单个 ASP.NET 网页,也可以应用到站内所有 ASP.NET 网页。

1. 将主题应用到个别网页

定义主题后,可以使用@Page 指令的 Theme 或 StyleSheetTheme 属性,将该主题应用到个别 ASP.NET 网页上。

例如,将主题 MyTheme 应用到 Index.aspx 上,可以按如下方式设置。

```
<%@Page Language="C#" Theme="MyTheme" … %>
```

2. 将主题应用到网站中的所有页

设置配置文件(Web.config)中的 pages 节,可将主题应用到网站中的所有页。

例如:

```
<configuration>
    <system.web>
        <pages theme="MyTheme"/>
    </system.web>
</configuration>
```

在这种情况下，如果希望某个页面不使用主题，可将@Page 指令的 EnableTheming 属性设置为 false。

例如：

```
<%@Page EnableTheming="false" %>
```

3. 把指定的外观应用到控件

如果主题文件中的某类控件外观是已命名外观(例如，SkinID 属性为 green)，那么在网页中使用该类控件时，就可设置控件的 SkinID 属性，以表明控件使用这个已命名外观。例如：

```
<asp: Button runat="server" ID="Button1" SkinID="green"/>
```

如果页面主题中没有包括与 SkinID 属性匹配的控件外观，控件就会使用为该类型控件所定义的默认外观。

4. 主题应用的优先级

可以通过指定主题的应用方式指定主题设置相对于本地控件设置的优先级。

如果主题是通过设置@Page 指令或配置的<pages/>节的 Theme 属性应用的，则主题中的外观属性将重写页面中目标控件的同名属性。

如果主题是通过设置@Page 指令或配置的<pages/>节的 StyleSheetTheme 属性应用的，可以将主题定义作为服务器端样式来应用。主题中的外观属性可被页面中的控件属性重写。

如果应用程序应用了 Theme，又应用 StyleSheetTheme，则按以下顺序应用控件的属性：首先应用 StyleSheetTheme 属性，然后应用页中的控件属性(重写 StyleSheetTheme)，最后应用 Theme 属性(重写控件属性和 StyleSheetTheme)。

5. 以编程方式应用页面主题

在网页的 PreInit 事件中，可以用代码设置页面的 Theme 属性。

例如，下面的代码演示如何根据查询字符串中传递的值，按条件设置页面主题。

```
protected void Page_PreInit(object sender, EventArgs e)
{
switch(Request.QueryString["theme"])
{
case "Blue":
```

```
Page.Theme="BlueTheme";
break;
case "Pink":
Page.Theme="PinkTheme";
break;
}
}
```

【例 7-1】 按钮主题的应用。

程序运行结果如图 7-2 所示。第一个按钮是黄色背景的,第二个是绿色背景的。

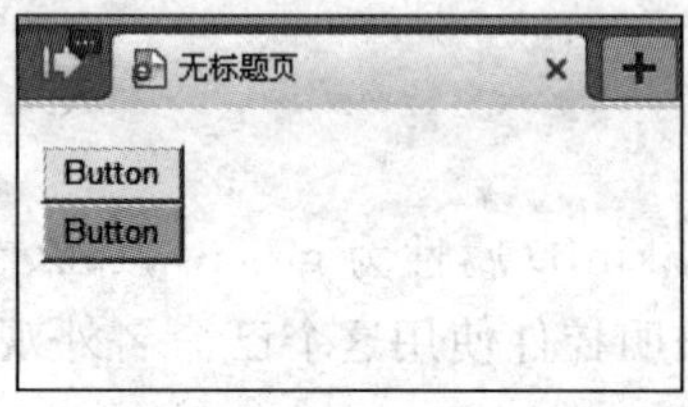

图 7-2 主题应用效果

【操作步骤】

(1) 右击要创建主题的网站项目,在弹出的菜单中选择"添加 ASP. NET 文件夹"→"主题"命令,此时该网站项目下就会添加一个名为 App_Themes 的文件夹,且该文件夹中自动添加一个待命名的主题,为主题命名,这里为 MyTheme。

(2) 右击上一步添加的主题,在弹出的菜单中选择"添加新项"命令,打开"添加新项"对话框,选择"外观文件"模板,并为外观文件命名为 MySkinFile. skin。

(3) 按照说明格式编写控件的外观。

```
<asp: Button runat="server" BackColor="#FFFFC0"/>
<asp: Button runat="server" SkinID="green" BackColor="#00FFC0"/>
```

(4) 新建页面文件 7-1. aspx,引入主题。

程序 7-1. aspx 的代码清单如下。

```
<%@Page Language="C#"  Theme ="MyTheme"%>
…
<head runat="server">
    <title>无标题页</title>
</head>
<body>
    <form id="form1" runat="server">
    <div>
            <asp: Button ID="Button1" runat="server" Text="Button"/>
        <br/>
        <asp: Button ID="Button2" runat="server" SkinID="green" Text="Button"/>
        </div>
    </form>
</body>
</html>
```

说明：

(1) <%@ Page Language＝"C＃" Theme ＝"MyTheme"%>在 7-1. aspx 中引入了主题 MyTheme，则主题中的样式可以应用于文件。所以第一个按钮 Button1 展示了主题里的默认按钮样式。

(2) <asp:Button ID＝"Button2" runat＝"server" SkinID＝"green" Text＝"Button"/>引入了一个已命名外观的 ID，所以呈现出绿色背景。

7.2 母 版 页

现在的网站设计中，一般整个网站风格统一，具有相同或相似的页首和页尾、导航栏、菜单栏、超链接等，只有中间的内容在变换。

以旧有的技术，无论是 HTML、ASP 或 ASP. NET 1.0，都不难做到以下几点：(1)用框架 Frameset 来切割；(2)每张网页中包含一段 HTML 程序代码来完成；(3)使用 CSS 完成。表面上看来，问题及技术难度不大，但实际却隐藏着许多困扰与麻烦，下面逐一探讨隐藏的问题。

(1) 乏味的重复性工作。程序开发人员必须针对每页(page)逐一定义，当有成百上千张网页时，必须一一定义所有页面的布局(Layout)。

(2) 缺乏一致性管理。无论网站是由一人还是团队多人共同设计，都会在设置宽度或文字图片位置时不小心走位，或者多人共同开发网站时，有人不遵守事先议定的配置方法及规划，等最后系统集成时才发现网页彼此间配置不一样，必须逐一检验每张网页是否有异常。

(3) 维护缺乏效率。因为网站有时必须每季、每半年或一年就要微调网页配置，以符合新的需求或观众口味。因此当网页成百上千时，就必须花费许多时间逐一修改，甚至要加班赶工。

(4) 动态变换不易。有时想让不同用户套用不同的版面配置，或者依用户喜好动态调整，固定的 HTML 语法做到如此并不难，但要大规模又管理得好很不容易。

而现在，这些都可以用母版页来处理。

母版页是使同一系列网页具有一致外观的工具，可以很好地实现界面设计的模块化和重用。Master Pages 是 ASP. NET 2.0 提供的新功能，通过预先定义好的 Master Pages 模板套用到所有 Web Form，使每个页面所需的页首、页尾、菜单与超链接有一致的外观，不但方便快捷，也消除了每个页面重复定义排版的烦琐工作。

7.2.1 母版页基础知识

1. 母版页

母版页是 ASP. NET 提供的一种重用技术，可使整个网站进行统一布局。在这种技术中,网页被分成两类,描述一致外观的称为母版页(Master Page),引用母版页的称为内容页(Content Page)。单个母版页可以为应用程序中的所有页(或一组页)定义所需的外观和标准行为。用户请求内容页时,它们与母版页合并,将母版页的布局与内容页的内容组合在一起输出。

母版页是具有扩展名为 master 的 ASP. NET 文件,它是包括静态文本、HTML 元素和服务器控件的预定义布局。母版页由特殊的@Master 指令识别,该指令替换了用于普通 aspx 页的@Page 指令。该指令看起来类似于以下代码。

```
<%@Master Language="C#" CodeFile="Master1.master.cs" Inherits="Master1"%>
```

与一般页面不同,母版页包括一个或多个内容占位控件(ContentPlaceHolder)。这些占位控件定义可替换内容出现的区域,可替换内容是在内容页中定义的。所谓内容页,就是绑定到特定母版页的 ASP. NET 页,通过创建各个内容页来定义母版页占位控件的内容,实现页面的内容设计。

在内容页的@Page 指令中,使用 MasterPageFile 属性来指向要使用的母版页,从而建立内容页和母版页的绑定。例如,一个内容页可能包含下面的@Page 指令,该指令将该内容页绑定到 Master1. master 页。在内容页中,通过添加 Content 控件并将这些控件映射到母版页上的 ContentPlaceHolder 控件来创建内容。

```
<%@Page Language="C#" MasterPageFile="~/Master1.master" Title="内容页 1" %>
<asp: Content ID="Content1" ContentPlaceHolderID="Main" Runat="Server">
    主要内容
</asp: Content>
```

2. 母版的执行原理

母版页仅仅是一个页面模板,单独的母版页不能被用户访问,单独的内容页也不能使用。母版页和内容页有着严格的对应关系。母版页中包含多少个 ContentPlaceHolder 控件,内容页中也必须设置多少个与其对应的 Content 控件。当客户端浏览器向服务器发出请求,要求浏览某个内容页面时,ASP. NET 引擎将同时执行内容页和母版页的代码,并将组合后的最终结果发送给客户端浏览器。

母版页和内容页的运行过程可以概括为以下 5 个步骤。

(1) 用户通过键入内容页的 URL 来请求该页。

(2) 获取内容页后,读取@Page 指令。如果该指令引用一个母版页,则也读取该母版页,如果是第一次请求这两个页,则两个页都要进行编译。

(3) 母版页合并到内容页的控件树中。

(4) 各个 Content 控件的内容合并到母版页中相应的 ContentPlaceHolder 控件中。

(5) 呈现得到结果页。

7.2.2 创建母版页和内容页

1. 创建母版

母版页中包含的是页面公共部分，即网页模板。在一个网站中，许多页面都包含相同的页头和页脚，这些就是公共部分。因此，创建应用之前，必须判断哪些内容是公共部分，这就需要从分析页面结构开始。导航栏、页头和页脚等都是公共部分，内容是页面的非公共部分。可以按照以下步骤创建一个母版页 MasterPage. master。

2. 创建内容页

母版页要通过内容页来使用。创建内容页的方法有两种，第一种是基于母版页创建内容页，第二种是在建立新网页时选择母版页。

基于母版页建立内容页的步骤如下。

(1) 打开母版页。

(2) 右击 ContentPlaceHolder 控件，在弹出的快捷菜单中选择"添加内容页"。

(3) 右击新网页视图，在弹出的快捷菜单中选择"编辑主表"，即可以编辑该网页。

建立新网页时，选择母版页的步骤如下。

(1) 新建网页时，在"添加新项"对话框中选中"选择母版页"复选框。

(2) 单击"添加"按钮，在弹出的对话框中选择项目中存在的母版页。

(3) 单击"确定"按钮后，新网页即为内容页。

7.2.3 内容页和母版页的交互

1. 内容页访问母版页上的公共成员

内容页中有个 Master 对象，它是 MasterPage 类型，代表当前内容页的母版页。通过这个对象的 FindControl 方法可以找到母版面中的控件，这样就可以在内容页中操作母版页中的控件了。例如，下面代码是将内容页文本框 txtContent1 的内容送到母版页的文本框 txtMaster 中。

```
TextBox txt=(TextBox)((MasterPage)Master).FindControl("txtMaster");
txt.Text=this.txtContent1.Text;
```

在内容页中编写代码访问母版页中的属性和方法，也可以通过 Master 对象。

例如，将母版页中名为 CompanyName 的公共属性的值赋给内容页上的一个文本框。

```
txtContent1.Text=((MasterPage)Master).CompanyName
```

在内容页中添加@MasterType 指令，该指令用 VirtualPath 属性设置母版页的位置。

例如：

```
<%@MasterType VirtualPath="~/Master1.master" %>
```

此指令使内容页的 Master 属性被强类型化。这样，代码就可简化为：

```
txtContent1.Text=Master.CompanyName
```

2. 在母版页中访问内容页中的公共成员

在母版页中，可以通过调用 ContentPlaceHolder 控件的 FindControl 方法取得内容页控件，例如：

```
((TextBox)this.ContentPlaceHolder1.FindControl("txtContent")).Text=
txtMaster.Text;
```

母版页中调用内容页的方法可以通过事件机制实现

3. 在母版页中，根据不同的内容页面实现不同的操作

母版页中可以加入多个不同的内容页面。但设计期间，无法知道当前运行的是哪个内容页面，所以只能通过分支判断当前运行的是哪个，然后根据判断执行不同的操作。

```
string s=this.ContentPlaceHolder1.Page.GetType().ToString();
if (s=="ASP.default1_aspx")          //根据不同的内容页面类型执行不同的操作
{
    ((TextBox)this.ContentPlaceHolder1.FindControl("TextBox2")).Text="MastPage";
}
else if (s=="ASP.default2_aspx")
{
    ((TextBox)this.ContentPlaceHolder1.FindControl("TextBox2")).Text="Hello
    MastPage";
}
```

4. 内容页动态地附加母版页

除了以声明方式指定母版页(在@Page 指令或配置文件中)外，还可以动态地将母版页附加到内容页。因为母版页和内容页会在页面处理的初始化阶段合并，所以必须在此前分配母版页，通常 PreInit 阶段动态地分配母版页。

7.2.4 毕业设计(论文)选题网站的母版页设计

【例 7-2】 毕业设计(论文)选题网站的母版页设计。

本案例为设计“毕业设计(论文)选题网站”的母版页 MasterPage.master。教学管理网站中的页面分 4 个区：题头区、导航区、内容区和页脚区。除内容区外，其他区域是网站的公共部分，应用母版页的设计效果如图 7-3 所示。

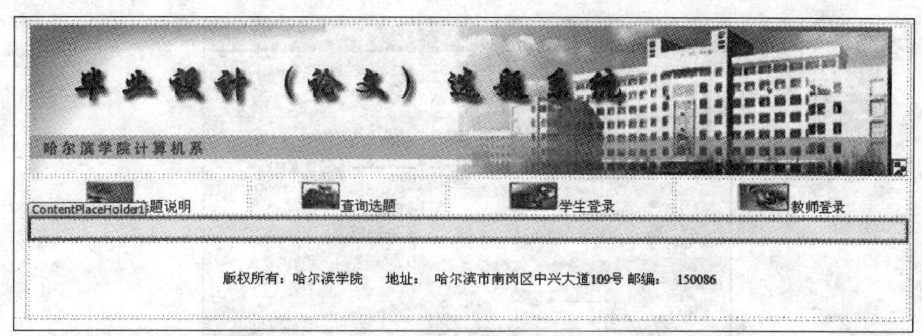

图 7-3 母版页设计效果

【操作步骤】

(1) 单击“文件”→“新建”→“文件”命令，打开“添加新项”对话项，选择“母版页”，设置母版页的名称为 MasterPage. master，如图 7-4 所示。

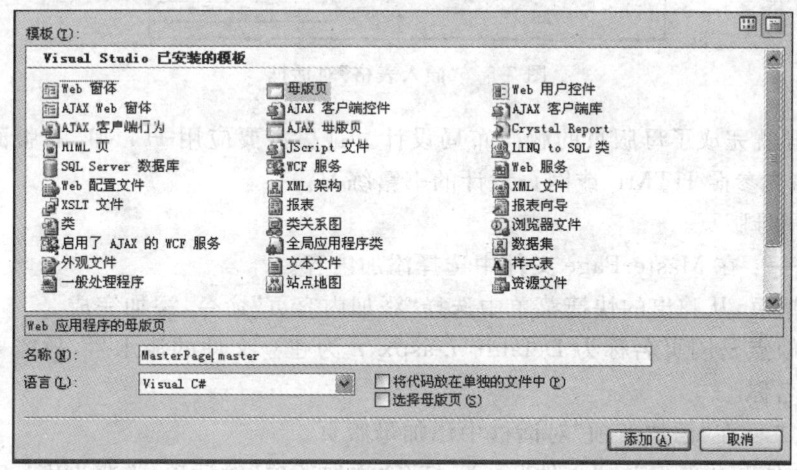

图 7-4 新建母版页

(2) 新建的母版页界面中有一个默认的 ContentPlaceHolder 控件，但它的版面布局不符合需要，需要重新设计页首、页尾和内容页的外观。删除 ContentPlaceHolder 控件。

(3) 单击“表”→“插入表”命令，弹出“插入表格”对话框，设置一个 4 行 1 列的表格，对齐方式为“居中”，指定宽度为 800 像素。单击“确定”，在母版页中插入一个表格。设置界面如图 7-5 所示。

(4) 在第一行单元格中插入一个 Image 控件，设置其 ImageUrl 属性为 image 文件夹下的 banner. jpg 文件。选中第二行单元格，单击“表”→“修改”→“拆分单元格”命令，将其拆分为 4 列。单击“确定”按钮，第二行的单元格被拆分为 4 个单元格。在其中分别插入一张图片文件，在每个图片所在单元格分别录入“选题说明”、“查询选题”、“教师登录”、“学生登录”。

(5) 在第三行单元格内重新插入 ContentPlaceHolder 控件，这里将是内容页部分。

(6) 在第四行单元格内录入相应的页尾内容，如地址、电话、联系方式、版权、电子邮件等。

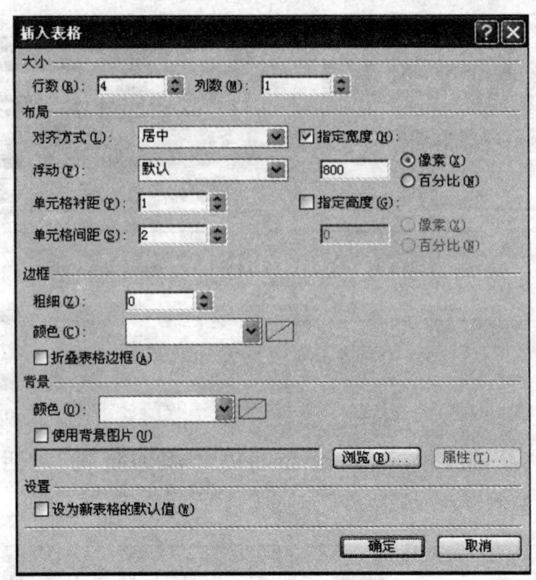

图 7-5 “插入表格”对话框

(7) 这样就完成了母版页的版面布局设计。这里需要应用 HTML 的版面布局练习技巧,可以事先参照 HTML 或网页设计的书籍练习。

(8) 应用母版页。

① 方法一:在 MasterPage 文件中选择添加内容。

右击母版页,从弹出的快捷菜单中选择“添加内容页”命令,添加完成。

此法的缺点是网页名称为 Default *n*. aspx,*n* 为建立文件的流水号,故需要修改成设计者想要的名称。

② 方法二:在“添加新项”对话框中添加母版页。

单击“文件”→“新建”→“文件”命令,打开“添加新项”对话项,选择“Web 窗体”,命名为“7-2. aspx”。选中“选择母版页”选项,单击“添加”按钮,在“选择母版页”对话框中选中 MasterPage. master,7-2. aspx 文件就会套用母版页,7-2. aspx 本身即为内容页。建立过程如图 7-6 和图 7-7 所示。

(9) 进入 7-2. aspx,只有在母版页中定义的 ContentPlaceHolder 控件部分是可以编辑的,其他部分无法编辑。

7-2. aspx 的文件源代码如下。

```
<%@ Page Language="C#" MasterPageFile="~/MasterPage.master" Title="无标题
页" %>
<script runat="server">
</script>
<asp: Content ID="Content1" ContentPlaceHolderID="head" Runat="Server">
</asp: Content>
<asp: Content ID="Content2" ContentPlaceHolderID="ContentPlaceHolder1" Runat=
"Server">
```

```
    <p>
        <br/>
    </p>
    <p>
         </p>
    <p>
         </p>
    <p>
         </p>
    <p>
         </p>
    <p>
    </p>
    <p>
    </p>
</asp: Content>
```

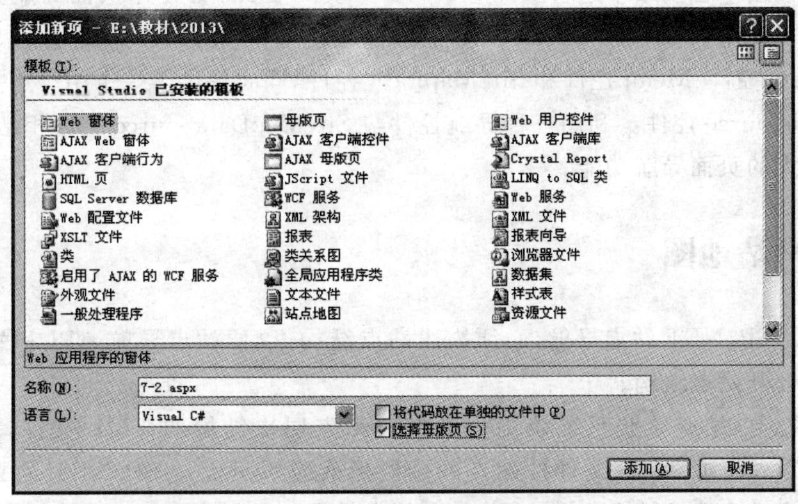

图 7-6　套用母版页创建 Web 窗体

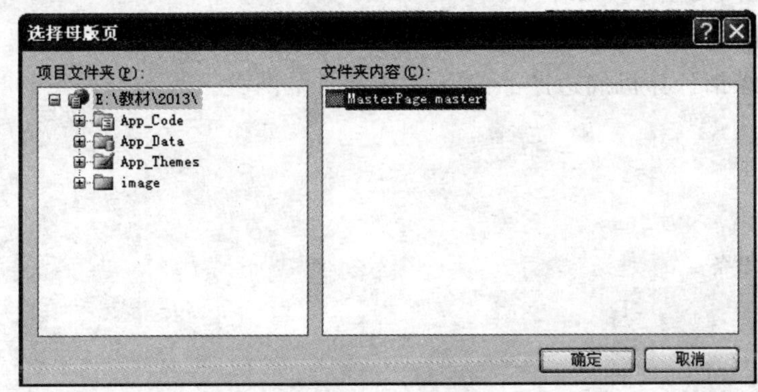

图 7-7　选择母版页

熟悉了这段代码后，也可以新建一个 Web 窗体，手动书写 HTML 代码，完成母版页的套用。

(10) 在 ContentPlaceHolder 控件中添加相应内容，也可以插入表格，继续进行内容页的页面布局设计。然后再添加相应控件，添加代码，完成页面的设计。

注意：前面介绍的都是一次只使用一个 Master page。一般情况下也是一次使用一个 Master page，但这并不意味着母版页的设计限制一次只能使用一个 Master page。也就是说，可以使用嵌套方式，在 Master page 中再包含 Master page，无限制地一层一层嵌套下去。但这样的结构是有阶层性的，也就是类似 Root、Parent、Child 的一层一层阶层性关系，但每层之间又可以多重分支，类似一个组织图的结构。

7.3 网站地图与页面导航

为了方便用户在网站中进行页面导航，几乎每个网站都会使用页面导航控件。页面导航功能可以使用户在一个复杂的网站中方便地跳转。ASP. NET 提供了 3 种导航控件：TreeView 控件、Menu 控件和 SiteMapPath 控件，同时提供了一个用于连接数据源的 SiteMapDataSource 控件。利用三种导航控件与 SiteMapDataSource 控件相结合，可以轻松地实现强大的页面导航功能。

7.3.1 网站地图

要使用 ASP. NET 站点导航，必须描述站点结构，以便站点导航 API 和站点导航控件可以正确公开站点结构。

默认情况下，站点导航系统使用一个包含站点层次结构的 XML 文件，名为 Web. sitemap，称为站点地图。该文件按站点的分层形式组织页面，ASP. NET 的默认站点地图提供程序自动选取此站点地图，该文件必须位于应用程序的根目录中。

创建站点地图的基本步骤如下。

(1) 分析网站结构，按层次结构描述站点的布局。

例如，一家经销计算机周边产品的网站共有 7 个网页。其布局如下。

```
商店
   计算机
        主机
        外部设备
   存储设备
        硬盘
        U盘
```

(2) 建立站点地图文件。

单击“文件”→“新建”→“文件”命令，在打开的“添加新项”对话框中选择“站点地图”，即可创建站点地图文件 Web. sitemap，该文件的初始内容如下。

```
<?xml version="1.0" encoding="utf-8" ?>
<siteMap xmlns="http://schemas.microsoft.com/AspNet/SiteMap-File-1.0">
    <siteMapNode url="" title=""  description="">
        <siteMapNode url="" title=""  description=""/>
        <siteMapNode url="" title=""  description=""/>
    </siteMapNode>
</siteMap>
```

(3) 编写站点地图文件。

```
<?xml version="1.0" encoding="utf-8" ?>
<siteMap xmlns="http://schemas.microsoft.com/AspNet/SiteMap-File-1.0">
  <siteMapNode title="商店" description="Home" url="~/index.aspx">
    <siteMapNode title="计算机" description="Our computer" url="~/computer.
    aspx">
      <siteMapNode title="主机" description="master" url="~/master.aspx"/>
      <siteMapNode title="外部设备" description="peripheral device " url=
      "~/device.aspx"/>
    </siteMapNode>
    <siteMapNode title="存储设备" description="memory device" url="~/memory.
    aspx">
      <siteMapNode title="硬盘" description="harddisk device" url="~/harddisk.
      aspx"/>
      <siteMapNode title="USB 设备" description="usb device" url="~/usb.aspx"/>
    </siteMapNode>
  </siteMapNode>
</siteMap>
```

在 Web. sitemap 文件中，根元素是<siteMap>，子元素<siteMapNode>用来描述站点中的页。通过嵌套 siteMapNode 元素创建层次结构，siteMapNode 元素的 URL 属性值不允许重复。

7.3.2 使用导航地图实现网站导航

ASP. NET 提供了三种导航：TreeView，Menu 和 SiteMapPath。这些控件都基于站点地图实现导航。

【例 7-3】 计算机产品销售网站导航设计。

设计思想如下。

(1) 网站的基本结构为如下。

```
商店        index.aspx      一级页面
  计算机    computer.aspx    二级页面
      主机    master.aspx 三级页面
      外部设备   device.aspx   三级页面
  存储设备   memory.aspx   二级页面
     硬盘     harddisk.aspx   三级页面
     U盘     usb.aspx      三级页面
```

(2) 一级页面采用 Menu 控件导航,二级页面采用 TreeView 控件导航,三级页面采用 SiteMapPath 控件导航。

【操作步骤】

(1) 使用 Menu 控件设计首页 index. aspx(一级页面)。

Menu 控件以菜单的结构形式对网站进行导航,可以采用水平方向或竖直方向的形式导航,设计步骤类似 TreeView。需要注意的是,该控件对 IE 8 浏览器不兼容,可以加入<meta http-equiv="X-UA-Compatible" content="IE=EmulateIE7" />,强制 IE 解析为与 IE 7 兼容。

下面根据前面建立的站点地图设计菜单型导航条。

① 新建"Web 窗体"文件,命名为 index. aspx。

② 向该网页的界面添加一个 SiteMapDataSource 控件 SiteMapDataSource1 和一个 Menu 控件。

③ 设置 Menu 控件的数据源为 SiteMapDataSource1。

程序 index. aspx 的代码清单如下。

```
<%@Page Language="C#" %>
...
<head runat="server">
    <title>无标题页</title>
    <meta http-equiv="X-UA-Compatible"  content="IE=EmulateIE7"/>
</head>
<body>
    <form id="form1" runat="server">
    <asp: SiteMapDataSource ID="SiteMapDataSource1" runat="server"/>
    <asp: Menu ID="Menu1" runat="server" DataSourceID="SiteMapDataSource1">
    </asp: Menu>
    </form>
</body>
</html>
```

运行结果如图 7-8 所示。

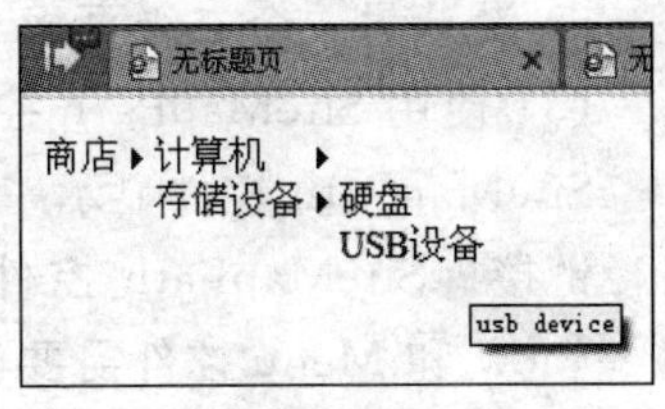

图 7-8　Menu 控件运行结果

(2) 使用 TreeView 设计二级页面。

TreeView 控件以树型结构对网站进行导航。

下面根据前面建立的站点地图来设计树型导航条。

① 向站点添加一个 ASP.NET 网页,命名为 computer.aspx,向该网页的界面添加一个 SiteMapDataSource 控件和一个 TreeView 控件。

② 设置 TreeView1 的 DataSourceID 属性为 SiteMapDataSource1。

computer.aspx 文件的代码清单如下。

```
<%@Page Language="C#" %>
...
<head runat="server">
    <title>无标题页</title>
</head>
<body>
    <form id="form1" runat="server">
    <div>
            <asp: SiteMapDataSource ID="SiteMapDataSource1" runat="server"/>
        </div>
    <asp: TreeView ID="TreeView1" runat="server" DataSourceID="SiteMapDataSource1">
    </asp: TreeView>
 
    </form>
    <p>
        计算机商店计算机销售包括主机与外部设备</p>
</body>
</html>
```

computer.aspx 的运行结果如图 7-9 所示。

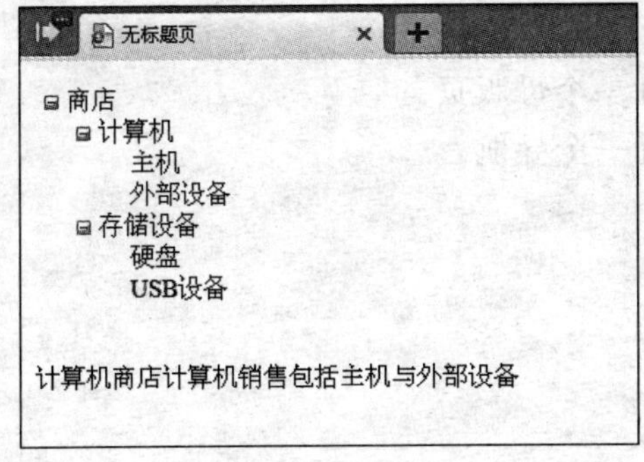

图 7-9　TreeView 控件运行结果

③ 设计另一个二级页面 memory.aspx,方法与②相同。

(3) 使用 SiteMapPath 控件设计三级页面

SiteMapPath 控件显示一个导航路径,为用户显示当前页的位置,并显示返回主页的路径链接。SiteMapPath 控件使用起来非常简单,直接将它放置在页面上即可,不像 TreeView 和 Menu 控件需要 SiteMapDaraSource。

下面根据前面建立的站点地图来设计导航路径。

① 向站点添加一个 ASP.NET 网页,命名为 Masterr.aspx,向该网页的界面添加一个 SiteMapPath 控件。

② 只要文件名是 Web.sitemap 站点地图中设置好的,SiteMapPath 控件会自动根据文件名呈现站点导航路径。

③ 以同样方式建立另外 3 个三级页面。

利用 SiteMapPath 控件设计的三级页面运行结果如图 7-10 所示。

图 7-10 SiteMapPath 控件运行效果

习 题 7

7.1 问答题

1. 请简述主题的功能及应用方法。
2. 简述母版页的设计原理和设计过程。
3. 简述网站导航的功能及种类、各种导航的设计方法。

7.2 实验题

1. 应用主题设计页面。
2. 为自己的网站设计一个母版页。
3. 为自己的网站设计一个导航。

第8章

小型案例设计

主要内容：

- 系统分析与系统设计
- 数据库设计
- 网站设计

本章将以"毕业设计（论文）选题系统"的网站为例，从系统分析、系统设计、数据库设计、网站设计的角度设计一个动态网站。从第一步开始规划一个网站，设计数据库，综合应用前面讲述的知识进行程序设计。

8.1 系统分析与系统设计

8.1.1 系统分析

"毕业设计（论文）选题系统"是一个用来为计算机专业学生提供毕业论文或毕业设计选择的网站，由教师发布毕业设计（论文）的题目，由学生进行选择。

1. 设计的目标和意义

在平常的毕业设计（论文）选题过程中，经常出现教师出题重复、学生选题重复、学生对教师的题目了解过少，盲目选题，少数题目多人选择、部分题目无人选择的情况。这里建设一个"毕业设计（论文）选题系统"网站，在 Web 平台上实现毕业设计（论文）选题的完全透明、方便检索、人题一一对应的目标。

2. 需求分析

网站要完成的功能主要由 3 部分组成。

（1）管理员用来添加教师和学生的相关信息；管理题目。

（2）教师添加毕业设计或论文的题目及要求；管理题目；同时具有修改密码的功能。

（3）学生检索题目，并进行题目的选择。同时具有修改密码的功能。

8.1.2 系统设计

根据需求分析进行系统设计。“毕业设计（论文）选题系统”分为3个功能模块。

1. 管理员功能模块

管理员功能模块需要完成以下功能。

（1）添加教师的教师号、教师名称、登录密码，给予教师发布题目的权限。

（2）对教师的相关信息进行查、改、删操作。

（3）添加学生的学号、姓名、登录密码，给予学生选择题目的权限。

（4）对学生的相关信息进行查、改、删操作。

（3）管理题目，对学生已经选择的题目进行修改。这一功能主要是为有些学生想修改已经选择的题目而设计的。

2. 教师功能模块

教师功能模块需要完成以下功能。

（1）发布毕业设计（论文的题目）、设计要求。

（2）对自己发布的题目进行修改、删除等。

（3）修改自己的登录密码。

3. 学生功能模块

学生功能模块需要完成以下功能。

（1）查询阅读教师发布的毕业设计（论文）的题目。

（2）登录后选择题目。

（3）修改自己的登录密码。

8.1.3 系统结构图

系统结构如图8-1所示。

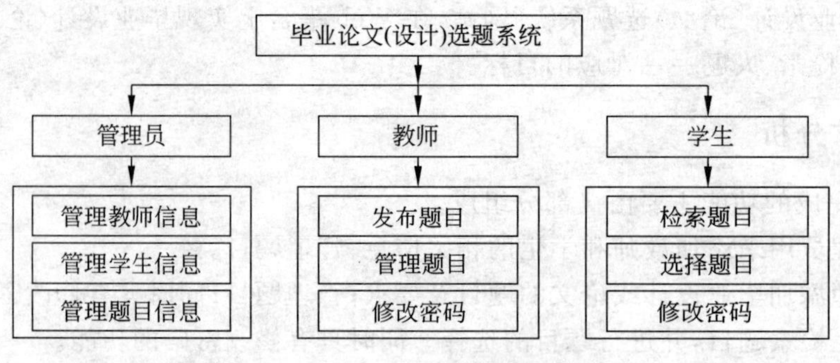

图8-1 系统结构图

8.1.4 系统流程图

系统流程如图 8-2 所示。

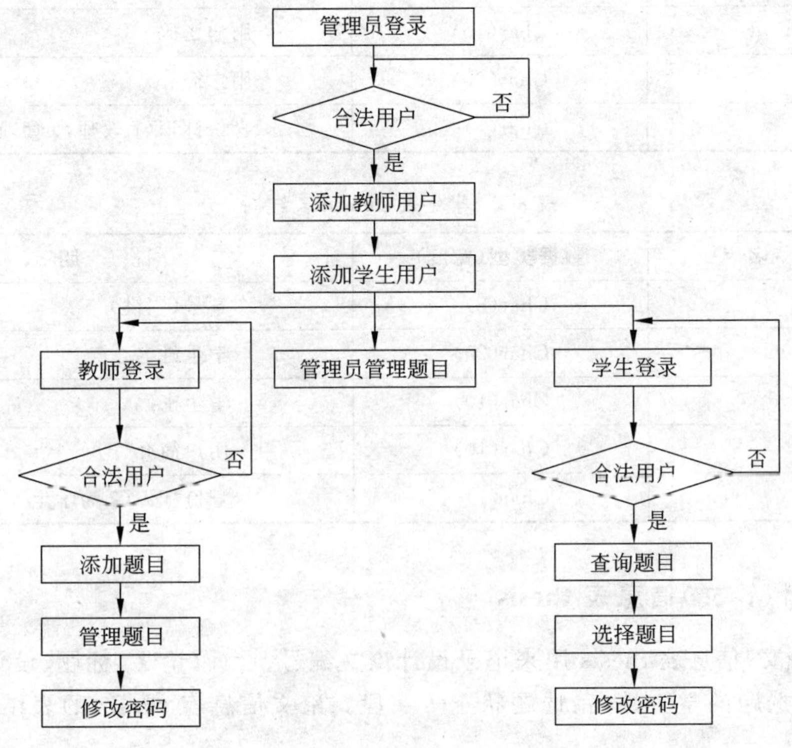

图 8-2 系统流程图

8.2 数据库设计

分析系统功能后，下面进行数据库 thesis 数据表的设计。

1. 教师表 teacher

教师表主要用来记录教师的基本信息，包括教师号、教师姓名、研究方向、密码、用户类型等字段。因为管理员和教师的用户管理在一个表中实现，所以需要有一个用户类型字段区别管理员和教师的身份。教师表 teacher 的表结构如表 8-1 所示。

2. 学生表 student

学生表用来记录学生的学生号、学生姓名、班级、密码、学生类型等字段。学生表 student 的表结构如表 8-2 所示。

表 8-1　教师表 teacher 表结构

列　　名	数据类型(宽度)	说　　明
teacherid	Char(8)	教师工号(主键)
teachername	Char(20)	用户姓名
teacherpwd	Char(10)	用户密码
Intro	Char(60)	用户简介
type	Char(1)	身份标识(1 教师,0 管理员)

表 8-2　学生表 student 表结构

列　　名	数据类型(宽度)	说　　明
stuid	Char(8)	学号(主键)
stuname	Char(20)	学生姓名
stupwd	Char(10)	学生密码
class	Char(10)	用户简介
type	Char(1)	身份标识(2 为学生)

3. 设计(论文)信息表 thesis

设计(论文)信息表 thesis 用来记录设计论文编号、设计(论文)标题、设计(论文)要求、发布者、选题的学生姓名、选题状态等字段。论文信息表 thesis 的表结构如表 8-3 所示。

表 8-3　设计(论文)信息表 thesis 表结构

列　　名	数据类型(宽度)	说　　明
Id	Char(8)	设计(论文)标题编号(主键)
title	Char(30)	设计(论文)标题
content	备注	设计(论文)要求
Teaname	Char(20)	发布教师姓名
stuname	Char(20)	选题的学生姓名
selected	Char(1)	选题的状态(0 为未选,1 为已选)

8.3　网站设计

系统设计与数据库设计后,开始进行网站设计。

8.3.1 网站结构图

根据系统设计对网站进行整体设计，网站结构如图 8-3 所示。

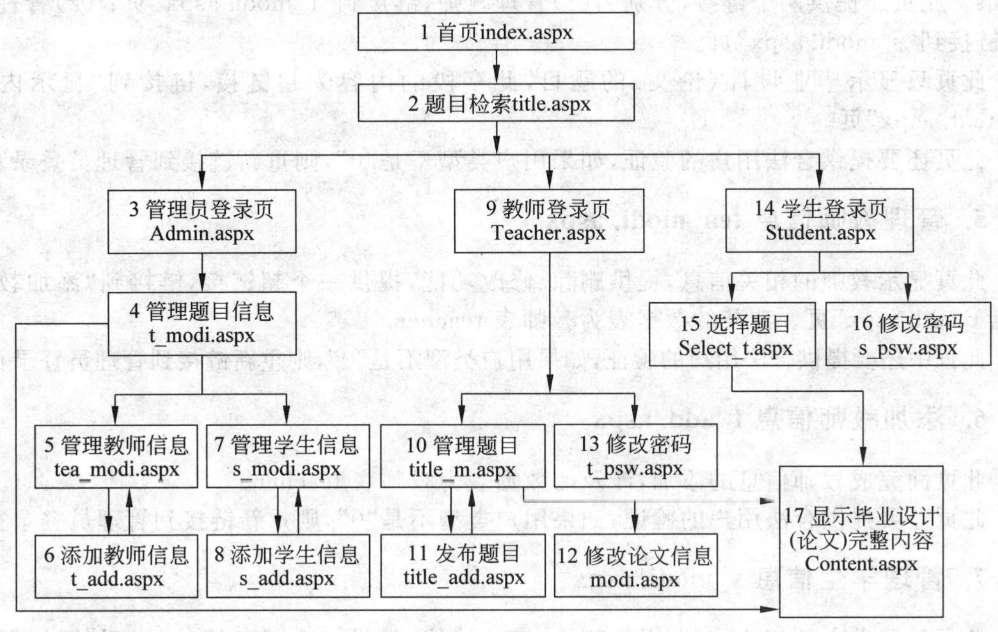

图 8-3　网站结构图

8.3.2 页面功能

这里对网站涉及的功能和数据表进行一一分析。

1. 首页 index. aspx

此页无须登录，此页说明网站使用方法。本页是静态网页，不需数据表。

2. 题目检索 title. aspx

此页无须登录，显示发布题目的编号和题名、发布的教师、选定的状态，并提供对题目的检索。本页涉及的数据表为设计（论文）信息表 thesis。并通过带参数的 SQL 语句完成检索。

3. 管理员登录页 Admin. aspx

此页为管理员登录页，判定为合法用户后，跳转到“管理题目信息 t_modi. aspx”页，涉及数据表为 teacher。

4. 管理题目信息 t_modi. aspx

此页为管理员登录后的首页，页面显示题目和选择题目的学生名等信息，并提供删除学生等功能，为学生误选题目提供了修改的地方。涉及的数据表为设计（论文）信息表 thesis。此页还提供两个链接，分别为（1）管理教师，链接到“t_modi. aspx”页；（2）管理学生，链接到“s_modi. aspx”页。

此页只显示毕业设计（论文）的题目，此字段的内容为超链接，链接到“显示内容 Content. aspx”页。

此页还要提供合法用户的验证，如果用户类型不是“0”，则重新链接到管理员登录页。

5. 管理教师信息 tea_modi. aspx

此页显示教师的相关信息，提供删除、修改功能，提供一个超链接，链接到“添加教师信息 t_add. aspx”页。涉及的数据表为教师表 teacher。

此页中还要提供合法用户的验证，如果用户类型不是“0”，则重新链接到管理员登录页。

6. 添加教师信息 t_add. aspx

此页面完成教师信息的添加，涉及的数据表为教师表 teacher。

此页还要提供合法用户的验证，如果用户类型不是“0”，则重新链接到管理员登录页。

7. 管理学生信息 s_modi. aspx

此页显示学生的相关信息，提供删除、修改功能，提供一个超链接，链接到“添加学生信息 s_add. aspx”页。涉及的数据表为学生表 student。

此页还要提供合法用户的验证，如果用户类型不是“0”，则重新链接到管理员登录页。

8. 添加学生信息 s_add. aspx

此页完成学生信息的添加，涉及的数据表为学生表 student。

此页还要提供合法用户的验证，如果用户类型不是“0”，则重新链接到管理员登录页。

9. 教师登录页 Teacher. aspx

此页为教师登录页，判定为合法用户后，跳转到“管理题目 title_m. aspx”页，涉及的数据表为 teacher。

10. 管理题目 title_m. aspx

此页为教师登录后的首页，显示此教师发布的题目，提供删除操作；单击“修改”可以跳转到 modi. aspx，进行全文修改。涉及的数据表为设计（论文）信息表 thesis。

此页面只显示题目的名称，名称为超链接，链接到“显示内容 Content. aspx”页。

此页还要提供合法用户的验证，如果用户类型不是“1”，则重新链接到教师登录页。

11. 发布题目 title_add. aspx

此页功能为发布毕业设计（论文）题目，涉及的表为设计（论文）信息表 thesis。

此页还要提供合法用户的验证,如果用户类型不是“1”,则重新链接到教师登录页。

12. 修改论文信息 modi. aspx

在管理题目页面中单击“修改”会跳转到此页,它的功能是把设计(论文)信息全部显示出来,并进行修改。修改完成后跳转到“管理题目 title_m. aspx”。涉及的表为设计(论文)信息表 thesis。

此页还要提供合法用户的验证,如果用户类型不是“1”,则重新链接到教师登录页。

13. 修改密码 t_psw. aspx

此页为教师修改密码的页面,涉及的数据表为 teacher。

此页还要提供合法用户的验证,如果用户类型不是“1”,则重新链接到教师登录页。

14. 学生登录页 Student. aspx

此页为学生登录页,判定为合法用户后跳转到“选择题目 Select_t. aspx”,涉及的数据表为 student。

15. 选择题目 Select_t. aspx

此页为学生合法登录后的首页,学生录入选择的题目号,确定选题。涉及到的数据表为设计(论文)信息表 thesis。

此页还要提供合法用户的验证,如果用户类型不是“2”,则重新链接到学生登录页。

16. 修改密码 s_psw. aspx

此页为学生修改密码的页面,涉及的数据表为 student。

17. 显示毕业设计(论文)完整内容 Content. aspx

当在管理题目信息 t_modi. aspx(4)、管理题目 title_m. aspx(10)和选择题目 Select_t. aspx(15)中单击“题目”链接时,会跳转到此页,此页的功能为完整显示设计(论文)的完整信息。涉及到的数据表为设计(论文)信息表 thesis。

8.3.3 导航栏设计

根据网站结构图设计导航栏。

(1) 首页 index. aspx。

(2) 题目检索 title. aspx。

(3) 教师登录页 Teacher. aspx。

(4) 学生登录页 Student. aspx。

使用导航栏可以随时跳转到相关页面。

8.3.4 母版设计

在母版中设计导航栏，应用母版后导航栏会出现在网站的每个页面中。

母版的设计参照 7.2.4 节。

【例 8-1】 母版添加导航栏。

(1) 打开 MasterPage.master 文件，选中“选题说明”选项，单击工具栏上的“转换为超链接(Ctrl+L)”按钮，在弹出的“超链接”对话框中选中“其他”类型，在 URL 中输入 index.aspx，也可以单击“浏览”按钮，在本网站中选择已经存在的文件。因为是网站内文件的相对链接，所以只需指明相对路径。如果要链接到一个 URL，则需要在前面添加 http:。设置完的超链接文字为蓝色，有下划线。

“超链接”对话框如图 8-4 所示。

图 8-4 “超链接”对话框

(2) 使用样式。

单击工具栏上的“目标规则”下拉列表框，选中“应用新样式”，在弹出的“新建样式”对话框中的选择器中选择 a:link，这是关于超链接的外观样式。将超链接设置为黑色，无下划线，如图 8-5 所示。

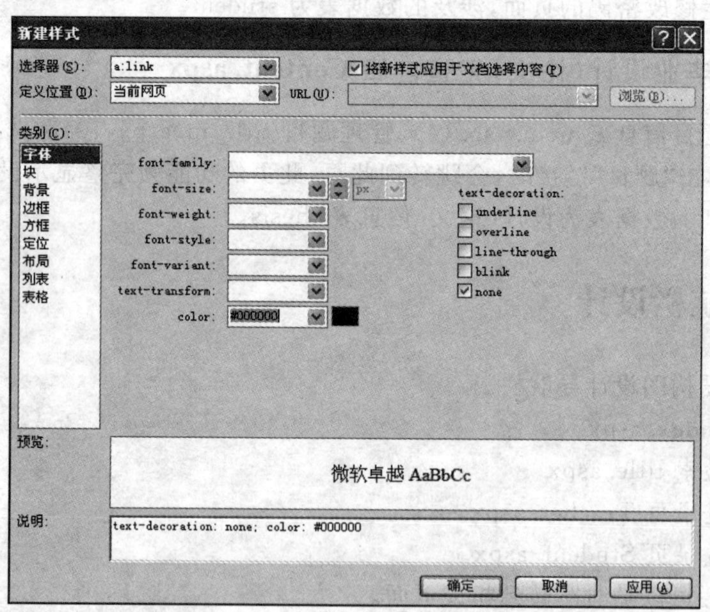

图 8-5 样式设置

(3) 按照上面的步骤，设置其他 3 个链接。

“查询选题”链接到 title. aspx。

“学生登录”链接到 Student. aspx。

“教师登录”链接到 Teacher. aspx。

(4) 保存母版页。

8.4 详细设计

这一节对网页进行详细设计。

8.4.1 首页页面

【操作步骤】

(1) 新建 Web 窗体文件，命名为 index. aspx，选中“选择母版页”选项，如图 8-6 所示。

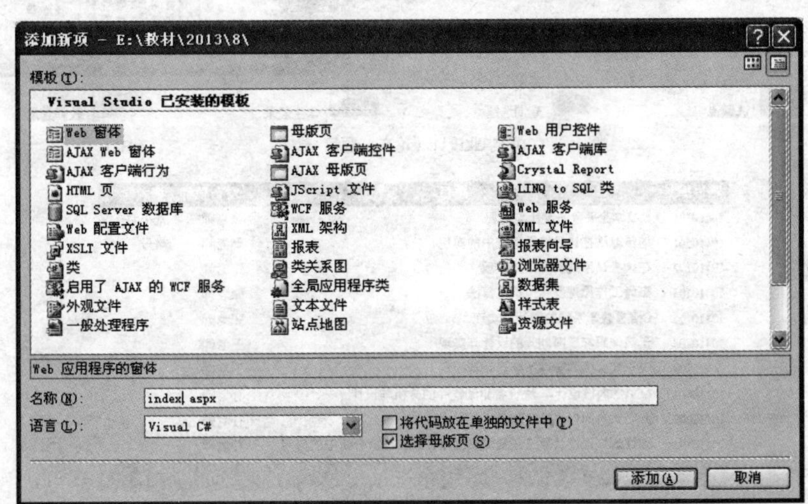

图 8-6 “添加新项”对话框

(2) 在页面添加相应内容，运行结果如图 8-7 所示。

8.4.2 查询选题页面

“查询选题”的页面效果如图 8-8 所示。

此页展示了所有教师发布的毕业设计(论文)题目、题目编号、发布教师、选题学生等信息。单击列标题可以排序，还有分页功能，设置 pagesize 属性为 10。这部分功能是通

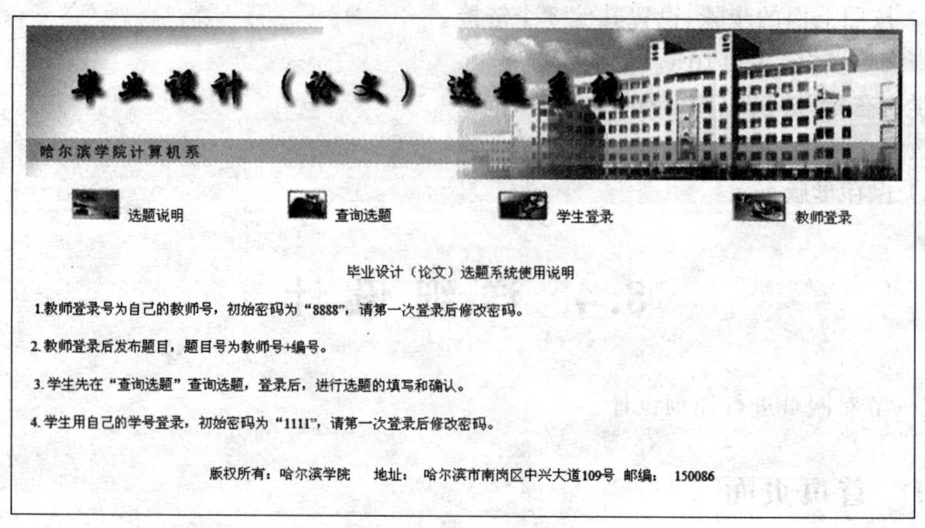

图 8-7　首页运行效果

题目编号	题目	发布教师	选题学生
10410101	CAI作业平台的设计与实现	张老师	张小明
10410501	遗传算法在自动组卷系统中的实现	韩老师	李丹
10410102	在线考试系统的开发与实现	张老师	
10410103	磁盘工作原理及相关调度算法	张老师	
10410105	C语言教学系统的设计与实现	张老师	
10410203	子网掩码与子网划分的设计与实现	王老师	
10410202	电子政务档案管理系统设计与应用	王老师	
10410402	LINUX内核设计—块设备驱动程序的分析与设计	孙老师	
10410403	分布式协同虚拟社区的分析与设计	孙老师	
10410404	线性规划理论及算法在食堂最优膳食结构决策分析中的应用	孙老师	

图 8-8　“查询选题”的运行效果

过 GridView 控件绑定数据源来实现的。单击题目，可以通过超链接访问内容页 content.aspx，效果如图 8-9 所示。

题目字段的链接设计如图 8-10 所示。

本页还提供了组合检索功能，可以选择“教师姓名”和“题目编号”检索。运行效果如图 8-11 所示。

单击“标题”列内容，可以访问内容页，如图 8-9 所示。

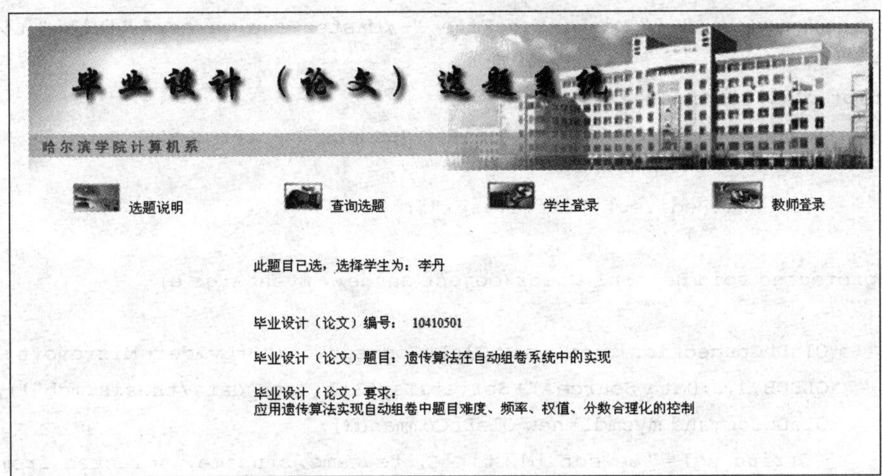

图 8-9　内容页运行效果

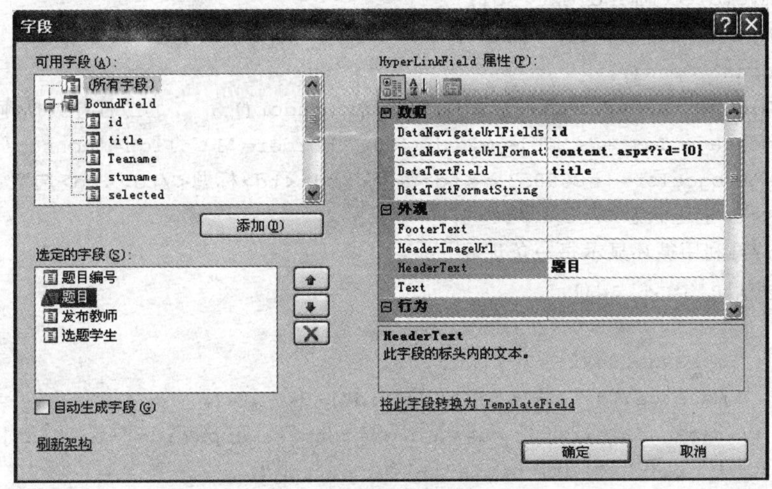

图 8-10　题目字段的链接设计

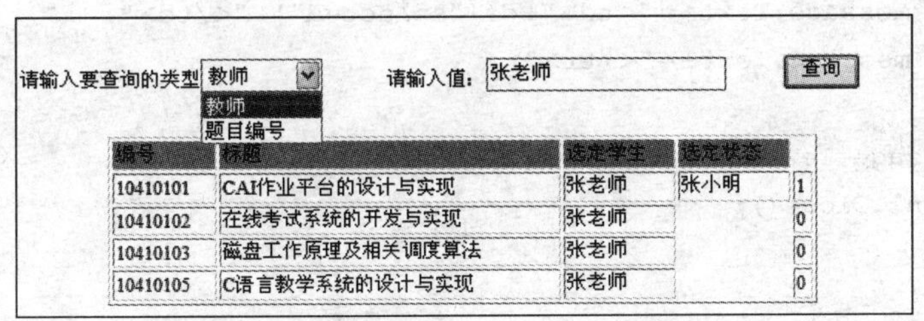

编号	标题	选定学生	选定状态	
10410101	CAI作业平台的设计与实现	张老师	张小明	1
10410102	在线考试系统的开发与实现	张老师		0
10410103	磁盘工作原理及相关调度算法	张老师		0
10410105	C语言教学系统的设计与实现	张老师		0

图 8-11　检索功能运行效果

查询选题页 title.aspx 的代码清单如下。

```
<%@Import Namespace="System.Data.OleDb" %>
<%@Import Namespace="System.Data" %>
```

```
<%@Page Language="C#" MasterPageFile="~/MasterPage.master" Title="无标题
页" %>
<script runat="server">
    protected void Button2_Click(object sender, EventArgs e)
    {
        Response.Redirect("title.aspx");
    }
    protected void Button1_Click(object sender, EventArgs e)
    {
        OleDbConnection conn1=new OleDbConnection("Provider=Microsoft.Jet.
        OLEDB.4.0;Data Source="+Server.MapPath("app_data/thesis.mdb"));
        OleDbCommand mycmd1=new OleDbCommand();
         string sql="select id, title, teaname, stuname, selected from thesis
         where "+DropDownList1.SelectedItem.Value+"='"+TextBox1.Text+"'";
                          //将页面控件中的数据与 SQL 语句结合,写出完整的 SQL 语句
        mycmd1.CommandText=sql;
        mycmd1.Connection=conn1;
        conn1.Open();
        OleDbDataReader dr=mycmd1.ExecuteReader();      //打开数据库连接
        message.Text="<table width='80%' border='1' align='center'>
        <tr bgcolor='#CC9933'><td>编号</td><td>标题</td><td>选定学生</td>
        <td>选定状态</td></tr>";
        //再利用循环显示每一条记录
        while (dr.Read())
        {
            message.Text+="<tr>";
            message.Text+="<td>"+dr["id"]+"</td>";
            message.Text+="<td><a href=content.aspx?id="+dr["id"]+" target=
            '_blank'>"+dr["title"]+"</a></td>";
            message.Text+="<td>"+dr["teaname"]+"</td>";
            message.Text+="<td>"+dr["stuname"]+"</td>";
            message.Text+="<td>"+dr["selected"]+"</td>";
            message.Text+="</tr>";
        }
        message.Text+="</table>";
        conn1.Close();
    }
</script>
<asp:Content ID="Content1" ContentPlaceHolderID="head" Runat="Server">
    <style type="text/css">
        //页面样式部分略
    </style>
</asp:Content>
<asp:Content ID="Content2" ContentPlaceHolderID="ContentPlaceHolder1" Runat=
```

```
"Server">
    <table align="center" class="style7">
    <tr>
        <td class="style10">
        </td>
        <td class="style11">
            2013 毕业设计(论文)题目</td>
        <td class="style12">
        </td>
    </tr>
    <tr>
        <td class="style16">
        </td>
        <td class="style17">
    <asp:GridView ID="GridView1" runat="server" AllowPaging="True"
    AllowSorting="True" AutoGenerateColumns="False" CellPadding="4"
    DataKeyNames="id" DataSourceID="AccessDataSource1" ForeColor="#333333"
    GridLines="None" style="font-size: small;margin-left: 0px" Width="575px"
    Height="16px">
    <FooterStyle BackColor="#990000" Font-Bold="True" ForeColor="White"/>
    <RowStyle BackColor="#FFFBD6" ForeColor="#333333"/>
    <Columns>
        <asp:BoundField DataField="id" HeaderText="题目编号" ReadOnly="True"
        SortExpression="id"/>
    <asp:HyperLinkField DataNavigateUrlFields="id" DataNavigateUrlFormatString=
    "content.aspx?id={0}" DataTextField="title" HeaderText="题目" Target=
    "_blank"/>
    <asp:BoundField DataField="Teaname" HeaderText="发布教师"
    SortExpression="Teaname"/>
    <asp:BoundField DataField="stuname" HeaderText="选题学生"
    SortExpression="stuname"/>
            </Columns>
    <PagerStyle BackColor="#FFCC66" ForeColor="#333333" HorizontalAlign=
    "Center"/>
    <SelectedRowStyle BackColor="#FFCC66" Font-Bold="True" ForeColor="Navy"/>
      <HeaderStyle BackColor="#990000" Font-Bold="True" ForeColor="White"/>
         <AlternatingRowStyle BackColor="White"/>
    </asp:GridView>
    <asp:AccessDataSource ID="AccessDataSource1" runat="server" DataFile=
    "~/App_Data/thesis.mdb" SelectCommand="SELECT[id],[title],[Teaname],
    [stuname],[selected]FROM[thesis]">
        </asp:AccessDataSource>
          </td>
          <td class="style18">
```

```
            </td>
        </tr>
        <tr>
            <td class="style14">
            </td>
            <td class="style15">
                请输入要查询的类型<asp: DropDownList ID="DropDownList1" runat=
                "server">
                <asp: ListItem Value="teaname">教师</asp: ListItem>
                <asp: ListItem Value="id">题目编号</asp: ListItem>
            </asp: DropDownList>       
                 请输入值: <asp: TextBox
                    ID="TextBox1" runat="server"></asp: TextBox>
                              
                <asp: Button ID="Button1" runat="server" Text="查询" Width=
                "52px" onclick="Button1_Click"/>
                       
            </td>
            <td class="style19">
            </td>
        </tr>
        <tr>
            <td class="style8">
                 </td>
            <td class="style9">
                <asp: Label ID="message" runat="server" style="font-size:
                small"></asp: Label>
                </td>
            <td>
                 </td>
        </tr>
    </table>
</asp: Content>
```

8.4.3 登录页面

这个网站有 3 个登录页面：教师登录页面(teacher. aspx)、管理员登录页面(admin. aspx)、学生登录页面(student. aspx)。因为功能相似，只以教师登录为例，不再一一讲述。管理员页面没在导航中出现，而是在教师页面中用一个按钮链接进入。

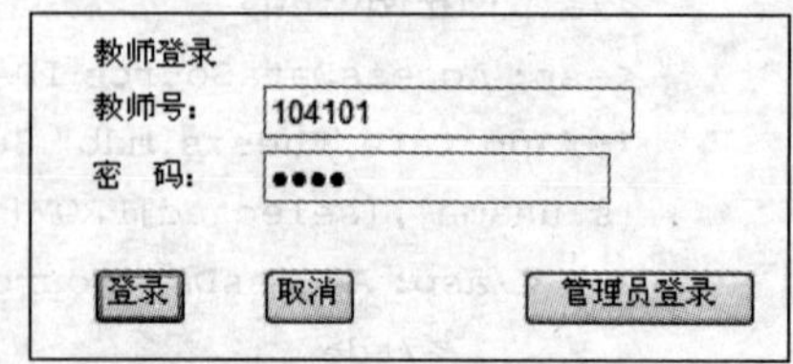

图 8-12 登录页面运行效果

教师页面运行效果如图 8-12 所示。

在教师、管理员、学生用户登录后，页面要进行身份验证。所以登录页面将用户类型和姓名送到 Session 中。

教师登录页面 teacher. aspx 的代码清单如下。

```
<%@Import Namespace="System.Data.OleDb" %>
<%@Import Namespace="System.Data" %>
<%@Page Language="C#" MasterPageFile="~/MasterPage.master" Title="无标题
页" %>
<script runat="server">
    protected void Button2_Click(object sender, EventArgs e)
    {
        TextBox1.Text="";
        TextBox2.Text="";
    }
    protected void Button3_Click(object sender, EventArgs e)
    {
        Response.Redirect("admin.aspx");
    }
    protected void Button1_Click(object sender, EventArgs e)
    {
        string name=TextBox1.Text;
        string pasw=TextBox2.Text;
        string mystr;
        OleDbConnection myconn=new OleDbConnection();
        mystr="Provider=Microsoft.Jet.OLEDB.4.0;Data Source="+Server.
        MapPath("~\App_data\thesis.mdb");
        myconn.ConnectionString=mystr;
        myconn.Open();
        string sql;
        sql="select teachername  from  [teacher]  where teacherid='"+name+"'
and teacherpwd='"+pasw+"'";
        OleDbCommand mycmd=new OleDbCommand();
        mycmd.CommandText=sql;
        mycmd.Connection=myconn;
        OleDbDataReader rs=mycmd.ExecuteReader();
        rs.Read();
        if (rs.HasRows)
        {               //判断 DataReader 对象 rs 是否包含一行或多行,返回值为布尔型
            Session["name"]=rs["teachername"];
            Session["type"]="1";
            Response.Redirect("title_m.aspx");
        }
```

```
        else
        {
            Response.Redirect("teacher.aspx");
        }
    }
</script>
<asp: Content ID="Content1" ContentPlaceHolderID="head" Runat="Server">
    <style type="text/css">
        //页面样式略
    </style>
</asp: Content>
<asp: Content ID="Content2" ContentPlaceHolderID="ContentPlaceHolder1" Runat=
"Server">
<table align="center" class="style7">
    <tr>
        <td class="style8">
             </td>
        <td class="style10" colspan="3">
            <br/>
            <br/>
            教师登录<br/>
        </td>
        <td>
             </td>
    </tr>
    <tr>
        <td class="style8" rowspan="4">
                 </td>
        <td class="style11">
                教师号: </td>
        <td colspan="2">
            <asp: TextBox ID="TextBox1" runat="server"></asp: TextBox>
        </td>
        <td rowspan="4">
                 </td>
    </tr>
    <tr>
        <td class="style11">
                密    码: </td>
        <td colspan="2">
            <asp: TextBox ID="TextBox2" runat="server" TextMode="Password">
            </asp: TextBox>
        </td>
```

```
    </tr>
    <tr>
        <td class="style11">
               </td>
        <td colspan="2">
               </td>
    </tr>
    <tr>
        <td class="style9">
            <asp:Button ID="Button1" runat="server" Text="登录" onclick=
            "Button1_Click"/>
        </td>
        <td>
            <asp:Button ID="Button2" runat="server" onclick="Button2_Click"
            Text="取消"/>
             </td>
        <td>
            <asp:Button ID="Button3" runat="server" Text="管理员登录" onclick=
            "Button3_Click"/>
        </td>
        </tr>
        <tr>
            <td class="style8">
            </td>
            <td colspan="3">
            </td>
            <td>
            </td>
        </tr>
    </table>
</asp:Content>
```

8.4.4 管理员页面

管理员登录后进入管理员页面。页面左侧设计了二级导航,由 3 个按钮组成。管理员页面的 3 个功能页面位置相同,外观统一。

管理员可以完成 3 个功能:题目管理、教师管理、学生管理。

1. 题目管理页面(t_modi.aspx)

管理题目页面运行结果如图 8-13 所示。

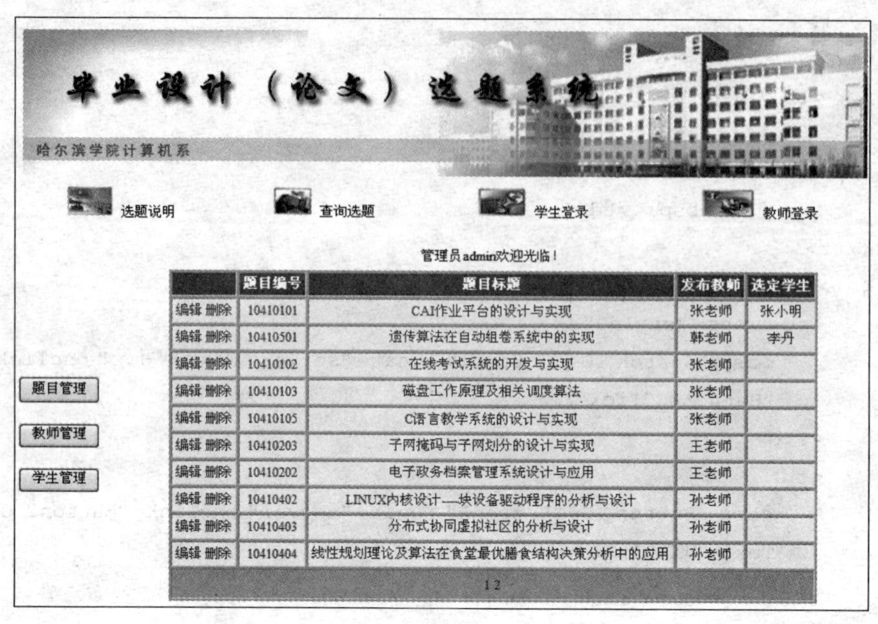

图 8-13 管理员页面

题目管理页面主要完成题目的管理任务，包括添加编辑、删除、分页等功能，它们主要通过 GridView 控件与数据源控件配置完成。

页面的 page_load 事件里对用户身份进行了验证。

管理题目页面 t_modi. aspx 的代码清单如下。

```
protected void Page_Load(object sender, EventArgs e)
{
    if (Session["type"]=="0")
    {
        Label1.Text="管理员"+Session["name"]+"欢迎光临!";
    }
    else
    {
        Response.Redirect("admin.aspx");
    }
}
```

2. 教师管理页面(tea_modi. aspx)与学生管理页面(s_modi. aspx)

教师管理与学生管理页面功能相近，完成用户的添加、修改、删除等任务。修改和删除功能通过 GridView 控件与数据源控件配置完成。

教师管理页面运行结果如图 8-14 所示。学生管理页面与教师页面相似，不再赘述。

图 8-14 教师管理页面运行结果

3. 教师用户添加页面(t_add. aspx)和学生用户添加页面(s_add. aspx)

教师用户的添加运行结果如图 8-15 所示，学生用户的添加与之相似，不再赘述。

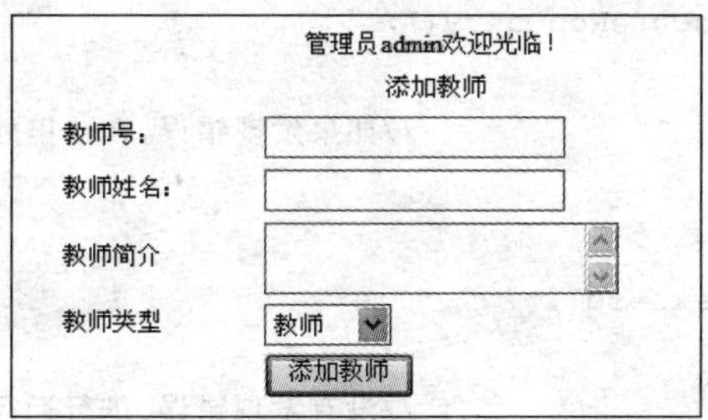

图 8-15 添加教师用户运行结果

教师用户的添加页面(t_add. aspx)代码清单如下。

```
<%@Import Namespace="System.Data.OleDb" %>
<%@Import Namespace="System.Data" %>
<%@Page Language="C#" MasterPageFile="~/MasterPage.master" Title="无标题
页" %>
<script runat="server">
    protected void Page_Load(object sender, EventArgs e)
    {
        if (Session["type"]=="0")
        {
            Label1.Text="管理员"+Session["name"]+"欢迎光临!";
        }
        else
        {
```

```
            Response.Redirect("admin.aspx");
        }
    }
    protected void Button1_Click(object sender, EventArgs e)
    {
        OleDbConnection conn=new OleDbConnection("Provider=Microsoft.Jet.
        OLEDB.4.0;Data Source="+Server.MapPath("app_data/thesis.mdb"));
        //执行操作,插入记录
        conn.Open();                                          //打开数据库
        OleDbCommand mycmd=new OleDbCommand();
        string sql="Insert Into teacher (teacherid,teachername,teacherpwd,
        intro,type) Values ('"+TextBox1.Text+"','"+TextBox2.Text+"','8888',
        '"+TextBox3.Text+"','"+DropDownList1.SelectedItem.Value+"')";
                            //将页面控件中的数据与 SQL 语句结合,写出完整的 SQL 语句
        mycmd.CommandText=sql;
        mycmd.Connection=conn;
        bool dd=true;
        try                         //将对数据库的操作放到 try 语句体中,并且捕获错误
        {
            mycmd.ExecuteNonQuery();
        }
        catch                       //如果发现错误,在这里处理
        {
            dd=false;
            Label1.Text=sql;
        }
        finally                     //没有发现错误,进行运行此语句块
        {
            mycmd.Dispose();        //释放对象占用的资源
            conn.Close();
            conn.Dispose();
        }
        if (dd)         //如果过程中没有出现错误,将直接将页面重定向到教师管理.aspx
        {
            Response.Redirect("tea_modi.aspx");
        }
    }
</script>
<asp: Content ID="Content1" ContentPlaceHolderID="head" Runat="Server">
    <style type="text/css">
        .style7
        {
            width: 60%;
        }
```

```
        .style8
        {
            width: 80px;
        }
        .style9
        {
            font-size: small;
        }
    </style>
</asp:Content>
<asp:Content ID="Content2" ContentPlaceHolderID="ContentPlaceHolder1" Runat=
"Server">
    <table class="style7" align=center>
        <tr>
            <td class="style8">
                 </td>
            <td colspan="2" style="text-align: center;font-size: small">
                <asp:Label ID="Label1" runat="server" Text="Label">
                </asp:Label>
            </td>
            <td>
                 </td>
        </tr>
        <tr>
            <td class="style8">
                 </td>
            <td colspan="2" style="text-align: center;font-size: small">
                添加教师</td>
            <td>
                 </td>
        </tr>
        <tr>
            <td class="style8">
                 </td>
            <td class="style9">
                教师号:</td>
            <td>
                <asp:TextBox ID="TextBox1" runat="server"></asp:TextBox>
            </td>
            <td>
                 </td>
        </tr>
        <tr>
            <td class="style8">
```

```
         </td>
    <td class="style9">
        教师姓名：</td>
    <td>
        <asp: TextBox ID="TextBox2" runat="server"></asp: TextBox>
    </td>
    <td>
         </td>
</tr>
<tr>
    <td class="style8">
         </td>
    <td class="style9">
        教师简介</td>
    <td>
        <asp: TextBox ID="TextBox3" runat="server" TextMode="MultiLine">
        </asp: TextBox>
    </td>
    <td>
         </td>
</tr>
<tr>
    <td class="style8">
         </td>
    <td class="style9">
        教师类型</td>
    <td>
        <asp: DropDownList ID="DropDownList1" runat="server">
            <asp: ListItem Value="1">教师</asp: ListItem>
            <asp: ListItem Value="0">管理员</asp: ListItem>
        </asp: DropDownList>
    </td>
    <td>
         </td>
</tr>
<tr>
    <td class="style8">
         </td>
    <td>
         </td>
    <td>
        <asp: Button ID="Button1" runat="server" onclick="Button1_Click"
        Text="添加教师"/>
    </td>
```

```
            <td>
                 </td>
        </tr>
    </table>
</asp: Content>
```

8.4.5 教师管理页面

教师登录后，进入教师管理页面，页面左侧设计了二级导航，由 3 个按钮组成。教师页面的 3 个功能页面位置相同，外观保持统一。

教师可以完成 3 个功能：管理题目、发布题目、更改密码。

1. 管理题目页面(title_m. aspx)

在管理题目页面，教师可以看到发布的所有题目及选定的学生。单击题目可以跳转到内容浏览和修改页。在下面的文本框中输入题目号，可以删除题目。

管理题目运行结果如图 8-16 所示。

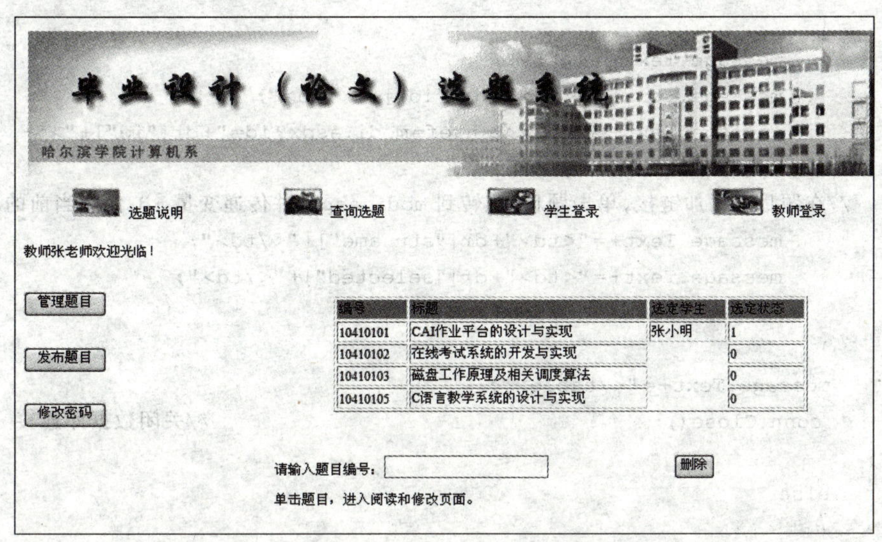

图 8-16　教师管理题目运行结果

教师管理题目页面(title_m. aspx)的部分代码清单如下。

```
<%@Import Namespace="System.Data.OleDb" %>
<%@Import Namespace="System.Data" %>
…
  protected void Page_Load(object sender, EventArgs e)
//生成此教师发布的所有题目，通过生成 HTML 表格完成
    {
```

```
    if (Session["type"]=="1")
    {
        Label1.Text="教师"+Session["name"]+"欢迎光临!";
    //建立 Connection 对象
    OleDbConnection conn=new OleDbConnection("Provider=Microsoft.Jet.
    OLEDB.4.0;Data Source="+Server.MapPath("app_data/thesis.mdb"));
    OleDbCommand mycmd=new OleDbCommand();
    string sql="select id, title, stuname, selected from thesis where
    teaname='"+Session["name"]+"'";
                        //将页面控件中的数据与 SQL 语句结合,写出完整的 SQL 语句
    mycmd.CommandText=sql;
    mycmd.Connection=conn;
    conn.Open();
    OleDbDataReader dr=mycmd.ExecuteReader();          //打开数据库连接
    message.Text="<table width='80%' border='1' align='center'>
    <tr bgcolor='#CC9933'><td>编号</td><td>标题</td><td>选定学生</td>
    <td>选定状态</td></tr>";
    //再利用循环显示每一条记录
    while (dr.Read())
    {
        message.Text+="<tr>";
        message.Text+="<td>"+dr["id"]+"</td>";
        message.Text+="<td><a href=modi.aspx?id="+dr["id"]+">"+
        dr["title"]+"</a></td>";
  //在题目上添加链接,单击题目,跳转到 modi.aspx,并传递变量 id,值为当前的题目编号
        message.Text+="<td>"+dr["stuname"]+"</td>";
        message.Text+="<td>"+dr["selected"]+"</td>";
        message.Text+="</tr>";
    }
    message.Text+="</table>";
     conn.Close();                                     //关闭数据库连接
}
    else
    {
        Response.Redirect("teacher.aspx");
    }}
protected void Button1_Click(object sender, EventArgs e)
{
    Response.Redirect("title_m.aspx");

}
protected void Button2_Click(object sender, EventArgs e)
{
    Response.Redirect("title_add.aspx");
```

```
    }
    protected void Button3_Click(object sender, EventArgs e)
    {
        Response.Redirect("t_psw.aspx");
    }
    protected void Button4_Click(object sender, EventArgs e)
    {
        OleDbConnection conn=new OleDbConnection("Provider=Microsoft.Jet.
        OLEDB.4.0;Data Source="+Server.MapPath("app_data/thesis.mdb"));
        //执行操作,插入记录
        conn.Open();
        //用了带参数的 SQL 实现题目的删除
OleDbCommand mycmd=new OleDbCommand("Delete From thesis Where id=@id", conn);
        mycmd.Parameters.Add(new OleDbParameter("@id", OleDbType.Char, 10));
        mycmd.Parameters["@id"].Value=TextBox1.Text;
        bool dd=true;
        try                          //将对数据库的操作放到 try 语句体中,并且捕获错误
        {
            mycmd.ExecuteNonQuery();
        }
        catch                        //如果发现错误,在这里处理
        {
            dd=false;
        }
        finally                      //没有发现错误,进行运行此语句块
        {
            mycmd.Dispose();         //释放对象所占用的资源
            conn.Close();
            conn.Dispose();
        }
        if (dd)              //如果过程中没有出现错误,将直接将页面重定向到教师管理.aspx
        {
            Response.Redirect("title_m.aspx");
        }
    }
    protected void Button5_Click(object sender, EventArgs e)
    {
        Session["id"]=TextBox1.Text;
        Response.Redirect("modi.aspx");
    }
```

2. 修改题目页面(modi.aspx)

在管理题目页面单击题目,进入修改题目页面,运行结果如图 8-17 所示。

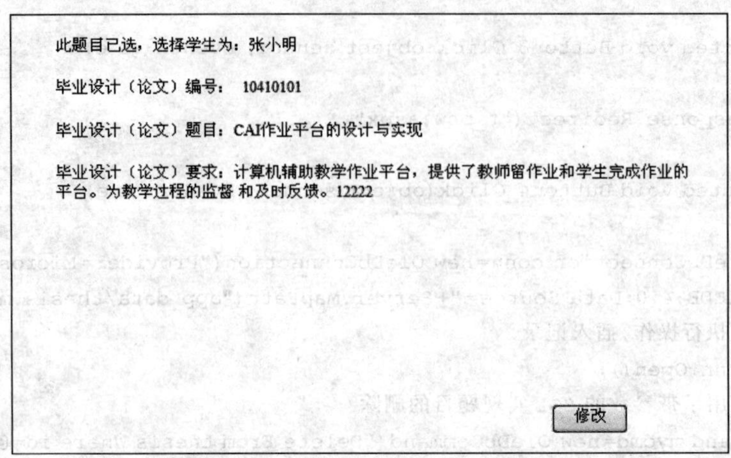

图 8-17　查阅题目的运行结果

单击“修改”按钮，进入修改状态，如图 8-18 所示。

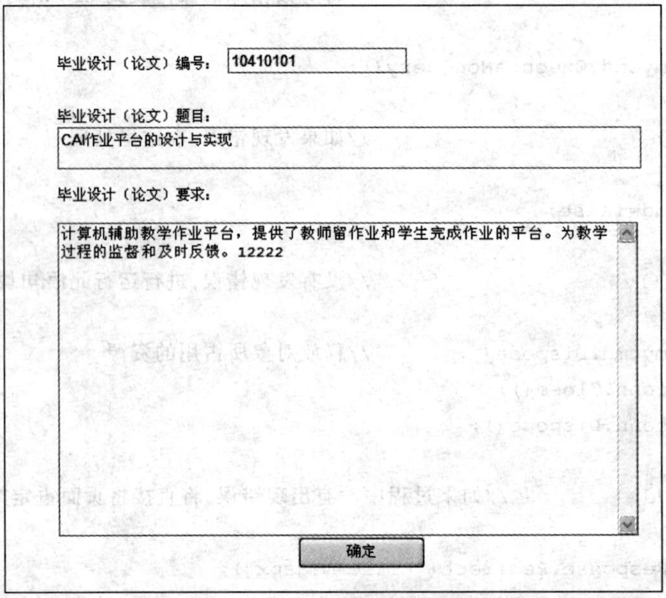

毕业设计（论文）编号： 10410101

毕业设计（论文）题目：

CAI作业平台的设计与实现

毕业设计（论文）要求：

计算机辅助教学作业平台，提供了教师留作业和学生完成作业的平台。为教学过程的监督和及时反馈。12222

确定

图 8-18　修改状态运行结果

在文本框中进行更新，然后单击“确定”按钮，完成对数据库的更新。

修改题目页面(modi.aspx)，程序代码清单如下。

```
<%@Import Namespace="System.Data.OleDb" %>
<%@Import Namespace="System.Data" %>
<%@Page Language="C#" MasterPageFile="~/MasterPage.master" Title="无标题
页" %>
<script runat="server">
    protected void Button1_Click(object sender, EventArgs e)
```

```
{
    Response.Redirect("title_m.aspx");
}
protected void Button2_Click(object sender, EventArgs e)
{
    Response.Redirect("title_add.aspx");
}
protected void Button3_Click(object sender, EventArgs e)
{
    Response.Redirect("t_psw.aspx");
}
protected void Page_Load(object sender, EventArgs e)
{
      if (Session["type"]=="1")
    {
        Label1.Text="教师"+Session["name"]+"欢迎光临!";
        OleDbConnection conn=new OleDbConnection("Provider=Microsoft.Jet.
        OLEDB.4.0;Data Source="+Server.MapPath("app_data/thesis.mdb"));
        OleDbCommand mycmd=new OleDbCommand();
        string sql="select id, title, content, stuname,selected from thesis
        where id='"+Request.QueryString["id"]+"'";
                              //将页面控件中的数据与 SQL 语句结合,写出完整的 SQL 语句
        mycmd.CommandText=sql;
        mycmd.Connection=conn;
        //建立 Command 对象
        conn.Open();
        OleDbDataReader dr=mycmd.ExecuteReader();        //打开数据库连接
        dr.Read();
        Label3.Text="毕业设计(论文)编号: "+dr["id"].ToString()+"<p>毕业设
        计(论文)题目: "+dr["title"].ToString()+"</p><p>毕业设计(论文)要求:
        "+dr["content"].ToString ();
         if (dr["selected"].ToString()=="1")
         {
             Label2.Text="此题目已选,选择学生为: "+dr["stuname"];
         }
         else {
             Label2.Text="此题目未选"+dr["selected"];
         }


        conn.Close();
    }
    else
    {
        Response.Redirect("teacher.aspx");
```

```
    }
}
protected void Button5_Click(object sender, EventArgs e)
{
    Label3.Visible=false;
    OleDbConnection conn=new OleDbConnection("Provider=Microsoft.Jet.
    OLEDB.4.0;Data Source="+Server.MapPath("app_data/thesis.mdb"));
    //执行操作,插入记录
    conn.Open();
    DateTime dt=DateTime.Now;
    OleDbCommand mycmd=new OleDbCommand();
    TextBox tb1=new TextBox();
    tb1=(TextBox)this.Panel1.FindControl("TextBox1");
    TextBox tb2=new TextBox();
    tb2=(TextBox)this.Panel1.FindControl("TextBox2");
    TextBox tb3=new TextBox();
    tb3=(TextBox)this.Panel1.FindControl("TextBox3");
    string sql="Update thesis Set id='"+tb1.Text+"',title='"+tb2.Text +"',
    content='"+tb3.Text+"' where id='"+Request.QueryString["id"]+"'";
    mycmd.CommandText=sql;
    mycmd.Connection=conn;
    bool dd=true;
    try                          //将对数据库的操作放到 try 语句体中,并且捕获错误
    {
        mycmd.ExecuteNonQuery();
     }
    catch                        //如果发现错误,在这里处理
    {
        dd=false;
        Label1.Text=sql;
    }
    finally                      //没有发现错误,运行此语句块
    {
        mycmd.Dispose();         //释放对象所占用的资源
        conn.Close();
        conn.Dispose();
    }
    if (dd)              //如果过程中没有出现错误,将直接将页面重定向到教师.aspx
    {
        Response.Redirect("title_m.aspx");

    }
}
protected void Button6_Click(object sender, EventArgs e)
```

```
    {
        Label3.Text="";
        Button6.Visible=false;
        Panel1.Visible=true;
        OleDbConnection conn=new OleDbConnection("Provider=Microsoft.Jet.
        OLEDB.4.0;Data Source="+Server.MapPath("app_data/thesis.mdb"));
        OleDbCommand mycmd=new OleDbCommand();
        string sql="select id, title, content, stuname,selected from thesis
        where id='"+Request.QueryString["id"]+"'";
                                //将页面控件中的数据与 SQL 语句结合,写出完整的 SQL 语句
        mycmd.CommandText=sql;
        mycmd.Connection=conn;
        //建立 Command 对象
        conn.Open();
        OleDbDataReader dr=mycmd.ExecuteReader();          //打开数据库连接
        dr.Read();
        TextBox1.Text=dr["id"].ToString();
        TextBox2.Text=dr["title"].ToString();
        TextBox3.Text=dr["content"].ToString();
        if (dr["selected"]!="1")
        {
            Label2.Text="此题目未选";
        }
        else
        {
            Label2.Text="此题目已选,选择学生为: "+dr["stuname"];
        }
        conn.Close();
    }
</script>

<asp: Content ID="Content1" ContentPlaceHolderID="head" Runat="Server">
<style type="text/css">
//页面样式略
    </style>
</asp: Content>
<asp: Content ID="Content2" ContentPlaceHolderID="ContentPlaceHolder1" Runat=
"Server">
<table class="style7">
    <tr>
        <td class="style11">
            <asp: Label ID="Label1" runat="server" Text="Label" style="font-
            size: small"></asp: Label>
        </td>
```

```
        <td class="style14">
        </td>
        <td class="style21" colspan="3">
            <asp: Label ID="Label2" runat="server" Text="Label"></asp: Label>
             </td>
        <td class="style8">
        </td>
    </tr>
    <tr>
        <td class="style11">
            <asp: Button ID="Button1" runat="server" Text="管理题目" onclick=
            "Button1_Click"/>
        </td>
        <td class="style14">
        </td>
        <td class="style17" colspan="3">
            <asp: Label ID="Label3" runat="server" Text="Label"></asp: Label>
                        </td>
                        <td class="style8">
                             </td>
                    </tr>
                    <tr>
                        <td class="style12">
            <asp: Button ID="Button2" runat="server" Text="发布题目" onclick=
            "Button2_Click"/>
                        </td>
                        <td class="style15" rowspan="2">
                        </td>
                        <td class="style17" colspan="3" rowspan="5">
                    <asp: Button ID="Button6" runat="server" style=
                    "text-align: center"
                                Text="修改" onclick="Button6_Click"
                                Width="61px"/>
                            <br/>
                            <br/>
                            <asp: Panel ID="Panel1" runat="server"
                            Visible="False">
                                毕业设计(论文)编号:
  <asp: TextBox ID="TextBox1" runat="server" AutoPostBack="True"></asp: TextBox>
                                <br/>
                                <br/>
                                <br/>
毕业设计(论文)题目:<asp: TextBox ID="TextBox2" runat="server" AutoPostBack="True"
                                Height="31px" Width="501px"></asp:
```

```
                                TextBox>
                            <br/>
                            <br/>
                                毕业设计(论文)要求: <br/>
                            <br/>
         <asp: TextBox ID="TextBox3" runat="server" AutoPostBack="True"
         Height="269px" TextMode="MultiLine" Width="498px"></asp: TextBox>
                            <br/>
        <asp: Button ID="Button5" runat="server" Height="28px" onclick=
        "Button5_Click"
                                   Text="确定" Width="110px"/>
                            <br/>
                        </asp: Panel>
        <br/>
    </td>
    <td class="style9" rowspan="2">
         </td>
</tr>
                <tr>
                    <td class="style12">
        <asp: Button ID="Button3" runat="server" Text="修改密码" onclick=
        "Button3_Click"/>
                    </td>
</tr>
<tr>
    <td class="style27">
         </td>
    <td class="style13" rowspan="6">
        </td>
    <td rowspan="6">
         </td>
</tr>
<tr>
    <td class="style24">
    </td>
</tr>
<tr>
    <td class="style25">
    </td>
</tr>
<tr>
    <td class="style26" rowspan="3">
         </td>
    </tr>
```

```
        <tr>
            <td class="style23">
            </td>
            <td class="style23">
                 </td>
            <td class="style23">
                 </td>
        </tr>
        <tr>
            <td class="style10" colspan="3">
                 </td>
        </tr>
    </table>
</asp: Content>
```

3. 发布题目页面(title_add. aspx)

发布题目页面的运行结果如图 8-19 所示。

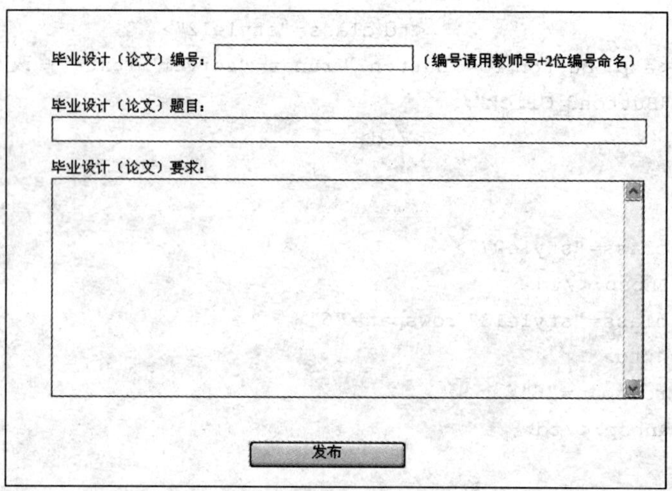

图 8-19 发布题目的页面结果

发布题目页面(title_add. aspx)的部分代码清单如下。

```
<%@ Import Namespace="System.Data.OleDb" %>
<%@ Import Namespace="System.Data" %>
...
protected void Page_Load(object sender, EventArgs e)
    {
        if (Session["type"]=="1")
        {
            Label1.Text="教师"+Session["name"]+"欢迎光临!";
```

```
    }
    else
    {
        Response.Redirect("teacher.aspx");
    }
}
protected void Button1_Click(object sender, EventArgs e)
{
     Response.Redirect("title_m.aspx");
}
protected void Button2_Click(object sender, EventArgs e)
{
    Response.Redirect("title_add.aspx");
}
protected void Button3_Click(object sender, EventArgs e)
{
    Response.Redirect("t_psw.aspx");
}
protected void Button4_Click(object sender, EventArgs e)
{
    OleDbConnection conn=new OleDbConnection("Provider=Microsoft.Jet.
    OLEDB.4.0;Data Source="+Server.MapPath("app_data/thesis.mdb"));
    //执行操作,插入记录
    conn.Open();
    DateTime dt=DateTime.Now;
    OleDbCommand mycmd=new OleDbCommand();
     string sql="Insert Into thesis (id,title,content,teaname,selected)
     Values ('"+TextBox3.Text+"','"+TextBox4.Text+"','"+TextBox5.Text+
     "','"+Session["name"]+"','0')";
                        //将页面控件中的数据与 SQL 语句结合,写出完整的 SQL 语句
    mycmd.CommandText=sql;
    mycmd.Connection=conn;
    bool dd=true;
    try                 //将对数据库的操作放到 try 语句体中,并且捕获错误
    {
        mycmd.ExecuteNonQuery();
    }
    catch               //如果发现错误,在这里进行处理
    {
        dd=false;
        Label1.Text=sql;
    }
    finally             //没有发现错误,运行此语句块
    {
```

```
            mycmd.Dispose();        //释放对象所占用的资源
            conn.Close();
            conn.Dispose();
        }
        if (dd)             //如果过程中没有出现错误,直接将页面重定向到教师管理.aspx
        {
            Response.Redirect("title_m.aspx");
        }
    }
```

4. 修改密码页面(t_psw.aspx、s_psw.aspx)

教师修改密码页面和学生修改密码页面相似,这里以教师修改密码页面为例,运行结果如图 8-20 所示。

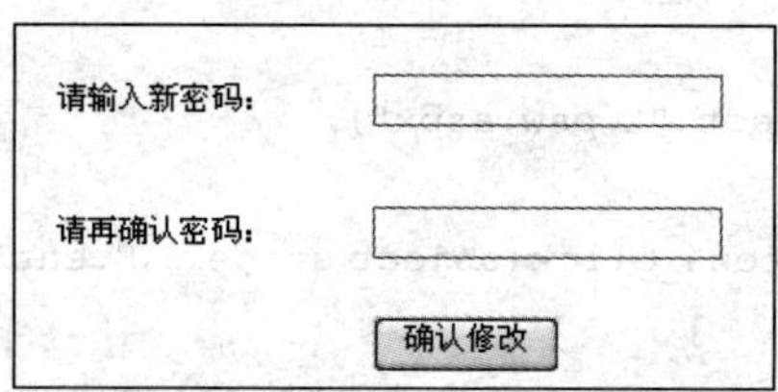

图 8-20 修改密码页面结果

修改密码页面(t_psw.aspx)部分代码清单如下:

```
<%@Import Namespace="System.Data.OleDb" %>
<%@Import Namespace="System.Data" %>
…
protected void Button4_Click(object sender, EventArgs e)
    {
        OleDbConnection conn=new OleDbConnection("Provider=Microsoft.Jet.
        OLEDB.4.0;Data Source="+Server.MapPath("app_data/thesis.mdb"));
        //执行操作,插入记录
        conn.Open();           //打开数据库
        OleDbCommand mycmd=new OleDbCommand();
        string sql="update student set stupwd='"+TextBox1.Text+"' where
        stuname='"+Session["name"]+"'";
        mycmd.CommandText=sql;
        mycmd.Connection=conn;
        bool dd=true;
        try                    //将对数据库的操作放到try语句体中,并且捕获错误
        {
            mycmd.ExecuteNonQuery();
        }
```

```
    catch                                     //如果发现错误,在这里进行处理
    {
        dd=false;
        Label1.Text=sql;
    }
    finally                                   //没有发现错误,运行此语句块
    {
        mycmd.Dispose();                      //释放对象所占用的资源
        conn.Close();
        conn.Dispose();
    }
    if (dd)                    //如果过程中没有出现错误,直接将页面重定向到教师管理.aspx
    {
        Response.Redirect("select_t.aspx");
    }
}
```

8.4.6 学生选题页面

学生登录后进入学生选题页面,页面运行结果如图 8-21 所示。

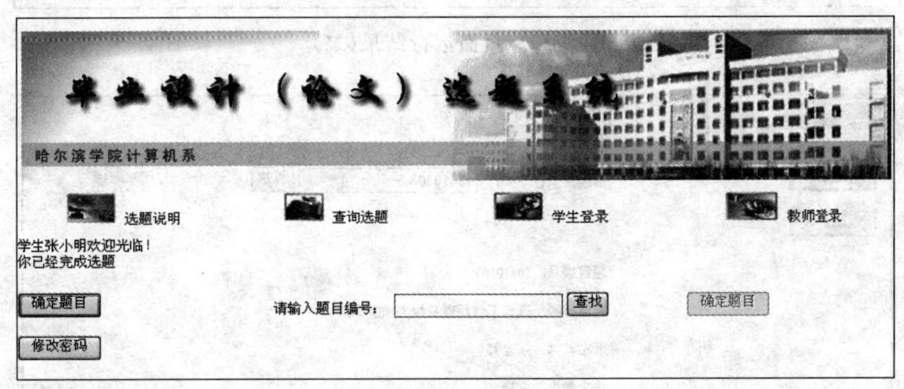

图 8-21 学生选题页面

如果学生已经完成选题,进入页面时会显示“你已经完成选题”。虽然可以进行题目查询,但“确定题目”的按钮是不可用的。

如果学生没有选题,可以查询题目,如果题目已选,“确定题目”按钮不可用,如图 8-22 所示。

如果题目未选,“确定题目”的按钮变为可用,运行结果如图 8-23 所示。

单击“确定题目”,页面呈现信息表示题目已经被该学生所选,运行结果如图 8-24 所示。

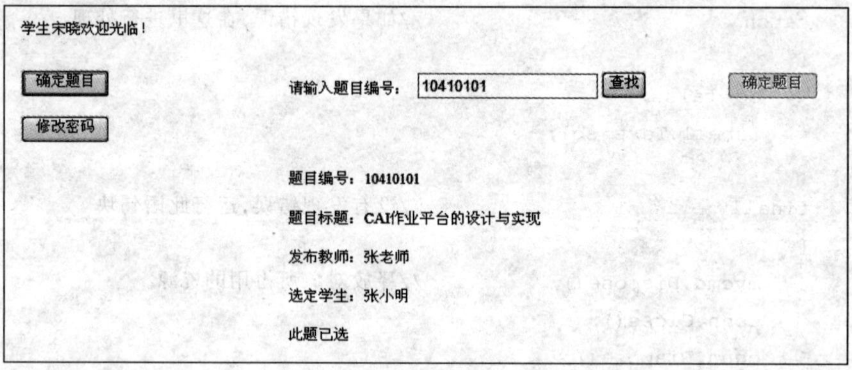

学生宋晓欢迎光临！

确定题目　请输入题目编号：10410101　查找　确定题目

修改密码

题目编号：10410101

题目标题：CAI作业平台的设计与实现

发布教师：张老师

选定学生：张小明

此题已选

图 8-22　页面运行结果(一)

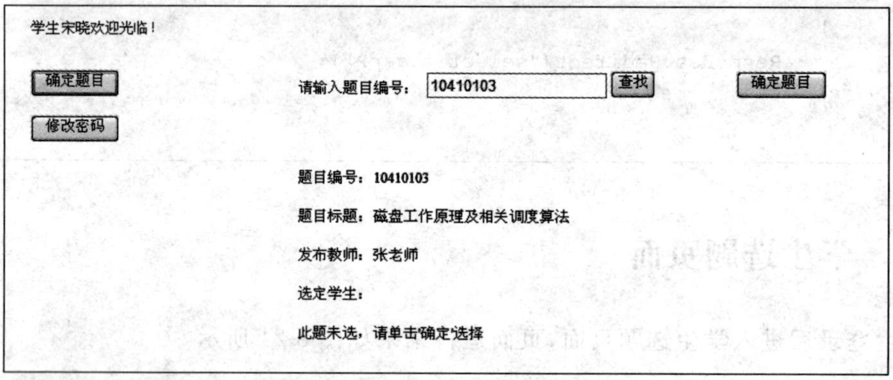

学生宋晓欢迎光临！

确定题目　请输入题目编号：10410103　查找　确定题目

修改密码

题目编号：10410103

题目标题：磁盘工作原理及相关调度算法

发布教师：张老师

选定学生：

此题未选，请单击'确定'选择

图 8-23　页面运行结果(二)

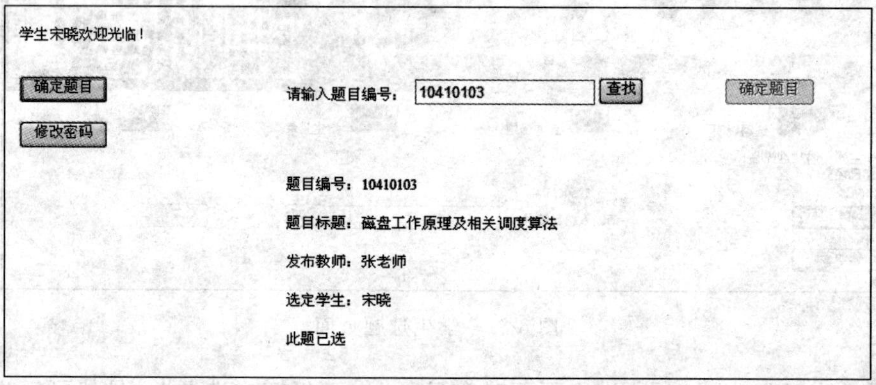

学生宋晓欢迎光临！

确定题目　请输入题目编号：10410103　查找　确定题目

修改密码

题目编号：10410103

题目标题：磁盘工作原理及相关调度算法

发布教师：张老师

选定学生：宋晓

此题已选

图 8-24　页面运行结果(三)

学生选题界面(Select_t.aspx)的程序代码清单如下。

```
<%@Import Namespace="System.Data.OleDb" %>
<%@Import Namespace="System.Data" %>
<%@Page Language="C#" MasterPageFile="~/MasterPage.master" Title="无标题
页" %>
<script runat="server">
```

```
string s;
protected void Page_Load(object sender, EventArgs e)
{
    if (Session["type"].ToString()=="2")
    {
        Label1.Text="学生"+Session["name"]+"欢迎光临!";
    }
    else
    {
        Response.Redirect("student.aspx");
    }
    OleDbConnection myconn=new OleDbConnection();
    string mystr1="Provider=Microsoft.Jet.OLEDB.4.0;Data Source="+Server.
    MapPath("~\App_data\thesis.mdb");
    myconn.ConnectionString=mystr1;
    myconn.Open();
    string sql;
    sql="select stuname from[thesis] where stuname='"+Session["name"].
    ToString()+"'";
    OleDbCommand mycmd=new OleDbCommand();
    mycmd.CommandText=sql;
    mycmd.Connection=myconn;
    OleDbDataReader rs=mycmd.ExecuteReader();
    rs.Read();
    if (rs.HasRows)
    {               //判断 DataReader 对象 rs 是否包含一行或多行,返回值为布尔型
        Label1.Text+="你已经完成选题";
        Button4.Enabled=false;
        s="1";
    }
}
protected void Button1_Click(object sender, EventArgs e)
{
    Response.Redirect("Select_t.aspx");
}
protected void Button2_Click(object sender, EventArgs e)
{
    Response.Redirect("s_psw.aspx");
}
protected void Button3_Click(object sender, EventArgs e)
{
    OleDbConnection conn=new OleDbConnection("Provider=Microsoft.Jet.
    OLEDB.4.0;Data Source="+Server.MapPath("app_data/thesis.mdb"));
```

```
OleDbCommand mycmd=new OleDbCommand();
string sql="select id, title, teaname,stuname, selected from thesis
where id='"+TextBox1.Text+"'";
                    //将页面控件中的数据与 SQL 语句结合,写出完整的 SQL 语句
mycmd.CommandText=sql;
mycmd.Connection=conn;
//建立 Command 对象
conn.Open();
OleDbDataReader dr=mycmd.ExecuteReader();        //打开数据库连接
dr.Read();
if (dr.HasRows)
{                //判断 DataReader 对象 rs 是否包含一行或多行,返回值为布尔型
Label2.Text="题目编号: "+dr["id"].ToString()+"<p>题目标题: <a href=
Content.aspx?id="+dr["id"].ToString()+">"+dr["title"].ToString()+
"</a><p>发布教师: "+dr["teaname"]+"<p>选定学生: "+dr["stuname"];
   if (dr["selected"].ToString() !="1" )
   {

        Label2.Text+="<p>此题未选,请单击'确定'选择";
         if ( s !="1") {
         Button4.Enabled=true;
         }
   }
   else {
        Label2.Text+="<p>此题已选";
        Button4.Enabled=false;
   }
}
else {
   Label2.Text="没有找到此题目";

}
conn.Close();
}
protected void Button4_Click(object sender, EventArgs e)
{
   OleDbConnection conn=new OleDbConnection("Provider=Microsoft.Jet.
   OLEDB.4.0;Data Source="+Server.MapPath("app_data/thesis.mdb"));
   //执行操作,插入记录
   conn.Open();                //打开数据库
   OleDbCommand mycmd=new OleDbCommand();
   string sql1="update thesis set stuname='"+Session["name"]+"',
   selected='1' where id='"+TextBox1.Text+"'";
```

```
mycmd.CommandText=sql1;
mycmd.Connection=conn;
bool dd=true;
try                         //将对数据库的操作放到 try 语句体中,并且捕获错误
{
    mycmd.ExecuteNonQuery();
}
catch                       //如果发现错误,在这里进行处理
{
    dd=false;
    Label1.Text=sql1;
}
finally                     //没有发现错误,运行此语句块
{
    mycmd.Dispose();        //释放对象所占用的资源
    conn.Close();
    conn.Dispose();
}
if (dd)
{
    OleDbConnection conn1=new OleDbConnection("Provider=Microsoft.Jet.
    OLEDB.4.0;Data Source="+Server.MapPath("app_data/thesis.mdb"));

    OleDbCommand mycmd1=new OleDbCommand();
    string sql="select id, title, teaname,stuname, selected from thesis
    where id='"+TextBox1.Text+"'";
                    //将页面控件中的数据与 SQL 语句结合,写出完整的 SQL 语句
    mycmd1.CommandText=sql;
    mycmd1.Connection=conn1;
    //建立 Command 对象
    conn1.Open();
    OleDbDataReader dr=mycmd1.ExecuteReader();      //打开数据库连接
    dr.Read();
    if (dr.HasRows)
    {           //判断 DataReader 对象 rs 是否包含一行或多行,返回值为布尔型
        Label2.Text="题目编号: "+dr["id"].ToString()+"<p>题目标题:
        <a href=Content.aspx?id="+dr["id"].ToString()+">"+
        dr["title"].ToString()+"</a><p>发布教师: "+dr["teaname"]+
        "<p>选定学生: "+dr["stuname"];
        if (dr["selected"].ToString() !="1" )
        {
            Label2.Text+="<p>此题未选,请单击'确定'选择";
            Button4.Enabled=true;
        }
```

```
                else
                {
                    Label2.Text+="<p>此题已选";
                    Button4.Enabled=false;
                }
            }
            else
            {
                Label2.Text="没有找到此题目";
            }
            conn.Close();
        }
    }
</script>
<asp:Content ID="Content1" ContentPlaceHolderID="head" Runat="Server">
    <style type="text/css">
        //页面样式略
    </style>
</asp:Content>
<asp:Content ID="Content2" ContentPlaceHolderID="ContentPlaceHolder1" Runat=
"Server">
    <table class="style7">
        <tr>
            <td class="style12">
                <asp:Label ID="Label1" runat="server" Text="Label">
                </asp:Label>
            </td>
            <td class="style13">
                </td>
            <td class="style14">
                </td>
            <td class="style15">
                </td>
                            </tr>
                            <tr>
                                <td class="style16">
  <asp:Button ID="Button1" runat="server" onclick="Button1_Click" Text="确定
  题目"/>
                                </td>
                                <td class="style17">
                                    </td>
                                <td class="style18">
                                        请输入题目编号:
            <asp:TextBox ID="TextBox1" runat="server"></asp:TextBox>
```

```
            <asp: Button ID="Button3" runat="server" Text="查找" onclick=
            "Button3_Click"/>
        </td>
        <td class="style19">
            <asp: Button ID="Button4" runat="server" Text="确定题目" onclick=
            "Button4_Click"
                    Enabled="False"/>
        </td>
    </tr>
    <tr>
        <td class="style11">
            <asp: Button ID="Button2" runat="server" Text="修改密码" onclick=
            "Button2_Click"/>
        </td>
        <td class="style9" rowspan="2">
                 </td>
        <td class="style10" rowspan="2">
            <asp: GridView ID="GridView1" runat="server" CellPadding="4"
            ForeColor="#333333"
                    GridLines="None">
                <FooterStyle BackColor="#1C5E55" Font-Bold="True" ForeColor=
                "White"/>
                <RowStyle BackColor="#E3EAEB"/>
                <PagerStyle BackColor="#666666" ForeColor="White"
                HorizontalAlign="Center"/>
                <SelectedRowStyle BackColor="#C5BBAF" Font-Bold="True"
                ForeColor="#333333"/>
                <HeaderStyle BackColor="#1C5E55" Font-Bold="True" ForeColor=
                "White"/>
                <EditRowStyle BackColor="#7C6F57"/>
                <AlternatingRowStyle BackColor="White"/>
            </asp: GridView>
        </td>
        <td rowspan="2">
                 </td>
        </tr>
        <tr>
            <td class="style8">
                 </td>
        </tr>
        <tr>
            <td class="style8">
                 </td>
            <td class="style9">
```

```
                 </td>
            <td class="style10">
                <asp:Label ID="Label2" runat="server" Text=" "></asp:Label>
            </td>
            <td>
                 </td>
        </tr>
    </table>
</asp:Content>
```

习　题　8

8.1　实验题

1. 设计一个新闻发布网站。
2. 设计一个学生成绩管理系统。

第9章

二层和三层架构

主要内容：

- 二层架构
- 三层架构
- 了解多层应用程序

9.1 分层架构模式

很多人对开发多层应用程序感到困难，下面看一个通俗的例子。

对于一个只有一两个人的小公司，一个人可能同时担当老板、出纳、会计、市场、销售等职务。而对于一个大公司，就会有比较严格的分工，每个人只完成一部分工作，需要彼此配合才能保证公司的正常运转。

以前开发的程序类似一个小公司，从用户界面到访问数据库等，所有功能都在一个页面内完成。其缺点如下。

(1) 开发起来比较困难，很难实现多人协作开发。

(2) 一旦数据库或别的规则有所改变，就要重新修改整个页面，维护起来比较困难。

(3) 所有功能都混合在一起，程序重用性比较差。如果开发一个新项目，几乎要重新编写所有代码。

为了解决这个问题，人们提出了"多层应用程序"概念，它类似一个大公司，对页面进行分工，将数据访问、业务规则等功能都放到专门的文件中。这样既可以提高程序的开发效率，降低程序的维护难度，又可以增强程序的可重用性。

先举一个没有分层的例子，功能是插入一条记录。数据库名为 address.mdb，表名为 users，表的结构如图 9-1 所示。程序设计页面如图 9-2 所示。

字段名称	数据类型	说明
id	自动编号	编号
name	文本	姓名
tel	文本	电话
email	文本	Email
intro	备注	说明
submit_date	日期/时间	提交日期

图 9-1　users 表结构

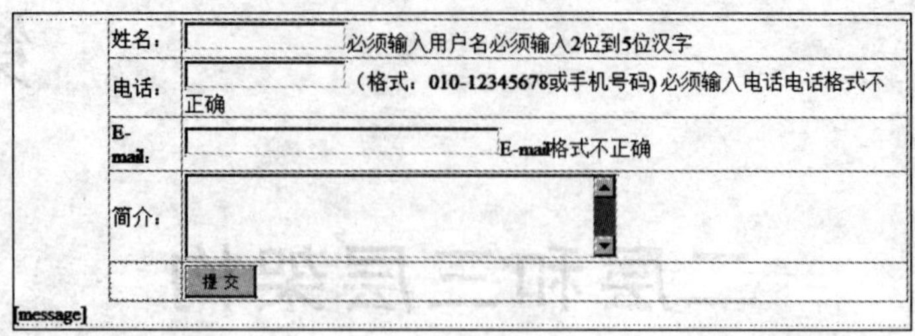

图 9-2　程序设计界面

程序 add.aspx 的代码清单如下。

```
…
using System.Data.OleDb;
…
    protected void Enter_Click(object sender, EventArgs e)
    {
        string strIntro=txtIntro.Text;
        if (txtIntro.Text.Length>1000)                        //如果大于 1000 个字符
            strIntro=strIntro.Substring(0,1000);              //只取前 1000 个字符
        OleDbConnection conn=new OleDbConnection("Provider=Microsoft.Jet.
        OLEDB.4.0;Data Source="+Server.MapPath("app_data/address.mdb"));
        string strSql="insert Into users(name,tel,email,intro,submit_date)
        Values(@name,@tel,@email,@intro,@submit_date)";
        OleDbCommand cmd=new OleDbCommand(strSql, conn);
        cmd.Parameters.Add(new OleDbParameter("@name", OleDbType.VarWChar, 50));
        cmd.Parameters["@name"].Value=txtName.Text;
        cmd.Parameters.Add(new OleDbParameter("@tel", OleDbType.VarWChar, 50));
        cmd.Parameters["@tel"].Value=txtTel.Text;
        cmd.Parameters.Add(new OleDbParameter("@email", OleDbType.VarWChar, 50));
        if (txtEmail.Text !="")
            cmd.Parameters["@email"].Value=txtEmail.Text;
        else
            cmd.Parameters["@email"].Value=DBNull.Value;        //赋值 NULL
        cmd.Parameters.Add(new OleDbParameter("@intro", OleDbType.VarWChar,
        1000));
        if (strIntro !="")
            cmd.Parameters["@intro"].Value=strIntro;
        else
            cmd.Parameters["@intro"].Value=DBNull.Value;        //赋值 NULL
        cmd.Parameters.Add(new OleDbParameter("@submit_date", OleDbType.Date));
        cmd.Parameters["@submit_date"].Value=System.DateTime.Now;
        try
        {
            conn.Open();
```

```
            cmd.ExecuteNonQuery();
            conn.Close();
            message.Text="已经成功添加,请自己打开数据库查看结果,也可以继续添加。";
        }
        catch (Exception ex) {
            message.Text="发生错误,未插入记录";
        }
    }
```

传统的系统将数据库的访问、业务逻辑及可视元素等代码混杂在一起,虽然直观,但是代码可读性差,耦合度高,维护和重构不便。为了解决这个问题,提出了分层架构的思想,即将各个功能分开,放在独立的层中,各层之间通过协作完成整体功能,达到分散关注、松散耦合、逻辑复用、标准定义的目的。

1. 分层模式概述

分层(Layer)模式是最常见的架构模式,可以说是很多架构模式的基础,它的定义如下:将解决方案的组件分隔到不同层中,每层中的组件应保持内聚性,并应大致在同一抽象级别,每一层都应与它下面的各层保持松散耦合。

分层模式的关键点在于确定依赖,即通过分层限制子系统间的依赖关系,使系统以更松散的方式耦合,更易于维护。

分层模式具有如下特点:伸缩性、可维护性、可扩展性、可重用性、可管理性。

2. 分层设计的基本原则

分层架构设计要遵循如下原则。

(1) 单向逐层调用原则。

(2) 面向接口编程原则。

(3) 封装变化原则。

(4) 开闭原则。

(5) 单一职责原则。

(6) 接口平行原则。

9.2 二层架构

所谓二层架构,就是将程序分为用户界面层和数据访问层,如图 9-3 所示。

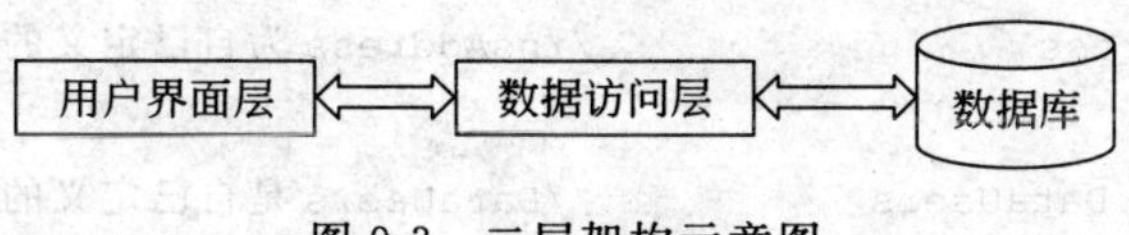

图 9-3 二层架构示意图

它的本质就是将访问数据库的代码放到数据访问层中，而用户界面层通过数据访问层对数据库进行操作。

1. 建立数据访问层的文件

往网站中添加一个新文件夹，取名为 app_code。向该文件夹添加新项，在模板中选取为"类"，取名为 DataUsers.cs，"添加新项"对话框如图 9-4 所示。

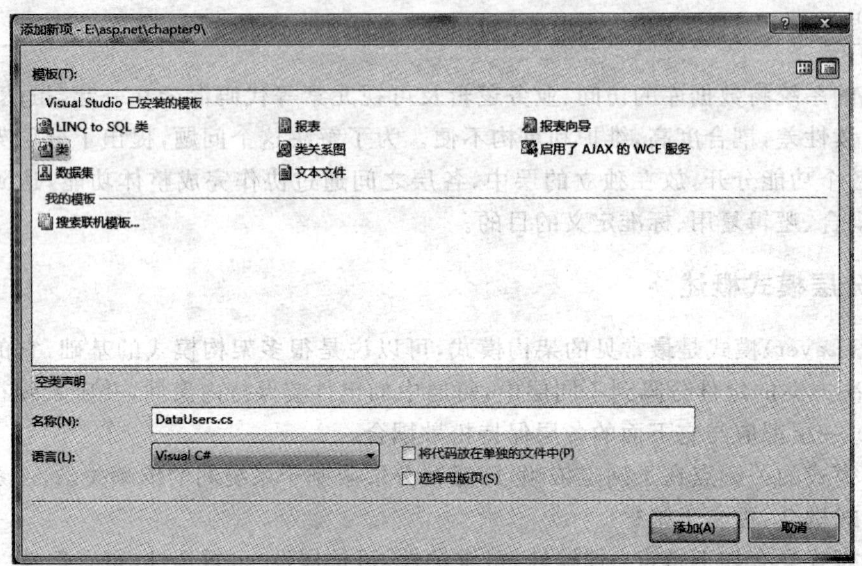

图 9-4 "添加新项"对话框

DataUsers.cs 为数据访问层文件，代码如下。

```
using System;
using System.Data;
using System.Configuration;
using System.Linq;
using System.Web;
using System.Web.Security;
using System.Web.UI;
using System.Web.UI.HtmlControls;
using System.Web.UI.WebControls;
using System.Web.UI.WebControls.WebParts;
using System.Xml.Linq;
using System.Data.OleDb;
namespace nsAddress                        //nsAddress 为自己定义的命名空间
{
    public class DataUsers                 //DataUsers 是自己定义的类名称
    {
```

```
    private string _strConn;        //定义一个私有变量,用来保存数据库连接字符串
    public DataUsers(string strConn)        //定义构造方法
    {
        _strConn=strConn;           //将传入字符串赋值给私有变量 _strConn
    }
    //该方法用来插入记录
    public void Insert1( string strName,string strTel,string strEmail,
    string strIntro,DateTime dtmSubmit_Date)
{
        //下面首先对数据进行处理
        if (strIntro.Length>1000)                           //如果大于 1000 个字符
            strIntro=strIntro.Substring(0,1000);            //则只取前 1000 个字符
        //下面使用含有参数的 SQL 语句插入记录
        OleDbConnection conn=new OleDbConnection(_strConn);
                                                            //使用了私有变量的值
        string strSql="insert Into users(name,tel,email,intro,submit_date)
        Values(@name,@tel,@email,@intro,@submit_date)";
        OleDbCommand cmd=new OleDbCommand(strSql, conn);
        cmd.Parameters.Add(new OleDbParameter("@name",OleDbType.VarWChar,
        50));cmd.Parameters["@name"].Value=strName;
        cmd.Parameters.Add(new OleDbParameter("@tel",OleDbType.VarWChar,50));
        cmd.Parameters["@tel"].Value=strTel;
        cmd.Parameters.Add(new OleDbParameter("@email",OleDbType.
        VarWChar,50));
    if (strEmail!="")
        cmd.Parameters["@email"].Value=strEmail;
        else
  cmd.Parameters["@email"].Value=DBNull.Value;              //赋值 NULL
        cmd.Parameters.Add(new OleDbParameter("@intro",OleDbType.
        VarWChar,1000)); if (strIntro!="")
        cmd.Parameters["@intro"].Value=strIntro;
        else
    cmd.Parameters["@intro"].Value=DBNull.Value;            //赋值 NULL
        cmd.Parameters.Add(new OleDbParameter("@submit_date",OleDbType.
        Date));
            cmd.Parameters["@submit_date"].Value=dtmSubmit_Date;
            conn.Open();
        cmd.ExecuteNonQuery();                              conn.Close();
    }
}
}
```

2. 在用户界面层中访问数据访问层

9-1.aspx 的动态部分代码如下所示，也即在用户界面层中访问数据访问层代码。

```
...
using nsAddress;
...
protected void Enter_Click(object sender, EventArgs e)
    {
        //下面建立 DataUsers 对象实例,并利用 Insert1 方法插入记录。
        DataUsers dus=new DataUsers("Provider=Microsoft.Jet.OLEDB.4.0;
        Data Source="+Server.MapPath("app_data/address.mdb"));
    try
        {
            dus.Insert1(txtName.Text, txtTel.Text, txtEmail.Text, txtIntro.Text,
            System.DateTime.Now);
            message.Text="已经成功添加,请自己打开数据库查看结果,也可以继续添加。";
        }
        catch (Exception ex)
        {
            message.Text="发生错误,未能插入记录";
        }
    }
```

9.3 三层架构

所谓三层架构，实际上就是将 9.2 节中的业务逻辑从数据访问层中分离出来，成为一个单独的业务逻辑层，如图 9-5 所示。

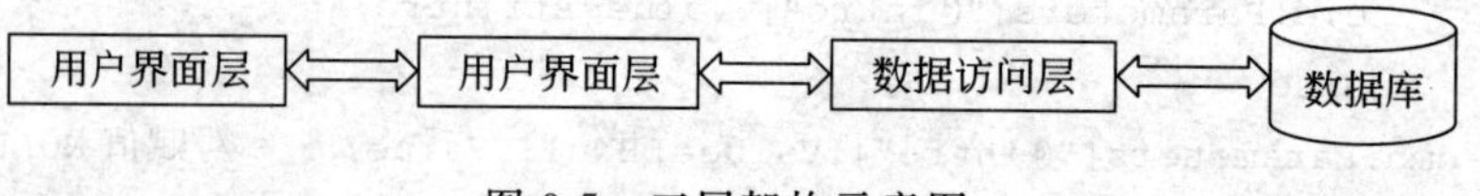

图 9-5 三层架构示意图

企业级应用系统开发比较流行三层结构（不包括后台数据库），将系统分为表示层、业务逻辑层和数据访问层。

1. 表示层

表示层位于最外层（最上层），离用户最近，显示数据和接收用户输入的数据，为用户提供一种交互式操作的界面。表示层对流入的数据的正确性和有效性负责，对呈现样式负责，对呈现友好的错误信息负责。

2. 业务逻辑层

业务逻辑层位于数据访问层与表示层中间，在数据交换中起承上启下作用。对于数据访问层而言，它是调用者；对于表示层而言，它却是被调用者。依赖与被依赖的关系都纠结在业务逻辑层上。它负责系统领域业务的处理和逻辑性数据的生成、处理和转换。

3. 数据访问层

数据访问层有时也称为持久化层，主要负责数据库的访问，可以访问数据库系统、二进制文件、文本文档或 XML 文档。简单地说，它就是实现对数据表的 SELECT、INSERT、UPDATE 和 DELETE 操作。数据访问层对数据的正确性和可用性不负责，对数据的用途不了解，不负担任何业务逻辑。所以，什么是业务逻辑呢？其实对于数据进行的各种处理就是业务逻辑，如 9.2 节示例中对个人简介 strIntro 的处理。将程序分成三层后，数据访问层只管对数据库的操作，而业务逻辑层负责对数据进行各种处理。下面是在 9.2 节的示例基础上开发的程序。

(1) 建立数据访问层文件

该数据访问层文件与 9.2 节几乎一样，只是去掉了对个人简介 strIntro 参数的处理语句。

参看 DataUsers.cs 的 Insert2 方法，代码如下。

```
public void Insert2(string strName, string strTel, string strEmail, string
strIntro, DateTime dtmSubmit_Date)
    {
        OleDbConnection conn=new OleDbConnection(_strConn);
        string strSql="insert Into users(name,tel,email,intro,submit_date)
        Values(@name,@tel,@email,@intro,@submit_date)";
        OleDbCommand cmd=new OleDbCommand(strSql, conn);
        cmd.Parameters.Add(new OleDbParameter("@name", OleDbType.VarWChar,
        50));
        cmd.Parameters["@name"].Value=strName;
        cmd.Parameters.Add(new OleDbParameter("@tel", OleDbType.VarWChar,
        50));
        cmd.Parameters["@tel"].Value=strTel;
        cmd.Parameters.Add(new OleDbParameter("@email", OleDbType.
        VarWChar, 50));
        if (strEmail !="")
            cmd.Parameters["@email"].Value=strEmail;
        else
            cmd.Parameters["@email"].Value=DBNull.Value;        //赋值 NULL
        cmd.Parameters.Add(new OleDbParameter("@intro", OleDbType.
        VarWChar, 1000));
        if (strIntro !="")
```

```
        cmd.Parameters["@intro"].Value=strIntro;
    else
        cmd.Parameters["@intro"].Value=DBNull.Value;      //赋值 NULL
    cmd.Parameters.Add(new OleDbParameter("@submit_date", OleDbType.
    Date));
    cmd.Parameters["@submit_date"].Value=dtmSubmit_Date;
    conn.Open();
    cmd.ExecuteNonQuery();
    conn.Close();
}
```

(2) 建立业务逻辑层文件

这其实也是一个普通的业务逻辑层文件，只是在其中对用户输入的数据进行一些处理，然后调用数据访问层中的 DataUsers 对象插入记录。向 app_code 文件夹添加新项，在模板中选取"类"，取名为 DataBusiness. cs。

业务逻辑层文件 DataBusiness. cs 的代码如下。

```
using System;
using System.Data;
using System.Configuration;
using System.Linq;
using System.Web;
using System.Web.Security;
using System.Web.UI;
using System.Web.UI.HtmlControls;
using System.Web.UI.WebControls;
using System.Web.UI.WebControls.WebParts;
using System.Xml.Linq;
///<summary>
///DataBusiness 的摘要说明
///</summary>
namespace nsAddress
{
    public class DataBusiness
    {
        //该过程对客户输入的内容进行预处理
        public void PreInsert(string strName, string strTel, string strEmail,
        string strIntro, DateTime dtmSubmit_Date, string strConn)
        {                                                   //对个人简介进行处理
            if (strIntro.Length>1000)                       //如果大于 1000 个字符
                strIntro=strIntro.Substring(0, 1000);       //则只取前 1000 个字符
            //下面建立 DataUsers 对象实例,然后调用 Insert2 方法添加数据
            DataUsers dus=new DataUsers(strConn);
```

```
            dus.Insert2(strName, strTel, strEmail, strIntro, dtmSubmit_Date);
        }
    }
}
```

(3) 在用户界面层使用业务逻辑层

因为已经分了 3 层，所以在用户界面层只要使用业务逻辑层即可，不需要再直接使用数据访问层。9-2.aspx 使用业务逻辑层，即在用户界面层使用业务逻辑层。

9-2.aspx.cs 部分代码如下。

```
using System;
using System.Collections;
using System.Configuration;
using System.Data;
using System.Linq;
using System.Web;
using System.Web.Security;
using System.Web.UI;
using System.Web.UI.HtmlControls;
using System.Web.UI.WebControls;
using System.Web.UI.WebControls.WebParts;
using System.Xml.Linq;
using nsAddress;
public partial class _8_2: System.Web.UI.Page
{
    protected void Page_Load(object sender, EventArgs e)
    {

    }
    protected void Enter_Click(object sender, EventArgs e)
    {
        //建立 DataBusiness 对象实例,并利用 PreInsert 方法插入记录
        DataBusiness dbs=new DataBusiness();
        try
        {
            dbs.PreInsert(txtName.Text, txtTel.Text, txtEmail.Text, txtIntro.
            Text, System.DateTime.Now, "Provider=Microsoft.Jet.OLEDB.4.0;Data
            Source="+Server.MapPath("app_data/address.mdb"));
            message.Text="已经成功添加,请自己打开数据库查看结果,也可以继续添加。";
        }
        catch (Exception ex)
        {
            message.Text="发生错误,未插入记录";
```

```
            }
        }
}
```

虽然三层应用程序有很多优势，但如果程序比较简单，或者将来肯定不会重用，也不一定非要采用三层架构，也许使用两层或普通的程序开发速度会更快。而且在一个程序中，不一定都要拘泥于三层，或许有的页面用三层，有的页面用两层，则要根据实际情况具体处理。

第10章

LINQ数据查询技术

主要内容：

- LINQ 简介
- LINQ to Object
- LINQ to ADO. NET
- LINQ to XML

LINQ 是语言集成查询(Language Integrated Query)，是 Visual Studio 2008 和 .NET Framework 3.5 版中一项突破性的创造性成果，在对象领域和数据领域之间架起一座桥梁。LINQ 引入了标准的、容易学习的查询和更新数据模式，可以对其技术进行扩展，支持几乎任何类型的数据存储。LINQ 具有提供语法检查、丰富的元数据、智能感知、静态类型等强类型语言的优点。

LINQ 是微软新一代查询技术，目的是缩小传统对象及关系数据库在查询方面的鸿沟，让程序员可以用一种统一的形态查询所有类型的数据，而不是疲于奔命地学习一堆异质的数据查询技术。LINQ 是一种 O/R Mapping 概念，但不局限于对数据库方面的应用，还可以应用到 XML、DataSet 及.NET 对象上，有着比传统关系数据库 O/R Mapping 更好的概念。

10.1 LINQ 的简介

LINQ 的目的是提供一种统一且对等的方式，让程序员在广义的数据上操作“数据”。使用 LINQ，能够在编程语言内直接创建查询表达式的实体，这些查询表达式是基于许多查询运算符的，而且是有意设计成类似 SQL 表达式的样子。LINQ 允许查询表达式以统一方式操作任何实现了 IEnumerable＜T＞接口的对象、关系数据库或 XML 文档。

LINQ 是一组用于 C＃和 Visual Basic 语言的扩展。它允许编写 C＃或 Visual Basic 代码，以与查询数据库相同的方式操作内存数据。

微软 LINQ Project 计划的缘起与诞生和微软 C＃首席架构师 Anders Hejlsberg 有很大关系，LINQ Project 是由 Anders 发起的，它希望在 5～10 年内能在程序设计语言中内建 Query 的概念与功能。Anders 及其团队着手开发第一代的 LINQ，它伴随着.NET

Framework 3.5 及 VS 2008 开发工具，逐渐进入开发的应用。

语言内建 Query 能力不是一种新概念。Anders 指出，20 年前的 dBase 及 FoxPro 语言就整合了 Query 能力，后来因为 C/S 架构，甚至是现在至为流行的 N-Tiers 分布式架构，二者被迫拆散。但 LINQ 并不只是把以前 dBase 及 FoxPro 的规则加以修改，加到 C#3.0 及 Visual Basic 9 之中，或者将 SQL 语法直接搬进 C# 3.0 及 Visual Basic 9，那是完全不正确的。

LINQ 是一种基于统一化的集成查询技术，最初在代号为 Orcas 的 Visual Studio 2008 中发布，给程序员提供一个统一的编程概念和语法。程序员不需要关心将要访问的是关系数据库、XML 数据或是远程对象，它都采用同样的访问方式。

LINQ 包含一系列技术，包括 LINQ、DLINQ、XLINQ 等。其中 LINQ 到对象是对内存进行操作；LINQ 到 SQL 是对数据库进行操作；LINQ 到 XML 是对 XML 数据进行操作。

从技术角度而言，LINQ 定义了约 40 个查询操作符，如 SELECT、FROM、IN、WHERE 以及 ORDER BY(C#)，使用这些操作可以编写查询语句。不过，这些查询还可以基于很多类型的数据，每个数据类型都需要一个单独的 LINQ 类型。

LINQ 体系结构主要分为 3 个层次模块：数据来源类型、LINQ 技术类型、语言层次，如图 10-1 所示。

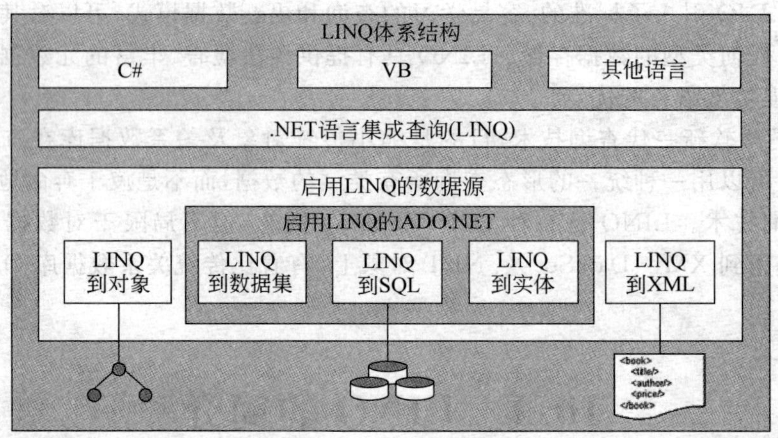

图 10-1　LINQ 体系结构

1. 数据来源类型

LINQ 最大的目的，就是希望建立一个一般性的查询。也就是语法形态及查询方式都是单一且一致的，无论背后的数据来源是什么，都用相同的语法结构进行查询。数据来源类型可以是如下几种。

(1) 对象：存在于计算机内存中的.NET 对象，如集合、数组、字符串等。

(2) 关系：关系数据库及 DataSet。虽然关系数据库目前实现部分只支持 SQL Server，但在架构上，LINQ 可以支持任何类型的数据库，如 Oracle、DB2、MySQL 等。

(3) XML：一般常见的 XML 文件及 XML Tree 等对象。

2. LINQ 技术类型

针对不同类型的数据来源，虽说语法形式是一致的，但 LINQ 在细节上还是会有所差异。例如 LINQ 查询对象为数组时，需要了解数组的特定声明形式，若查询对象是 SQL Server，则需要考虑数据连接及 ADO. NET 问题，故不同的 LINQ 技术类型的存在是必要的。目前，LINQ 架构包含以下几种技术类型。

(1) LINQ to Object：对于 Object 对象方面的查询技术，正式名称为 LINQ to Object。

(2) LINQ to ADO. NET：是针对 ADO. NET 范围的 LINQ 查询技术，又可进一步细分为 LINQ to DataSet 及 LINQ to SQL 两种技术类型，前者用于 DataSet 的查询，后者针对 SQL Server 数据库的查询。

(3) LINQ to XML：针对 XML 的数据查询与处理。

3. 语言整合层次

目前，LINQ 是与 C# 3.0 及 VB9 语言整合的，也就是说，LINQ 需要在 C#3.0 及 Visual Basic 9 的新功能(如 Lambda 表达式、匿名类型、扩展方法等)配合下才能充分发挥作用，所以 LINQ 的使用必须配合 C# 3.0、Visual Basic 9、. NET Framework 3.5，当然最好还需要 Visual Studio 2008 以上开发工具配合编程，才能够得到有效的 Intellisense 及调试支持。

对于 LINQ 而言，现在说它成为数据发展趋势的代表还为时过早，它的全面使用还需要经过几道坎，但它确实提供了许多吸引人的亮点。对于 SQL 开发者和 BDAs 而言，LINQ 是值得学习的一门新技术。它的主要优点体现在它是一种标准，不但可以在一个关系数据库中进行查询操作，而且可以在文本文件、XML 文件及使用同一语法的数据源中查询数据。此外，任何. NET 兼容的语言，比如 C#、VB. NET 等，都可以实现 LINQ 标准。

LINQ 的主要优点如下。

(1) 可以用单一且一致性的 LINQ 语法，普遍适用所有类型的数据，而不需要学习各式各样的查询技术，减轻程序员负担。

(2) 可以利用. NET 环境下丰富的 Matadata(元数据)信息。

(3) 编译时的语法检查可以使程序员在早期发现错误，提高程序的正确性，不像 ADO. NET 只是单纯传送了 SQL 字符串到 SQL Server，若有任何错误也只能在 runtime (运行库)执行时才发现。

(4) 通过编译时对数据类型的强类型检查，可事先检查数据类型是否符合要求。

(5) 可获得 Visual Studio 2008 开发工具的 Intellisense 支持，进行 LINQ 的调试等。

10.2 基本的查询操作

10.2.1 查询操作

LINQ 查询操作由 3 部分组成：获取数据源、定义查询、执行查询。

下面这段示例代码演示了查询操作的 3 个部分。

```
//获取数据源,这里为了简单起见,给出一个整型数组
int[]scores=new int[]{97, 92, 81, 60};
//定义查询
IEnumerable<int>scoreQuery=
    FROM score in scores
    WHERE score>80
    SELECT score;
//执行查询
foreach (int i in scoreQuery) {
    Response.Write(i+" ");
}
```

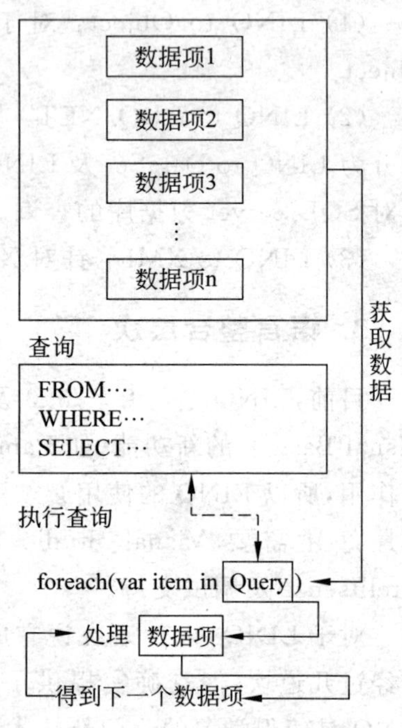

图 10-2 查询操作步骤

在 LINQ 中,查询的执行与查询本身截然不同。换句话说,如果只是创建查询变量,则不会检索任何数据。

完整的查询步骤如图 10-2 所示。

1. 获取数据源

通常,数据源会在逻辑上组织为相同种类的元素序列。SQL 数据库表包含一个行列;ADO.NET DataTable 包含一个 DataRow 对象序列;XML 文件包含一个 XML 元素"序列"(不过这些元素按分层形式组织为树结构);内存中的集合包含一个对象序列。

从应用程序的角度来看,原始数据源的具体类型和结构并不重要。应用程序始终将源数据视为一个 IEnumerable＜(of ＜(T＞)＞)＞或 IQueryable＜(of ＜(T＞)＞)＞集合。在 LINQ to SQL 中,源数据显示为一个 IEnumerable＜XElement＞。在 LINQ to Dataset 中,它是一个 IEnumerable＜DataRow＞。在 LINQ to SQL 中,它是用户定义用来表示 SQL 表中数据的任何自定义对象的 IEnumerable 或 IQueryable。在本例中,由于数据源是数组,因此它隐式支持泛形 IEnumerable(T)接口。

2. 定义查询

查询是指一组指令,它们描述从一个或多个给定的数据源检索的数据以及返回的数据应该使用的格式和组织形式。定义查询就是定义查询表达式,查询不同于它所产生的结果。查询表达式包含 3 个子句: FROM、WHERE 和 SELECT。注意,这些子句的顺序

与 SQL 中的顺序相反。FROM 指定数据源，WHERE 子句应用筛选器，SELECTE 子句指定返回的元素的类型。

3. 执行查询

(1) 延迟执行

查询变量存储查询命令，实际查询执行会延迟到 foreach 语句中循环访问查询变量时发生，称为延迟执行。

由于查询变量本身不保存查询结果，因此可以根据需要随时执行查询，例如可以通过一个单独的应用程序持续更新数据库。在应用程序中，可以创建一个检索最新数据的查询，并按某一时间间隔反复执行该查询，以便每次检索不同的结果。

(2) 强制立即执行

执行了 Count、Max、Average、First、Single、Tolist、ToArray 等方法，将立即返回结果，保存的是结果而不是查询，这称为强制立即执行。

10.2.2 LINQ 查询表达式

查询表达式是用查询语法表示的查询，由一组类似 SQL 或 XQuery 的声明性语法编写的子句组成。每个子句又包含一个或多个 C# 表达式，而它们本身又可能是查询表达式或包含查询表达式。

查询表达式必须以 FROM 子句开头，并且必须以 SELECT 或 GROUP 子句结尾。在第一个 FROM 子句和最后一个 SELECT 或 GROUP 子句之间，查询表达式可以包含一个或多个下列可选子句：WHERE、ORDER BY、JOIN、LET，甚至附加的 FROM 子句。还可以使用 INTO 关键字，使 JOIN 或 GROUP 子句的结果能够充当同一查询表达式中附加查询子句的源。

1. 查询变量

在 LINQ 中，查询变量是任何存储查询而不是查询结果的变量。更具体地说，查询变量始终是一个可枚举的类型，当在 foreach 语句中或对其 IEnumerator.MoveNext 方法的直接调用中循环访问它时，它将产生一个元素序列。

2. FROM 子句

在 LINQ 查询中，最先使用 FROM 子句的目的是引入数据源(customers)和范围变量(cust)。

例如，customers 为数据源，cust 为选择范围，程序如下。

```
var queryAllCustomers=FROM cust in customers
    SELECT cust;
```

范围变量类似于 foreach 循环中的迭代变量，但查询表达式实际不发生迭代。执行查询时，范围变量将用做对 customers 中每个后续元素的引用。因为编译器可以推断 cust 的类型，所以不必显式指定此类型。其他范围变量可由 LET 子句引入。

3. WHERE 子句

WHERE 子句用做筛选器，它指定从源序列中排除哪些元素。可以使用 C# 逻辑 && 和 || 运算符，根据需要在 WHERE 子句中应用任意数量的筛选表达式。在下面的示例中，只返回那些地址位于北京且姓名为“李明”的用户。

```
var queryLondonCustomers=FROM cust in customers
    WHERE cust.City=="北京" && cust.Name="张军"
    SELECT cust;
```

4. ORDER BY 子句

ORDER BY 子句将使返回序列中的元素按照被排序类型的默认比较器进行排序。

例如，下面的查询可以扩展为按 Name 属性对结果排序。因为 Name 是一个字符串，所以默认比较器执行从 A 到 Z 的字母排序。

```
var queryLondonCustomers3=
    FROM cust in customers
    WHERE cust.City=="北京"
    ORDER BY cust.Name ascending
    SELECT cust;
```

5. GROUP 子句

使用 GROUP 子句，可以按指定的键对结果分组。

例如，下面的示例按 City 分组。

```
//queryCustomersByCity 的类型为 IEnumerable<IGrouping<string, Customer>>
  var queryCustomersByCity=
      FROM cust in customers
      GROUP cust by cust.City;
//customerGroup 的类型为 IGrouping<string, Customer>
  foreach (var customerGroup in queryCustomersByCity) {
      Console.WriteLine(customerGroup.Key);
      foreach (Customer customer in customerGroup){
          Console.WriteLine("    {0}", customer.Name);
      }
  }
```

使用 GROUP 子句结束查询时，结果采用列表形式。列表中的每个元素是一个具有 Key 成员及根据该键分组的元素列表的对象。循环访问生成组序列的查询时，必须使用嵌套的 foreach 循环。外部循环用于循环访问每个组，内部循环用于循环访问每个组的成员。

6. SELECT 子句

使用 SELECT 子句可产生所有其他类型的序列，简单的 SELECT 子句只是产生与数据源中包含的对象具有相同类型的对象的序列。

下面示例中数据源包含 Country 对象。ORDER BY 子句只是将元素重新排序，而 SELECT 子句则产生重新排序的 Country 对象的序列。

```
IEnumerable<Country> sortedQuery=
    FROM country in countries
    ORDER BY country.Area
    SELECT country;
```

可以使用 SELECT 子句源数据转换为新类型的序列，这一转换也称为“投影”。

7. JOIN 子句

使用 JOIN 子句，可以根据每个元素中指定键之间的相等比较，对一个数据源中的元素与另外一个数据源中的元素进行关联。在 LINQ 中，连接操作是针对元素具有不同类型的对象序列执行的。连接两个序列后，必须使用 SELECT 或 GROUP 语句指定要存储到输出序列中的元素，还可以使用匿名类型，将每组关联元素中的属性组合为输出序列的新类型。下面的示例对 Category 属性与 categories 字符串数组中的某个类别相匹配的 prod 对象进行关联。其 Category 不与 categories 中任何字符串匹配的产品会被筛选掉。SELECT 语句投影了一个新类型，其属性取自 cat 和 prod。

```
var categoryQuery=
    FROM cat in categories
    JOIN prod in products on cat.id equals prod.CategoryID
    SELECT new { Category=cat, Name=prod.Name };
```

在 LINQ 中，JOIN 子句始终针对对象集合而非直接针对数据库表运行。在 LINQ 中，不必像在 SQL 中那样频繁使用 JOIN，因为 LINQ 中的外键在对象模型中表示为包含项集合的属性。

例如，在下面的示例中，Custonmer 对象包含 Order 对象的集合，不必执行连接，只需要使用点表示法访问订单。

```
var orderquery=FROM order in Customer.Orders
```

8. LET 子句

使用 LET 子句可以将表达式(如方法调用)的结果存储到新的范围变量中。

在下面的示例中，范围变量 s 存储了 Split 返回的字符串数组的第一个元素。

```
string[]names={"Svetlana Omelchenko", "Claire O'Donnell", "Sven Mortensen",
```

```
"Cesar Garcia"};
IEnumerable<string>queryFirstNames=
    FROM name in names
    LET firstName=name.Split(new char[]{ ' ' })[0]
    SELECT firstName;
foreach (string s in queryFirstNames)
    Console.Write(s+" ");
```

10.3 LINQ to Object

LINQ to Object 是以 LINQ 语法查询 Object 的一种方式。Object 是指实现 IEnumerable 或 IEnumberable＜T＞接口的集合对象，例如 Array、LIST＜T＞、Dictionary(TKey,TValue)等。

LINQ to Objects 的目标是为了操作对象集合，从而使该集合中任何一个对象都能和其他对象联系起来，形成有层次的结构或者图。从某些角度看来，一个 LINQ 查询的默认实现就是 LINQ to Objects。

只要引入 System.Linq 这个命名空间，就能够使用 LINQ to Objects。

以下为几个集合的类继承。

```
public abstract class Array: ICloneable, IList, ICollection, IEnumerable
  LIST<T>
public class List<T>: IList<T>, ICollection<T>, IEnumerable<T>, IList,
ICollection, IEnumerable
  Dictionary(TKey,Tvalue)
public class Dictionary<TKey, TValue>: IDictionary<TKey, TValue>,
ICollection<KeyValuePair<TKey, TValue>>, IEnumerable<KeyValuePair<TKey,
TValue>>, IDictionary, ICollection, IEnumerable, ISerializable,
IDeserializationCallback
```

一旦类实现了 IEnumerable 或 IEnumberable＜T＞接口，必须将接口实现出来，而 LINQ 正好可以查询这些对象，然后通过 foreach 方式读取集合对象中的数据。

【例 10-1】 以 LINQ 查询 Array 数组 element 成员数据。

本示例将示范如何通过 LINQ 查询一个数组 element 元素数据。首先定义一个数组，数组元素为一个班级中学生的身高，然后用 LINQ 查询身高大于 170cm 的学生有多少人。程序 10-1.aspx 的代码清单如下。

```
protected void Page_Load(object sender, EventArgs e)
    {
        //Step 1: 定义集合 Array
        int[]students=new int[]{180, 160, 174, 152, 183, 177, 175, 188, 169, 170,
                    163, 174};
```

```
        //Step 2: 定义 LINQ 查询语法
        var tall=from s in students
                 where s>170
                 select s;
        //Step 3: 以 foreach 读取集合数据
Response.Write(string.Format("身高大于 170cm 的学生人数有{0}人,身高数据如下:
<BR/>", tall.Count()));
        foreach (var t in tall)
        {
            Response.Write(t+" ");
        }
}
```

运行结果如图 10-3 所示。

图 10-3　程序运行结果

【程序说明】

(1) 在 Step 2 的 LINQ 语法定义中,s 是随便命名的,它代表集合元素个体。

(2) tall.Count()是用来计算 tall 对象中成员个数的。

【例 10-2】 以 LINQ 查询 LIST 数组 element 成员数据。

此例延续了例 10-1 显示学生身高的例子,只不过将 Array 改成泛型的 LIST<T>集合,然后再针对 LINQ 功能深化使用,进行身高数据的排序。

程序 10-2.aspx 代码部分清单如下。

```
…
using System.Xml.Linq;
using System.Collections.Generic;
…
protected void Page_Load(object sender, EventArgs e)
    {
        //Step 1: 定义集合 LIST
        //以 C#2.0 之泛型语法创建的 LIST
            List<int>students=new List<int>();
        students.Add(174);
        students.Add(152);
        students.Add(183);
        students.Add(180);
        students.Add(165);
        students.Add(177);
        students.Add(172);
        students.Add(188);
```

```
        students.Add(158);
        students.Add(170);
        students.Add(173);
        students.Add(174);

        //Step 2: 定义 LINQ 查询语法,并进行身高排序
        var tall=FROM x in students
                 WHERE x>170
                 ORDER BY x
                 SELECT x;
        //Step 3: 用 foreach 读取集合数据
        Response.Write(string.Format("身高大于 170cm 的学生人数有{0}人,身高排序资
        料如下:<BR/>", tall.Count()));
        foreach (var t in tall)
        {
           Response.Write(t+" ");
        }
        //另一种排序方式,不是在 LINQ 中定义,
        //而是稍后在 tall 对象使用 ORDER BY 方法,
        //而其中 g=>g 为 Lambda Expression 表达式
        var tallplus=FROM y in students
                     WHERE y>170
                     SELECT y;
        Response.Write("<BR/><BR/>");
        Response.Write(string.Format("身高大于 170cm 的学生人数有{0}人,身高排序资
        料如下:<BR/>", tallplus.Count()));
        foreach (var t in tallplus.OrderBy(x=>x))
        {
           Response.Write(t+" ");
        }
    }
```

运行结果如图 10-4 所示。

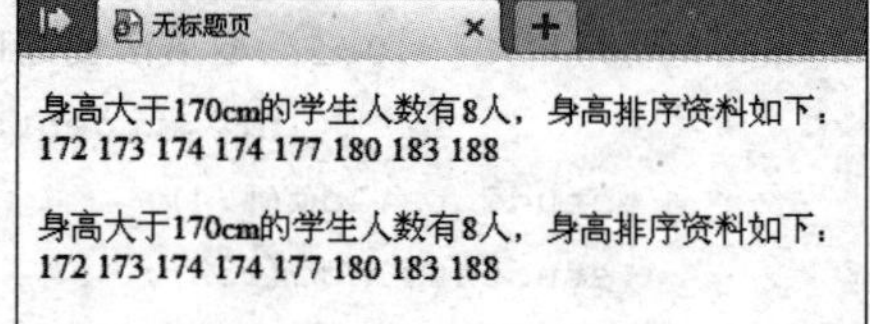

图 10-4　程序运行结果

【程序说明】

(1) ORDER BY 是用来排序的,预设为升序(ascending),降序为 descending,故完整的指令为 ORDERBY s ascending 或 ORDER BY s descending。

(2) 另一种排序方法不在 LINQ 中定义,而是稍后在对象上使用 ORDER BY 升幂的方法进行排序,若要以降序排序,则使用 OrderByDescending 方法;至于 x=＞x,则是 lambda 表达式,指示以集合本身来排序,x 这个名称也是随意命名的。

【例 10-3】 LINQ 在 System.IO 文件读取方面的应用。

本例将 LINQ to Object 应用范围扩大到 System.IO 文件的读取，通过 LINQ 读取目录中所有文件名称。

程序 10-3.aspx 的代码清单如下。

```
…
using System.Xml.Linq;
using System.Collections.Generic;
…
    protected void btnRead_Click(object sender, EventArgs e)
    {
        //获取虚拟目录路径
        string path=HttpContext.Current.Request.MapPath("~/");
        IEnumerable<System.IO.FileInfo>fileList=GetFiles(path);
        var files=from file in fileList
                  where file.Extension==".aspx"
                  select file.FullName;
        Response.Write("该目录下的 aspx 文件名称列示如下：<BR/>");
        int i=0;
        foreach (var file in files)
        {
            Response.Write(string.Format("{0: 00}.{1}<BR/>", i, file));
            i++;
        }
    }
    //读取文件
    static IEnumerable<System.IO.FileInfo>GetFiles(string path)
    {
        if (!System.IO.Directory.Exists(path))
            throw new System.IO.DirectoryNotFoundException();

        string[]fileNames=null;
        List<System.IO.FileInfo>files=new List<System.IO.FileInfo>();

        fileNames=System.IO.Directory.GetFiles(path, "*.*", System.IO.
        SearchOption.AllDirectories);
        foreach (string name in fileNames)
        {
            files.Add(new System.IO.FileInfo(name));
        }
        return files;
    }
}
```

程序 10-3.aspx 的运行结果如图 10-5 所示。

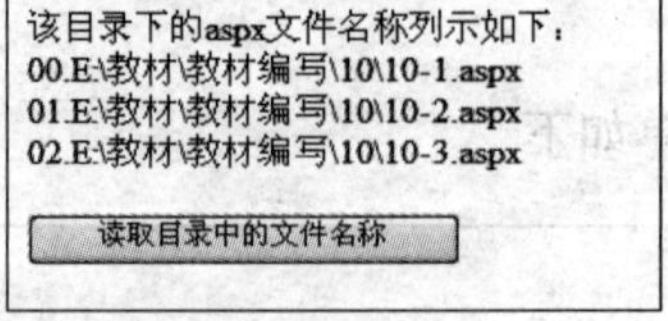

该目录下的aspx文件名称列示如下：
00.E:\教材\教材编写\10\10-1.aspx
01.E:\教材\教材编写\10\10-2.aspx
02.E:\教材\教材编写\10\10-3.aspx

读取目录中的文件名称

图 10-5　程序 10-3.aspx 的运行结果

10.4　LINQ 其他操作类型

LINQ to ADO.NET 可以在 ADO.NET 中使用语言集成查询(LINQ)编程模型查询任何可枚举对象。有 3 种独立的 ADO.NET 语言集成查询(LINQ)技术：LINQ to DataSet、LINQ to SQL 和 LINQ to Entities。LINQ to DataSet 提供对 DataSet 更为丰富的优化查询，LINQ to SQL 可以直接查询 SQL Server 数据库架构，而 LINQ to Entities 可以查询实体数据模型。

10.4.1　LINQ to DataSet

LINQ to DataSet 将 LINQ 和 ADO.NET 集成，它通过 ADO.NET 获取数据，然后通过 LINQ 进行数据查询，可以对数据集进行非常复杂查询。

首先假设各位对 DataSet 都有基本认识。DataSet 是一个离线式的内存中数据库，LINQ to DataSet 就是来查询 DataSet 的。DataSet 有强类型与弱类型两种，LINQ 查询两者时过程相同，只是关键语法上会有不同。

虽然 DataSet 是很多程序员常用的对象，但未必所有人都清楚弱类型与强类型 DataSet 的区别。若在程序中直接声明 DataSet ds＝new DataSet()这种语法得到的 DataSet 为弱类型，以 DataSet Designer 设计工具建立的 DataSet，则为强类型。

以 LINQ to DataSet 查询 DataSet 有一个条件，就是 DataTable 必须实现 IEnumerable 或 IEnumerable＜T＞接口。但弱类型 DataSet 并没有实现 IEnumerable 或 IEnumerable＜T＞接口，那 LINQ 是如何查询 DataSet 中的 DataTable 数据呢？答案是程序员可以调用 DataTable 的 AsEnumerable()方法(它是 C# 3.0 或 Visual Basic 9 的延伸方法)，返回一个 IEnumerable＜T＞对象，如此 LINQ 便可以进行查询。

10.4.2　LINQ to SQL

LINQ to SQL 是一种和 DBMS 关系数据库映射(Mapping)的技术，或者可以将它视为 O/R 映射(Mapping)类的技术。换句话说，LINQ to SQL 是替用户处理 SQL Server

数据库 SELECT、INSERT、UPDATE 与 DELETE 的一种技术，可以让用户不必写相关的 ADO. NET 程序，或者只需要加上少量的程序代码，就可以达到与 ADO. NET 相同的功能。

LINQ to SQL 是. NET Framework 3.5 版的一个组件，提供了用于将关系数据作为对象管理的运行基础结构。在 LINQ to SQL 中，关系数据库的数据模型映射到用开发人员所用的编程语言表示的对象模型。应用程序运行时，LINQ to SQL 会将对象模型中的语言集成查询转换为 SQL，然后将它们发送到数据库执行。数据库返回结果时，LINQ to SQL 会将它们转换回用户可以用自己的编程语言处理的对象。使用 Visual Studio 2008 的开发人员通常使用对象关系设计器，它提供了用于实现许多 LINQ to SQL 功能的用户界面。

10.4.3 LINQ to XML

LINQ to XML 是用来进行 XML 处理的，包括 XML 的读取及修改。微软推出 LINQ to XML，主要是为了改良传统 XML 程序难写又难懂的困境，以缓解许多程序员对 XML 程序编写的排斥感。因此，微软 LINQ to XML 针对传统 XML 程序做了许多简化与改良，例如新增许多 LINQ to XML 类、新的构建语法及 LINQ 查询。

在新的 LINQ to XML 类、简洁的 XML 构建语法、LINQ 查询 3 部分的支持下，XML 程序的编写比以前容易许多。利用 LINQ 就可以查询到所需的 XML 资料，而不必使用传到 Xpath 或 XQuery 这样复杂难懂方式。

LINQ to XML 提供使用. NET 语言集成查询(LINQ) Framework 内存中的 XML 编程接口。LINQ to XML 使用最新的. NET Framework 语言功能，相当于更新的和重新设计的文档对象模型(DOM) XML 编程接口。由于实现了这一集成，因此可以对内存 XML 文档编写查询，以检索元素和属性的集合。LINQ to XML 的查询功能在功能上(尽管不是在语法上)与 XPath 和 XQuery 具有可比性。Visual C# 2008 集成 LINQ 后，可提供更强的类型化功能、编译时检查和改进的调试器支持。

在 LINQ to XML 的程序开发中，LINQ to XML API 对 XML 的操作都是在内存中进行的，因此微软称 LINQ to XML 程序开发为 in-memory XML programming，而 LINQ to XML 就是提供了一个 API 的接口能力。

第11章 网站的发布与部署

主要内容：

- 发布网站
- 使用 Web 安装项目部署应用程序

要发布网站，首先需要在服务器上配置 IIS，详见 0.5 节。

11.1 发布网站

将第 8 章小型案例文件夹复制进第 11 章文件夹。首先打开第 11 章网站，在“解决方案资源管理器”中右击网站名称，在弹出式菜单中执行“发布网站”命令，在弹出的对话框的“目标位置”栏输入文件夹名称和路径，单击“确定”按钮。经过一段时间，Visual Studio 2008 主窗口的右下脚将会显示“发布成功”的字样，“发布网站”对话框如图 11-1 所示。

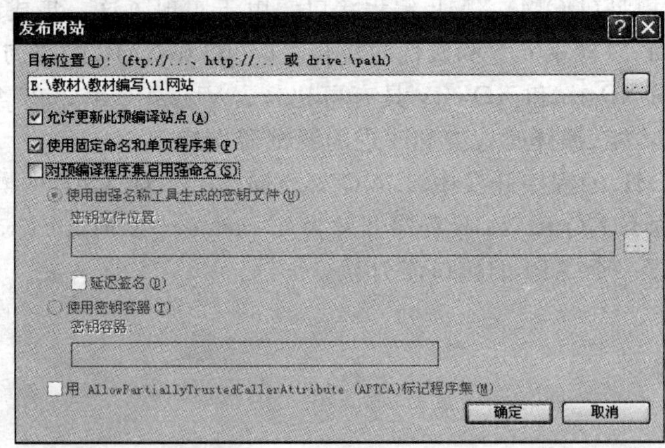

图 11-1 “发布网站”对话框

打开目标文件夹，如果编写网站使用了代码隐藏方式，会发现站点中包含的源程序文件(.cs)没有了，取而代之的是一个 bin 文件夹，其中存放由系统自动生成的.dll 文件，这就是被编译后的程序文件，而程序的静态部分变成“这是预编译工具生成的标记文件，不应被删除!”。

在此基础上进一步创建 Web 安装项目，将所有的文件及支持组件包包含到一个安装包中。

11.2 使用 Web 安装项目部署应用程序

使用 Web 安装项目，将 ASP. NET 3.5 网站的所有文件及支持组件统一存放在一个压缩包中，用户只需使用其中的 setup. exe 文件，即可自动判断服务器的软件配置是否适当，是否需要安装某个系统组件，如.NET Framework 等。若需要安装程序，则会根据用户设置自动从安装包或微软网站中下载并安装。

1. 创建与生成 Web 安装程序

所谓 Web 安装程序，类似于常用的 Windows 安装程序。用户可在服务器上运行安装包中的启动安装向导，并在向导的指引下一步步将 ASP. NET 3.5 网站发布到 Web 站点中。

打开 Visual Studio 2008 的“文件”→“新建”→“项目”选项，弹出“新建项目”对话框，选择项目类型为“其他项目类型”下的“安装和部署”，在“模板”中选择“Web 安装项目”，指定保存位置和项目名称后单击“确定”按钮。系统将在指定“位置”创建一个与解决方案同名的文件夹，用来保存安装包中包含的所有文件和子文件夹。“新建项目”对话框如图 11-2 所示。

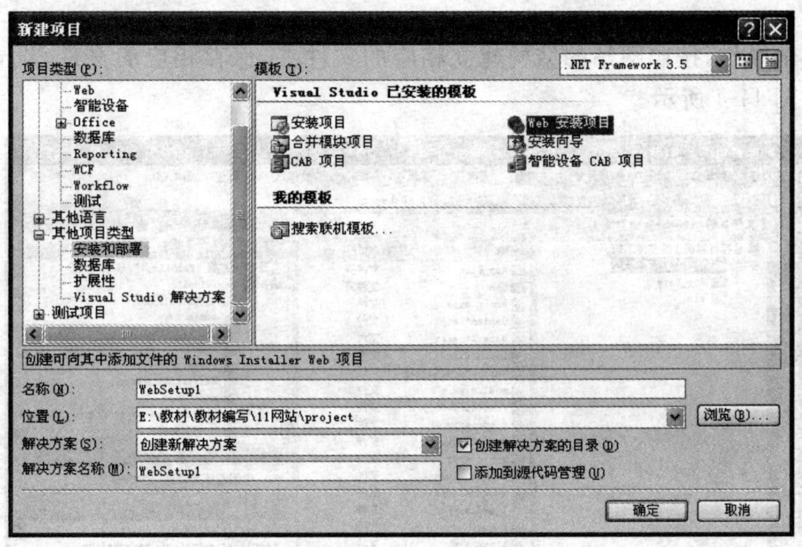

图 11-2 “新建项目”对话框

安装和部署项目创建后，系统将自动进入“文件系统”窗口。选择“Web 应用程序文件夹”后右击，在弹出的快捷菜单中执行“添加”下的“文件”命令，在打开的对话框中将事先发布到本地文件夹中的 Web 应用程序文件添加到项目中。

“文件系统”对话框如图 11-3 所示。

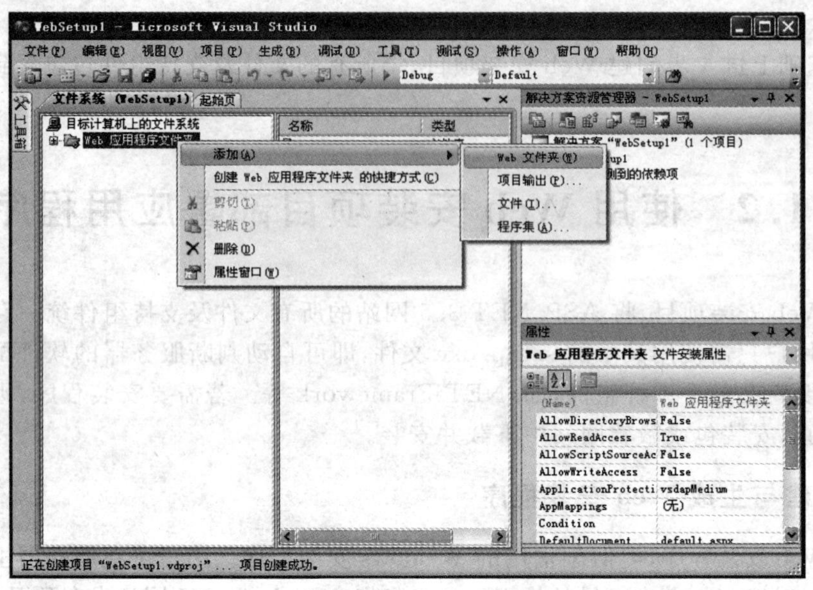

图 11-3 “文件系统”对话框

单击左窗口中 bin 文件夹，重复前面的操作，将本地文件夹中的. dll 及其他文件添加到该文件夹中。

选择“Web 应用程序文件夹”后执行“添加”菜单下的“Web 文件夹”命令，在项目中创建一个存放用户数据库的 App_Data 文件夹，将本地文件夹中的数据库文件(. mdb)添加到其中。

重复这个操作，按照网站的结构建立相应的文件夹，保存相应的文件，设置完的文件系统页面如图 11-4 所示。

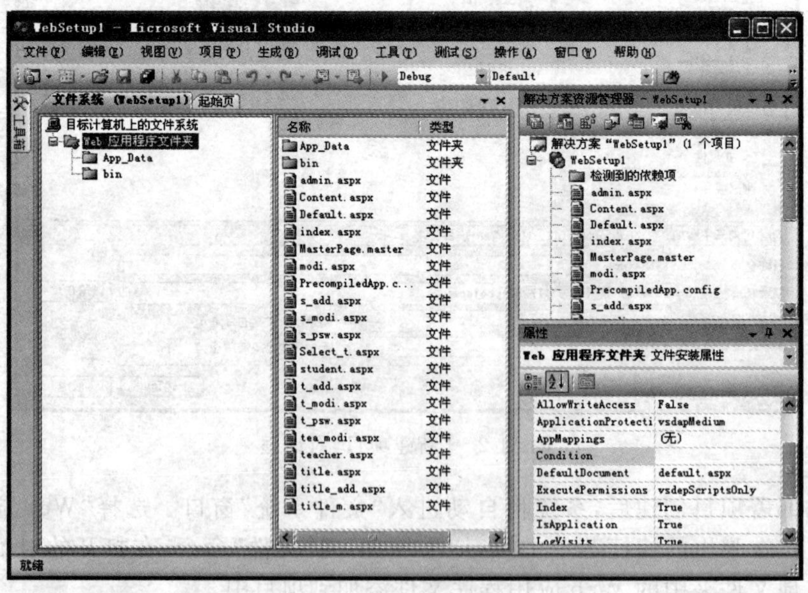

图 11-4 文件系统设置页面

执行“项目”菜单下的“属性”命令，打开“WebSetup1 属性页”对话框，如图 11-5 所示。

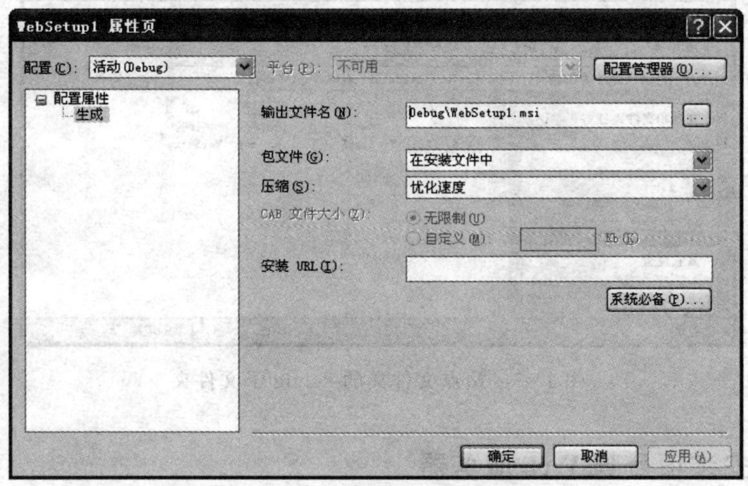

图 11-5 “WebSetup1 属性页”对话框

若要在项目中添加系统必备组件支持，可单击“系统必备”按钮，在打开的“系统必备”对话框中选择需要的系统支持组件，如本例选择 Windows Installer 3. 1 和.NET Framework 3. 5，并选择“从与我的应用程序相同的位置下载系统必备组件”选项，系统自动将需要的组件添加到安装包中，单击“确定”按钮完成设置。“系统必备”对话框如图 11-6 所示。

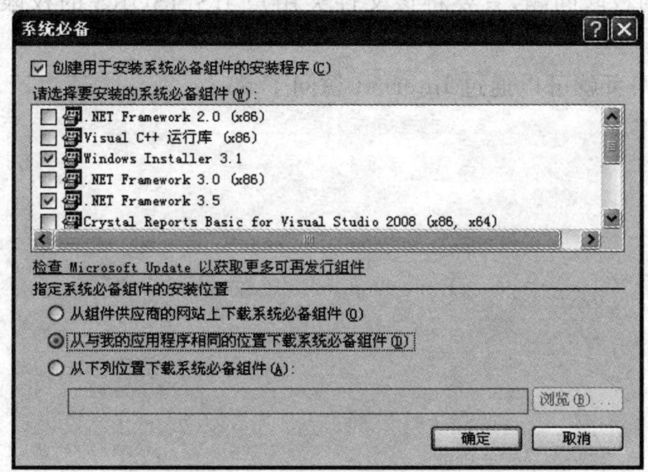

图 11-6 “系统必备”对话框

所有设置完成后，可在“解决方案资源管理器”窗口中右击项目名称，在弹出的菜单中执行“生成”命令。一段时间后，Visual Studio 2008 窗口右下角会显示“生成成功”字样。

项目文件夹的 debug 子文件夹中存放安装包文件，其中 WindowsInstaller 3_1 和 DotNetFX 35 文件夹存放的是系统必备支持文件，而站点文件则已打包到了安装文件中。站点文件夹 debug 的子文件夹如图 11-7 所示。

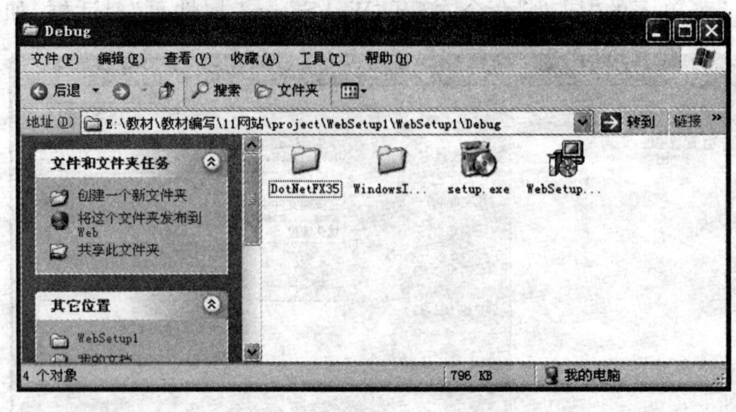

图 11-7 站点文件夹的 debug 子文件夹

2. 部署安装项目到 Web 服务器

双击安装包中的 setup.exe 文件，启动安装向导，绝大多数步骤均可取系统提供的默认值。只是在出现“选择安装地址”对话框时要注意，站点采用 default web site，一般是 c:\inetpub\wwwroot 处，虚拟目录默认为项目名称。

安装完成后打开 IIS 浏览网页。测试时要在其他机器上进行，各个页面都要测试，条件允许的话，可以在不同操作系统上进行测试。

例如，对该实例进行测试时，发现只能对数据库进行读而无法写，最终发现是 wwwroot 文件夹的权限问题，只要将该文件夹用户 IIS_ISURS 的权限更改为完全控制即可。

测试成功后，网页就可以通过 Internet 访问了。

附　录

常用 HTML 标记

1. HTML 语言标记特点

HTML 语言具有以下特点。

(1) HTML 文本的标识符，形式上都是相应的英文嵌在“＜＞”内，而且大多成对出现，前后呼应，只是后面标识符的相应英文前面多了一个“/”。

基本格式如下：

<标记>内容</标记>内容部分是标记的作用域

例如：

<I>上海大学</I>上海大学为斜体

显示为：

上海大学

(2) 若有参数时的格式，参数之间以空格分隔。

<标记 参数 1 参数 2 参数 3 …>内容</标记>

(3) 单标记。这种标记并不需要确定作用域。

<标记 参数 1 参数 2 参数 3 …>

例如：

水平分隔标记<HR>

(4) 对大小写不敏感。HTML 中对英文字母的大小写是不敏感的，但是由于许多网络程序设计语言是嵌入到 HTML 语言中的，而有些脚本语言如 JavaScript 是区别大小写的，这就需要注意区分哪些是 HTML，哪些是程序脚本。

(5) 如果不特别注明，浏览器会忽略掉 HTML 文档中的空格（多个也作为一个）、制表符和回车符。因此网页设计中无法使用像 Word 一样用空格和回车符控制页面的布局，而是通过边框为“0”的表格和层来进行页面布局的。

(6) 把“＜＞”作为保留字，如需要显示“＜＞”可使用转换符 &。

```
&lt<              &gt>
&amp &             &quot "
He say &quot you &amp me are same &quot &lt impossible &gt
```

应该显示成：

```
He say "you & me are same<impossible>"
```

2. HTML 文件格式

HTML 文件的格式如下。

```
<HTML>
<HEAD>
<TITLE>标题</TITLE>
</HEAD>
<BODY>
</BODY>
</HTML>
```

整个文档位于<HTML> 与</HTML>之间，它是一个完整的 HTML 文件标志。
文档头位于<HEAD>与</HEAD>之间，标志文件的主题信息。
文档标题位于<TITLE>与</TITLE>之间，是文档的标题。
文档正文位于<BODY>与</BODY>之间。
标识符可以大写或小写。

3. 页面结构标记

HTML 定义了 3 种标记用于描述页面的结构，以及浏览器和 HTML 工具对页面的确认。页面结构标记不影响页面的显示效果，它们是帮助 HTML 工具对 HTML 文件进行解释和过滤的，是可选的。

(1) <HTML>，是文档的第一个符号标记，它通知客户端该文档是 HTML 文档，</HTML>应该在文档的最底部，标志文档的结束。

(2) <HEAD>出现在文档的起始部分，定义了文档头，标明文档的题目(或介绍)，该部分包含的是文档的无序信息，文档标题部分可以包含题目和主题信息。

还可以用元素(meta)来描述文档的自身信息、作者信息、过期时间、关键词列表等。这些信息并不显示在屏幕上，但可以为浏览文档源代码的用户使用，并且为在 Internet 上的 webrobot 所用。网络机器人(webrobot)，也称蜘蛛(Spider)、爬虫(Crawler)或漫游者(Wander)等，是一组驻留于主机上的软件，它们能自动漫游于 Web 站点，在 Web 上按某种策略进行远程数据的搜索与获取，并建立本地索引，产生一个本地数据库，以便能根据用户的查询搜索引擎快捷搜索到所需结果，反馈给用户。

(3) <BODY>指明文档的主体部分，包含其他子串、标题、段落列表及一些重要参数。

```
BGCOLOR 背景颜色 TEXT 字体颜色(不包括链接)
BACKGUOUND 背景图案 平铺
LINK 链接颜色 ALINK 被激活链接颜色 VLINK 访问过的链接颜色
```

例如：

```
<body bgcolor="black" text="yellow">内容</body>
```

表示文档将以黑色为背景、黄色为字符的默认颜色。

在 HTML 标记中，表示颜色更是采用 RGB 方式，由 6 位十六进制数组成，2 位表示红色(red)，2 位表示绿色(green)，2 位表示蓝色(blue)，每种颜色的取值范围为 00～ff。如表示红色为"＃FF0000"

例如：

```
<body bgcolor="#ff0000" text="yellow">内容</body>
```

(4) 主题标记

每个 HTML 文档的标题部分(HEAD 间)必须包含＜TITLE＞标记对，用来设定文档的标题，最长可以是 64 个字符。用户浏览 HTML 时，绝大多数浏览器会把文档标题显示在窗口顶端的标题栏中。

例如：

```
<TITLE>标题</TITLE>
```

4. 标题标记

＜H1＞～＜H6＞用来指明页面上一到六级标题，用于对文本中的章节进行划分。

5. 注释标记

＜!－－注释信息－－＞在 HTML 页面中加入注释，可以对页面本身内容状态进行描述。很多源代码控制程序会把页面状态加到注释中，注释文字在对 HTML 做分析时被忽略，也不会显示。

6. 文本格式标记

HTML 语言中有许多文本格式化标记，使用方法比较简单，以下列出常用标记。

(1) 粗体标记＜B＞＜/B＞。

(2) 斜体标记＜I＞＜/I＞。

(3) 加删除线标记＜S＞＜/S＞。

(4) 上标标记＜SUP＞＜/SUP＞。

(5) 下标标记＜SUB＞＜/SUB＞。

(6) 大字体＜BIG＞＜/BIG＞。

(7) 小字体＜SMALL＞＜/SMALL＞。

(8) 打字机等宽字体＜T＞＜/T＞。

(9) 式样文本标记<SAMP></SAMP>。

(10) 引用标记<CITE></CITE>。

(11) 闪烁<BLINK> </BLINK>。

7. 字体标记

字体标记还可以使用高级文本格式标记,格式如下。

```
<FONT SIZE=大小 COLOR=颜色>内容</FONT>
```

SIZE 指定字符的大小,数值范围为 1~7。COLOR 指定字符的颜色,其中 SIZE 可使用相对大小,如 SIZE=+3 表示采用比默认字体大 3 号的字体。

8. 布局标记

(1) <PRE></PRE>预定义格式标记。有时候需要把将输入的文字格式原封不动地显示在浏览器中,包括空格、回车符、制表符,这里可以使用此标记。

(2) <P>新段落标记。此标记后将空一行,表示新段落的开始。<P>段落内容</P>用来定义一个段落,两个段落之间空一行。支持 ALIGN 属性域,ALIGN 取值为 LEFT、RIGHT、CENTER。

(3)
换行标记。此标记后的内容另起一行显示。

(4) <HR>水平分隔标记。在此标记的地方插入一条水平分隔线,将内容隔开。如果此标记插在文字中,则此标记后的内容将另起一行显示。

(5) <CENTER></CENTER>居中标记。将标记间包括内容以居中的方式显示。

9. 列表标记

如果要有条理地显示内容,可以使用 HTML 中提供的列表标记。以下介绍 3 种 HTML 的列表标记:项目列表(无序)、有序列表、定义列表。

(1) 项目列表

标记为<UL></UL>。

<LH></LH>为列表主题标记,用于显示该列表的主题。

<LI></LI>为列表项标记,用于指定字列表中的每一项。

浏览器会在每一个列表项前加上一个列表项目符号。

同一级别的项目符号相同,不同级别的项目符号不同。

(2) 有序列表

有序列表的标记为<OL></OL>。其中同样可以使用<LH></LH>列表主题标记和<LI></LI>列表项标记。不同之处在于每个列表项前加上一个有序符号,如 1、2、3 或 A、B、C 等。可以使用<OL>标记中的 TYPE 参数指定序号类型。

例如:

```
<ol  type=A>
```

类型标记如下。

- “1”：以数字为序号(默认)。
- “a”：以小写英文字母作序号。
- “A”：以大写英文字母作序号。
- “i”：以小写罗马数字作序号。
- “I”：以大写罗马数字作序号。

(3) 定义列表

定义列表标记为<DL></DL>。其中可以使用<DT>定义标题标记和<DD>定义内容标记，也可以使用<LH></LH>标记，作用同上。

<DT>定义标题标记，用于指定标题。

<DD>定义内容标记，用于指定相关标题的具体解释或说明。一般有<DT>标记就有<DD>标记相对应。

10. 表格标记

<TABLE></TABLE>为表格标记，可以在 HTML 文档中建立一个表格。

在<TABLE></TABLE>表格标记中可以使用以下标记进行表格定义。

- <CAPTION> </CAPTION>是表格标题标记，用于在表格上方显示表格标题。
- <TD></TD>是单元格(表元)标记，用于标记每个单元格(即表元)。
- <TH></TH>是表头标记，以不同于表元的字体显示表头(列/行标题)。
- <TR></TR>是行标记，<TD></TD>和<TH></TH>标记单独显示时为一行显示一个(即一列)，很多时候需要一行中有多列，因此可以使用本标记，把需要显示在同一行的表元或表头组织起来。

<TABLE>表格标记有许多参数，可以改变表格的外观和位置，具体内容如下。

- BORDER 参数(边界)，如果省略或值为“0”，则表格没有边框线，如果大于 1，可以指定边框宽度。
- ALIGN 的参数有 3 个，分别为 LEFT(左对齐、默认)，CENTER(居中)，RIGHT(右对齐)。

此外，<TABLE>中还可以设置表格的字体、背景、颜色等，行与单元格也可以单独设置背景图片、背景颜色、字体颜色、边框颜色等。

表格经常作为一种网页布局控制的方法，几乎所有网页都是由一个 border 参数为 0 的表格进行页面布局定义的。表格可以嵌套、跨行、跨列(类似于拆分和合并单元格的操作)，来形成较复杂的表格，用以完成形式多变的页面布局设计。

11. 链接

链接<A>与</A>，它是 HTML 语言的核心标记。

链接的参数有 HREF 和 NAME。

(1) HREF：指明链接的对象

可以是 HTML 文档，也可以是其他文件。

可以用 URL 绝对地址，也可以用相对地址，把 HTML 文件所在的目录作为当前目录。

<A>与</A>之间链接标记之间的内容，即浏览器显示的内容，可以是文本，也可以是图形。

例如：

```
<A HREF="http://www.sohu.com">搜狐</A>
<A HREF="abc.html">文本链接</A>
<A HREF="FTP://FTP.SHU.EDU.CN">文件传输</A>
<A HREF="mailto: myname@0451.com">我的邮箱</A>
```

mailto 不是协议，而是告诉浏览器使用邮件程序打开撰写新邮件的窗口。邮件地址为指定的信箱地址。

(2) NAME：可以同一 HTML 文档内部进一步指明从该文档的某处特定位置开始显示，但必须在该位置用 NAME 参数定义目标名。

```
<A name="LOCATION3">第三章</A>
```

第三章处定义一个目标，名为 location3，供定位使用。

```
<A  href="#location3">转到第三章</A>
```

12. 图形标记<IMG>

(1) 插入图片

<IMG>是图形标记，用于在 HTML 文档中插入图形，它有许多参数，具体如下所示。

- SRC：用于确定图形文件的位置，是必选的参数。参数值可以是绝对的 URL 地址，也可以是相对的地址(把该 HTML 文档的所在位置作为当前目录)。例如：
  绝对引用：<IMG SRC="http://www.shu.edu.cn/banner.jpg">
  相对引用：<IMG SRC="abc.gif">
  <IMG src="./image/a1.jpg">
- HEIGHT 和 WIDTH 参数，用于指定图形在文档中的大小，以像素为单位。如果省略这个参数，则以图形原来的大小显示。
- BORDER 参数，用于指定图形显示时的边框宽度，以像素为单位。如果省略或值为 0，则图片没有边框。边框的颜色同默认字符的颜色。
- ALT 参数，在纯文本浏览器里替换图像的文本。

例如：

```
<IMG  src="home.gif  alt="中国">
```

HTML 文档中一般采用的图片格式是 JPEG、GIF 和 PNG 图片。

- GIF 最多允许有 256 色，一般是线条简单、色彩较少的图片，或是制作透明背景的图形和动画。它的显著优点是图片较小、动画图片和背景透明。
- JPEG 图片的扩展名为 JPG，它有丰富的色彩、细致的光和影的运用，用在网页上会显得很华美。但这种格式的图片一般很大，是网页上主要的图片格式。

- PNG 用来存储灰度图像时，灰度图像的深度可到 16 位，存储彩色图像时，彩色图像的深度可到 48 位，还可存储到 16 位的 α 通道数据。PNG 使用从 LZ77 派生的无损数据压缩算法，压缩比高，生成文件容量小。PNG 格式图片因具有高保真性、透明性及文件体积较小等特性，被广泛应用于网页设计、平面设计中。

(2) 用做 HTML 文件的背景图像

在<body>中，可以用 background 参数定义 HTML 文件的背景图片。

例如：

```
<BODY  bcakground="bk1.jpg">
```

在网页中可以用 BK1.JPG 平铺的方式填充网页背景。

13. 在文档中加入声音和动画

(1) 内嵌声音

<BGSOUND>内嵌音频文件标记，在浏览器调放网页的同时播放该文件，为网页增加一段内嵌的背景音乐。

<BGSOUND>内嵌音频文件支持 AU、WAV、MIDI 三种文件格式。

例如：

```
<BGSOUND  SRC="11.wav"  loop=1>
```

属性 LOOP 是指定播放次数。

(2) 内嵌音频和视频。现在的网页越来越向“超媒体”发展，支持的音频和视频格式也越来越多，一般通过嵌入相应格式的音频或视频播放插件完成。

(3) 动画

网页常见的动画有动画图片和页面动态效果。

- 动画图片主要是 GIF。制作动画最简单的方法是使用 GIF 格式的动画功能，它允许一个 GIF 文件中存储多幅 GIF 图像。当这种 GIF 文件被一个能处理该特殊格式的浏览器读入时，将会依次播放这些图像，形成动画图片。
- 常见的二维动画是利用 Flash 设计的影片文件，扩展名为 SWF。它是一种流媒体文件格式，支持多种媒体的集成、灵活的交互和丰富的 ActionScript 脚本设计。

(4) 页面动态脚本。网页常见的动态效果是滚动式文本。

一个滚动文本就是 Web 页上从一边滚到另一边的一行文本。

标记：

```
<marquee></marquee>
```

例如：

```
<marquee  border="1"  height="30" style="backguound-color: rgb(0,0,0);
font-size: large;color: rgb(255,255,255)">大家好!!</marquee>
```

另外，许多页面动态效果一般用 JavaScript 设计，这已不在 HTML 的范畴，可阅读相应的参考书籍学习。